全国创意农业精品教材暨乡村振兴丛书

# 城乡食品安全

李 诚 柳春红 主 编

中国农业大学出版社
·北京·

## 内 容 简 介

本书介绍了食品安全基本概念、城乡食品安全特点及现状、食品安全危害来源、食源性疾病与预防、食品安全评价、各类食品的安全与卫生以及食品安全监督管理等内容。为了方便广大读者，每章都列出了参考文献和思考题，以便于大家查询原文和复习。

**图书在版编目(CIP)数据**

城乡食品安全 / 李诚, 柳春红主编. — 北京：中国农业大学出版社，2018.8
ISBN 978-7-5655-2055-6

Ⅰ. ①城… Ⅱ. ①李…②柳… Ⅲ. ①食品安全-基本知识 Ⅳ. ①TS201.6

中国版本图书馆 CIP 数据核字(2018)第 169389 号

| | |
|---|---|
| **书 名** | 城乡食品安全 |
| **作 者** | 李 诚 柳春红 主编 |

| | | | |
|---|---|---|---|
| **策划编辑** | 张 蕊 张 玉 | **责任编辑** | 张 玉 |
| **封面设计** | 郑 川 | | |
| **出版发行** | 中国农业大学出版社 | | |
| **社 址** | 北京市海淀区圆明园西路 2 号 | **邮政编码** | 100193 |
| **电 话** | 发行部 010-62818525,8625 | **读者服务部** | 010-62732336 |
| | 编辑部 010-62732617,2618 | **出 版 部** | 010-62733440 |
| **网 址** | http://www.caupress.cn | **E-mail** | cbsszs @ cau.edu.cn |
| **经 销** | 新华书店 | | |
| **印 刷** | 涿州星河印刷有限公司 | | |
| **版 次** | 2018 年 8 月第 1 版 2018 年 8 月第 1 次印刷 | | |
| **规 格** | 787×1 092 16 开本 11.5 印张 280 千字 | | |
| **定 价** | 31.00 元 | | |

# P 前言
## PREFACE

近年来，随着食品安全问题的复杂化和多样化，我国政府采取了大量措施加强食品安全的监管，食品安全状况得到了显著改善。但从城乡统筹的角度看，中国食品安全的总体水平还不容乐观。这主要表现为：一是城市居民注重食品营养和安全的消费意识不断增强，农村居民仍然以"价格优先"为食品消费的价值取向；二是城市的食品安全监管工作切实加强，农村食品安全监管工作则起步较晚；三是农村食品安全水平远逊于城市。因此，防止食品污染，切实保障城乡食品安全，对人民的身体健康和国家安全具有长远的重要意义。

关于食品安全方面的书籍目前已有出版，但侧重点不同。本书在力求体现"主体鲜明、体系完整、内容翔实、概念清晰、科学前沿、方便实用"等特色基础上，介绍了食品安全基本概念、城乡食品安全特点及现状、食品安全危害来源、食源性疾病与预防、食品安全评价、各类食品的安全与卫生以及食品安全监督管理等内容。为了方便广大读者，每章都列出了参考文献和思考题，以便于大家查询原文和复习。

本书由四川农业大学、华南农业大学、内蒙古农业大学、西藏农牧学院、四川旅游学院、长江师范学院6所高等院校联合编写。本书作者年富力强，均是教学、科研第一线的学术带头人或学术骨干，绝大部分具有高级职称或博士学位，了解国内外的最新研究进展。

全书分为6章，参加编写的人员具体分工如下：第1章"绪论"由内蒙古农业大学王英丽编写；第2章"食品安全危害来源"由四川农业大学刘爱平编写；第3章"食源性疾病与预防"由西藏农牧学院辜雪冬编写；第4章"食品安全评价"由华南农业大学柳春红编写；第5章"各类食品的安全与卫生"由四川农业大学李诚、胡滨编写；第6章"食品安全监督管理"由四川农业大学李诚、四川旅游学院肖岚、长江师范学院郑俏然编写。全书由四川农业大学李诚、胡滨统稿。

本教材在编写过程中，得到了章继刚博士的关心和指导，章继刚博士对本书的编写大纲、初稿和终稿都进行了认真审阅，并提出了宝贵意见，这对本书的质量保证起了重要作用。同时，中国农业大学出版社也为本书的出版做了大量工作。此外，还有很多为本教材的编写和出版做出贡献的人员，在此一并表示由衷的感谢。

由于作者水平有限，难免存在不妥和疏漏之处，敬请诸位同仁和广大读者批评指正，以便以后修订、补充和完善。

# C目录 ONTENTS

# 第1章                   绪   论

**内容提要**

> 本章主要介绍了食品安全的概念、范畴，以及食品安全与食品质量、食品卫生的关系；食品安全发展历程、研究意义；城乡食品安全的现状、特点及发展战略以及现阶段城乡食品安全的总体战略目标。

## 1.1  食品安全概述

食品是人类赖以生存、繁衍、维持健康的基础，从古至今，随着时代的变迁，人类对食品安全与自身健康关系的认识不断地积累并加以深化。人类进入 21 世纪后，饮食的问题开始受到世界各国政府、组织和公众的普遍关注，食品安全问题已经成为当今世界人们关注的焦点问题之一，成为关系人体健康和国计民生的重大问题。当然，这与食品安全问题在全球范围内不断发生有着直接关系，如比利时暴发的二噁英事件、英国的疯牛病、欧洲的口蹄疫，以及国内发生的瘦肉精中毒事件、工业用油抛光毒大米事件、蔬菜中农药残留导致的中毒事件等。

### 1.1.1  食品安全的定义

食品安全是食品行业的一个新名词，其含义可以从两方面进行理解：一方面是指一个国家或社会的食物保障（food security），即"食品量的安全"。另一方面是指食品质的安全（food safety），也就是现在"食品安全"的概念，即食品的卫生与营养，摄入食物无毒无害、无食源性疾病污染物，提供人体所需的基本营养物质。

联合国粮农组织（FAO）对"food security"的定义是：所有人在任何时候都能在物质上和经济上获得足够、安全和富有营养的食物以满足其健康而积极生活的膳食需要。这涉及 4 个条件：①充足的粮食供应或可获得量；②不因季节或年份而产生波动或不足的稳定供应；③具有可获得的并负担得起的粮食；④优质安全的食物。

在我国，"food security"就是指食品的充足供应，解决贫困、消除饥饿，实现人人温饱。然而随着生产技术、产业结构、生存环境的改变，生活水平的逐步提高，食物链变得长而复杂，消费习惯不断改变，社会信息科技的高速发展，促进食品检测手段更加先进、快速、精密，科技发展繁荣与食品安全的矛盾却日益突出，食源性疾病的控制和预防任务艰巨。在人类追求高质量生活和健康长寿的今天，"吃什么"重新成为人类研究的重要课题。现在，食品质的安全（food safety）逐渐突出，而食品量的安全（food security）渐渐淡化，人们通常用食品质的安全代替食品安全的概念,国内外广泛关注的食品安全问题也是指食品质的安全问题。

食品安全(food safety)至今学术界上尚缺乏一个明确的、统一的定义。世界卫生组织(WHO)1984年在题为《食品安全在卫生和发展中的作用》的文件中,曾把"食品安全"与食品卫生作为同义语,定义为:"生产、加工、储存、分配和制作食品过程中确保食品安全可靠,有益于健康并且适合人消费的种种必要条件和措施。"1996年,WHO在《加强国家级食品安全计划指南》中将"食品安全"定义为:对食品按其原定用途进行制作和/或食用时不会使消费者受害的一种担保。它主要是指食品的生产和消费过程中没有达到危害程度的有毒、有害物质或因素的加入,从而保证人体按正常剂量或正确方式摄入这样的食品时不会受到急性或慢性的危害。这种危害包括摄入者本身及其后代的不良影响。缺失或丧失这种担保,或者这种担保不完全,就会发生食品安全问题。《食品工业基本术语》中将"食品卫生(食品安全)"定义为:为防止食品在生产、收获、加工、运输、储藏、销售等各个环节被有害物质(包括物理、化学、微生物等方面)污染,使食品有益于人体健康所采取的各项措施。我国在2006年颁布的《国家重大食品安全事件应急预案》中食品安全是指食品中不应包含有可能损害或威胁人体健康的有毒、有害物质或不安全因素,不可导致消费者急性、慢性中毒或感染疾病,不能产生危及消费者及其后代健康的隐患。其范围包括食品数量安全、食品质量安全、食品卫生安全。这个概念将食品卫生纳入食品安全的范畴,并有食品在卫生上应是安全的意思。2015年开始实施的新《中华人民共和国食品安全法》对"食品安全"的定义是:食品无毒、无害,符合应当有的营养要求,对人体健康不造成任何急性、亚急性或者慢性危害。

### 1.1.2　食品的绝对安全与相对安全

我国大多数学者认为食品安全是指食品中不应含有可能损害或威胁人体健康的有毒、有害物质或因素,从而导致消费者急性或慢性毒害或感染疾病,或产生危及消费者及其后代健康的隐患。此外,大多数学者认为食品安全应区分为绝对安全与相对安全两种不同的层次。绝对安全被认为是确保不可能因食用某种食品而危及健康或造成伤害的一种承诺。相对安全为一种食物或成分在合理食用方式和正常食量的情况下不会导致对健康的损害。目前我们提到的食品安全一般是指相对安全性。因为在客观上人类的任何一种饮食消费甚至其他行为总是存在某些风险,要求食品绝对安全是不可能的,绝对安全的食品是没有的。所谓相对安全性,是指一种食物或成分在合理食用方式和正常食用量下不会导致对健康损害的实际确定性。因此,在进行食品安全性分析时,检测人员应该从食品构成和食品科技的现实出发,明确提供丰富营养和最佳品质食品的同时,在现有的先进检测方法下,力求把可能存在的任何风险降低到最低限度,科学保护消费者利益。同时,在有效控制食品有害物质或有毒物质含量的前提下,一切食品是否安全,还要取决于食品制作、饮食方式的合理性,适当食用数量以及食用者自身的一些内在条件。简单地说,我们的饮食不是完全没有危害的,食品安全不是绝对的。

### 1.1.3　食品安全的范畴

虽然现在对食品安全还没有统一的概念,但是国际社会已经基本形成如下共识:

(1)食品安全是个综合概念

作为种概念,食品安全包括食品卫生、食品质量、食品营养等相关方面的内容和食品(食物)种植、养殖、加工、包装、储藏、运输、销售、消费等环节;而作为属概念的食品卫生、食品质量、食品营养等(通常被理解为部门概念或者行业概念)均无法涵盖上述全部内容和全部环节。食品卫生、食品质量、食品营养等在内涵和外延上存在许多交叉,由此造成食品安全的重复监管。

(2)食品安全是个社会概念

与卫生学、营养学、质量学等学科概念不同,食品安全是个社会治理概念。不同国家以及不同时期,食品安全所面临的突出问题和治理要求有所不同。在发达国家,食品安全所关注的主要是因科学技术发展所引发的问题,如转基因食品对人类健康的影响;而在发展中国家,食品安全所侧重的则是市场经济发育不成熟所引发的问题,如假冒伪劣、有毒有害食品的非法生产经营。我国的食品安全问题则包括上述全部内容。

(3)食品安全是个政治概念

无论是发达国家,还是发展中国家,食品安全都是企业和政府对社会最基本的责任和必须做出的承诺。食品安全与生存权紧密相连,具有唯一性和强制性,通常属于政府保障或者政府强制的范畴。而食品质量等往往与发展权有关,具有层次性和选择性,通常属于商业选择或者政府倡导的范畴。近年来,国际社会逐步以食品安全的概念替代食品卫生、食品质量的概念,更加凸显了食品安全的政治责任。

(4)食品安全是个法律概念

进入20世纪80年代以来,一些国家以及有关国际组织从社会系统工程建设的角度出发,逐步以食品安全的综合立法替代卫生、质量、营养等要素立法。1990年英国颁布了《食品安全法》,2000年欧盟发表了具有指导意义的《食品安全白皮书》,2003年日本制定了《食品安全基本法》,部分发展中国家也制定了《食品安全法》;在我国,早在1995年颁布了《中华人民共和国食品卫生法》。在此基础上,2009年2月28日,十一届全国人大常委会第七次会议通过了《中华人民共和国食品安全法》。2015年4月24日,第十二届全国人大常委会第十四次会议表决通过了新修订的食品安全法。新的食品安全法较2009年实施的食品安全法增加了50条,分为10章154条。新法主要加强了八个方面的制度构建:一是完善统一权威的食品安全监管机构,由分段监管变成食药监部门统一监管;二是明确建立最严格的全过程的监管制度,进一步强调了食品生产经营者的主体责任和监管部门的监管责任;三是更加突出预防为主、风险防范,增设了责任约谈、风险分级管理等重点制度;四是实行食品安全社会共治,充分发挥各个方面,包括媒体、广大消费者在食品安全治理中的作用;五是突出对保健食品、特殊医学用途配方食品、婴幼儿配方食品等特殊食品的严格监管;六是加强了对农药的管理;七是加强对食用农产品的管理;八是建立最严格的法律责任制度。新食品安全法于2015年10月1日起施行。综合型的《食品安全法》逐步替代要素型的《食品卫生法》《食品质量法》《食品营养法》等,反映了我国食品工业时代发展的要求。食品安全法是适应新形势发展的需要,为了从制度上解决现实生活中存在的食品安全问题,更好地保证食品安全而制定的,其中确立了以食品安全风险监测和评估为基础的科学管理制度,明确食品安全风险评估结果作为制定、修订食品安全标准和对食品安全实施监督管理的科学依据。

基于以上认识,食品安全可以表述为:食品(食物)的种植、养殖、加工、包装、储藏、运输、销售、消费等活动符合国家强制标准和要求,不存在可能损害或威胁人体健康的有毒有害物质以导致消费者病亡或者危及消费者及其后代的隐患。这表明,食品安全既包括食品生产安全,也包括食品经营安全;既包括结果安全,也包括过程安全;既包括食品现实安全,也包括食品未来安全。

### 1.1.4 食品安全与食品质量、食品卫生的关系

与"食品安全"非常接近的两个概念就是"食品质量"和"食品卫生",这三者之间有着本质的区别,尤其是"食品安全"与"食品质量"。人们对概念认知的不清晰,导致将所有"食品问题"等同于"食品安全问题",这对社会的稳定是极为不利的。是以食品安全,还是以食品卫生或者食品质量为要素来构筑我国的食品保障体系,绝不是简单的概念游戏,而是社会治理理念的变革。食品安全、食品卫生、食品质量等概念体现出不同的理念。

食品安全与食品卫生:食品安全是种概念,食品卫生是属概念。食品卫生具有食品安全的基本特征,主要强调过程安全,即保障结果安全的条件、环境等安全。

食品安全和食品卫生的区别:一是范围不同。食品安全包括食品(食物)的种植、养殖、加工、包装、储藏、运输、销售、消费等环节的安全;而食品卫生通常并不包含种植、养殖环节的安全。

二是侧重点不同。食品安全是结果安全和过程安全的完整统一;食品卫生虽然也包含上述两项内容,但更侧重于过程安全。所以,《食品工业基本术语》将"食品卫生"定义为"为防止食品在生产、收获、加工、运输、储藏、销售等各个环节被有害物质污染,使食品有益于人体健康所采取的各项措施"。

食品安全与食品质量:食品安全不是以食品本身为研究对象,而是重点关注食品对消费者健康产生的影响;食品质量关注的重点则是食品本身的食用价值和性状。食品质量和食品安全在有些情况下容易区分,在有些情况下较难区分,因此多数消费者经常将食品质量问题也理解为食品安全问题。比如说,将不合格产品视为不安全的食品,将未达到某一标准的产品也视为不安全食品,这样的判断是不科学的,也是盲目的。食品安全与食品质量的概念必须严格加以区分,因为这涉及相关政策的制订,以及食品管理体系的内容和构架,也涉及企业应该承担什么样的责任。

从上面的分析可以看出,食品安全、食品卫生、食品质量的关系,三者之间绝不是相互平行,也绝不是相互交叉。食品安全包括食品卫生与食品质量,而食品卫生与食品质量之间存在着一定的交叉。以食品安全的概念涵盖食品卫生、食品质量的概念,并不是否定或者取消食品卫生、食品质量的概念,而是在更加科学的体系下,以更加宏观的视角,来看待食品卫生和食品质量工作。例如,以食品安全来统筹食品标准,就可以避免目前食品卫生标准、食品质量标准、食品营养标准之间的交叉与重复。

## 1.2 食品安全发展历程

### 1.2.1 食品安全的形成、发展

人类对食品安全的认识有一个历史发展过程。在人类文明的早期,不同地区和民族的人民在长期生活实践中,形成了一系列有关饮食卫生与安全的禁忌和禁规。远在3000多年前的周朝,我国不仅能控制一定卫生条件而酿造出酒、醋、酱等发酵食品,而且设置了"凌人",专司

食品冷藏防腐。孔子就曾对他的学生讲授过著名的"五不食"原则,即:"鱼馁而肉败,不食。色恶,不食。臭恶,不食。失饪,不食。不时,不食。"这是文献中有关饮食安全的最早记述与警语。《唐律》中也早已规定了处理腐败变质食品的法律条例,如"脯肉有毒曾经病人,有余者速焚之,违者杖九十;若故与人食,并出卖令人病者徒一年;以故致死者,绞。"说明当时的人们已经认识到腐败变质食品能导致中毒并可能引起死亡。

国外也有类似的食品卫生要求的记述。如产生于公元前1世纪的《圣经》中有许多关于饮食安全与禁规的内容。其中著名的"摩西饮食"规则,规定凡非来自反刍偶蹄类动物的肉不得食用,据认为是出于食品安全性的考虑,至今仍为正宗犹太人和穆斯林所遵循的传统习俗。《旧约全书·利未记》明确禁止食用猪肉、任何腐食动物的肉或死畜肉。在《论饮食》中,中世纪罗马设置的专管食品卫生的"市吏",16世纪俄国古典文学著作的《治家训》,都是这一类例证。古代人类对食品安全性的认识,大多与食品腐坏、疫病传播等问题有关,各民族都有许多建立在广泛生存经验基础上的饮食禁忌、警语、禁规,作为生存守则流传保持至今。

直到19世纪初,自然科学有了突跃,才给现代食品安全科学奠定了科学基础。随着生产力的发展,出现了社会产业分工、商品交换、阶级矛盾以及利欲与道德的对立,食品安全保障也出现了新的变化。在19世纪初,食品交易中的制约、掺假、掺毒和欺诈等现象已相当严重。为控制这种不良现象,保持商品信誉,提高竞争能力,达到巩固资本主义商品经济,保障消费者健康的目的,西方各国相继开始立法,1851年法国颁布《取缔食品伪造法》,1860年英国颁布《防止饮食掺假法》,以及美国于1890年制定了《肉品监督法》,1938年美国颁布《联邦食品、药物和化妆品法》,1939年又制定了《联邦食品药品法》,1947年日本的《食品卫生法》,英国于1955年制定《食品法》等。WHO/FAO于1962年成立了食品法典委员会(CAC),专司协调各国政府间食品标准化工作,凡不符合CAC标准的食品在其成员国内得不到保护。《食品法典》规定了各种食物添加剂、农药及某些污染物在食品中允许的残留限量,供各国参考并借以协调国际食品贸易中出现的食品安全性标准问题。至此,尽管还存在大量的有关添加剂、农药等化学品的认证与再认证工作,以及食品中残留物限量的科学制定工作有待解决,控制这些化学品合理使用以保障丰足安全的食品生产与供应,其策略与途径已初步形成,食品安全管理开始走上有序的轨道。

从世界范围来看,直到第二次世界大战结束,食品安全的基本内容都不外乎包括细菌污染与腐败变质、食品中毒、掺假伪造以及对这些问题的调查、检验、研究和不同形式的食品卫生监督管理等方面。20世纪中期全球经济复苏,带动了工农业生产,由于盲目发展生产,造成的环境污染日益严重,从而导致了影响越来越严重、危害越来越广泛的食品污染问题。为了保证食品安全和人类健康,人们开始在食品污染上做大量研究,诸如食品安全危害来源的调查、污染物的性质、危害风险调查、有害物质含量水平的检测以及采取各种预防和监督管理措施等方面的研究。此外,在这段历史时期内,借助基础学科与关联学科进展,赋予了食品卫生问题更多、更新的内容,并大大改进了研究方法和技术,加强了监督管理,从而将食品安全、卫生与人类健康问题提到了重要地位。在这一时期,人们新发现了许多来源不同、种类各异的食品安全危害来源,如黄曲霉毒素、单端孢霉烯族化合物等百余种霉菌毒素,副溶血性弧菌、酵米面黄杆菌等几种食物中毒病原;同时发现了更多种类的人畜共患疾病病原、寄生虫、肠道病毒等。

然而,食品安全危害因素中发展最快的还是各种化学性物质和食品添加剂,如化学农药的残留、工业部门排放的"三废"、多环芳烃化合物、N-亚硝基化合物等多种污染食品的诱变物和致癌物以及通过食品容器等转入食品中的污染物。食品添加剂的使用中也陆续发现一些毒性可疑及有害禁用的品种。到了 20 世纪 50 年代，人们开始研究食品的放射性污染因素，这是食品安全中的新内容，成了当时的研究焦点。而当时对食品安全危害因素的性质和作用机理的研究以及随之建立的检测食品中有害物质的含量水平的方法，则标志食品卫生的方法学取得重大进展。一方面，建立起一系列常规毒性、遗传毒性、诱变性与致癌性等的检测方法，而且制定了人体每日允许摄入量、人群可接受危险水平、食品安全性毒理学评价程序和食品安全卫生标准等一系列食品卫生技术规范；另一方面，研究了各种精确分析方法，如各种光谱法、气质联用法、核磁共振法、放射免疫法、酶化学法以及同位素标记法等，用于鉴定污染物的种类及其定量测定。

20 世纪末期以来，随着社会的发展，人们生活水平的提高以及食品科技的发展，食品安全日益成为公众和政府关注的焦点，食品安全成为全人类共同关注的重大课题。1985 年英国的疯牛病、1997 年日本的 O157 事件和 1999 年比利时的二噁英事件以及全球范围的口蹄疫，几大污染事件证明，食品安全问题不仅不能伴随国民经济的发展、医学技术水平的提高和人民生活的改善而得到控制，反而会因为工业化程度的提高、新技术的采用以及贸易全球化趋势的加快而进一步恶化。

食品安全事件时有发生，监督管理成为世界各国和国际组织的工作重点。如瑞典王国在 1973 年设立了食品安全管理局，联合国粮农组织和世界卫生组织在 1976 年就出版了《发展有效的国家食品控制体系指南》。2000 年，食品安全被确定为公共卫生的优先领域，WHO 呼吁建立国际食品卫生安全组织和机制，制定预防食源性疾病的共同战略，加强相关信息和经验交流，通过全球共同合作来保证食品安全。在过去 30 年间，有关食品安全科学的理论和技术体系得到了迅速发展，已被科学界和食品工业界及政府管理部门所接受，并在生产、加工、储藏和销售领域发挥了较大的作用。美国、日本、欧盟等发达国家和地区近年对食品实施了越来越严格的卫生安全标准。欧盟于 2000 年 1 月份发布了《食品安全白皮书》，并于 2002 年成立了欧盟食品安全局，建立了快速警报系统，使欧盟委员会对可能发生的食品安全问题能采取迅速有效的反应。同时食品质量安全的控制技术也得到了不断地完善和进步，食品的良好操作规范（GMP）、卫生标准操作程序（SSOP）、食品危害分析和关键控制点（HACCP）为食品成为安全生产的有利控制手段。

我国在食品安全问题上，1973 年针对当时出现的"世界粮食危机"，提出了保障"粮食安全"的政策目标。之后对食品安全的研究主要侧重于粮食生产和流通数量，以及需求结构与变化趋势等方面，即强调食品获取安全的研究，包括围绕提高产量而展开的生产效率，以及技术与制度等影响因素、供求结构与波动、流通体制改革、资源利用状况、贸易及相关政策等领域的分析与研究等。20 世纪 80 年代末至 90 年代初，随着可持续发展议题在我国的深入展开，以及国际上对相关问题探讨的逐步深入，我国对食品安全问题的研究逐步加强。我国于 1982 年制定了《食品卫生法（试行）》，经过 13 年的试行，于 1995 年由全国人大常务委员会通过，成为具有法律效力的食品卫生法规。在工业生产和市场经济加速发展、人民生活水平提高和对外开放条件下，食品安全状况面临着更高水平的挑战。2009 年，全国人大常委会通过了《中华人民共和国食品安全法》。《食品安全法》的基础是屡次修改的《食品卫生法》，名字上的改变赋予了这部法律新的使命，从法律的概念到范围，以及法律的目的性均进行了调整。"卫生"变成"安全"，更加明确食品需要的是综合管理。它是我国继《产品质量法》《消费者保护法》和《食品卫生法》后又一部专门针对保障食品安全的法律，目的是为了防止、控制和消除食品污染以及食品中有害因素对人体的危害,预防和减少食源性疾病的发生,保证食品安全,保障人民群众生命安全和身体健康。这部法律的出台显示了国家和公众对食品安全的重视,是我国食品安全的法律保障。

在新的形势下,食品安全科技也得到了迅猛地发展。在 FAO 和 WHO 的推动下,从 2002年起,一个全球性的、地区性的食品安全研讨会和论坛在世界各地接连举行,国家级的食品安全管理机构也在不断地重组和加强,食品安全的专业研究机构和学科专业相继产生,人才队伍日益发展壮大。随着食品安全科学技术的发展,食品安全学也应运而生,并且不断地发展、完善和提高,国内食品安全科技支撑能力建设也取得了长足的发展,目前逐渐发展成为一个比较完整的学科体系。2002 年中国第一个食品质量与安全本科专业开始招生,2003 年中国设了食品质量与安全、农产品质量与食品安全研究方向,开始招收和培养食品质量与安全方面的专门人才。

由于政府监督管理部门、食品企业和学术界的共同努力,食品安全科学在近 10 年内面临许多挑战的同时得到了长足的发展,从而在保障消费者健康、促进国际食品贸易以及发展国民经济方面发挥了重要的作用。但是,我国在进入 21 世纪和面向全球经济一体化的时代,食品的安全性问题形势依然严峻,还要从认识、管理、法规、体制以及研究、监测等方面做更多的工作,才能适应客观形势发展的需要。

## 1.2.2　食品安全的研究意义

食品安全问题不仅仅使人的生命、健康受到威胁,而且对国家经济发展、政治稳定、社会安定会造成很大的干扰和威胁。政府做了许多努力,食品安全问题虽然有所好转,但食品安全隐患仍未彻底解决。近几年来,重大食品安全事故时有发生,所引起的灾难事件层出不穷。这些均关系到百姓的切身利益,关系到国家经济的发展和政治的稳定。因此,加强对我国食品安全研究,建立和完善食品安全体系,实施有效的食品安全对策,对于改善和促进我国食品安全管理、减少食品危害的发生、减轻政府工作的压力、改善人民生活水平,均有极为重要的促进作用。对于处于社会主义市场经济初级阶段,并且经济高速发展、改革正处在转型期间的中国来讲,有效、平稳地处理各类食品安全问题,是我们必须面对和需要认真研究解决的重大问题。

食品安全的研究目的就是研究能有效解决中国当前存在的各种复杂食品安全问题的方案,在防止、控制和消除食品污染以及食品中有害因素对人体的危害,预防和减少食源性疾病的发生的基础上,构建新型食品安全"网-链控制"模式,保证食品安全,实现食品安全从被动应付向主动保障的转变,为人民群众的生命安全、社会稳定和国民经济持续、快速、协调、健康发展提供可靠的保障。

食品安全,不仅影响人体健康,而且对国际贸易产生非常重要的影响,已成为人们关注的焦点、热点,成为世界各国政府关注的重大问题。近几年来,世界范围内相继暴发了疯牛病、二噁英、禽流感、苏丹红、劣质奶粉、农药残留导致中毒等一系列食品安全问题,引起了有关国际组织和机构以及各国政府的高度重视。食品安全研究意义对保障消费者健康及权益有着十分重要的意义。

(1)保障人类的健康和生命安全

食品作为人类最基本的消费品,随着人民生活水平的提高,其质量和安全性越来越受到消费者的重视。食品安全直接关系到人体健康和生命安全,关系到我国经济的发展和社会稳定。

不安全的食品进入人体,将影响人体器官,进而影响人体的健康,甚至危及生命安全。在发达国家,每年大约30%的人患食源性疾病。美国每年约有7 600万食源性疾病的病例,其中32万例住院治疗,5 000多人死亡;在发展中国家,食源性疾病的情况难以估计,但肯定高于发达国家。例如,腹泻是一种常见的食源性疾病。据WHO报道,全球每年约有1.5亿腹泻病例,导致300万5岁以下的儿童死亡,其中70%是由于生物性污染食品所致。1996年5月下旬,日本几十所中学和幼儿园相继发生6起集体大肠杆菌O157中毒事件,中毒超过万人,死亡11人,波及44个都道府县。在我国各种食物中毒时有报道,2000年江苏、安徽肠出血性大肠埃希菌感染人数超过2万人,死亡177人。2004年阜阳劣质奶粉造成的"大头娃娃"和多名儿童死亡,使消费者健康受到严重威胁,严重扰乱了居民正常生活,影响消费者的健康和生命安全。据统计,2014年,国家卫生和计划生育委员会通过突发公共卫生事件网络直报系统共收到26个省(自治区、直辖市)食物中毒类突发公共卫生事件(以下简称食物中毒事件)报道160起,中毒1 657人,其中死亡110人,专家估计这个数字尚不到实际发生数的1/10,也就是说我国每年食物中毒例数至少在10万~20万人。

(2)保证食品企业的生存与发展

食品安全问题已成为影响食品企业生存的关键因素之一,"质量与安全观念"是食品企业获得成功的关键,食品安全是食品品牌的安身立命之本,是食品企业的生命。许多食品企业因为没有对产品质量严格把关,产生了一系列安全问题,最终导致品牌信誉受损,公司破产。英国的牛肉及其制品因疯牛病而无人问津。二噁英污染事件发生后,一大批农场的肉品被封杀,饲料有嫌疑的养牛场被封闭。泰国发生禽流感的鸡场周围50 km²的鸡、鸭全被扑杀焚烧,养鸡场全部封闭。已有50年历史的日本雪印乳品公司,2000年因为出售受污染乳品,使公司年销售额同比下降90%,公司部分企业关闭,并大量裁员。"冠生园"是我国一个信誉好、知名度高的"老字号"食品品牌,自中央电视台披露南京冠生园食品厂把陈馅翻炒再制作月饼出售事件后,该食品厂顿时陷入困境,已申请破产,就连全国各地的冠生园品牌的食品信誉也受到连带损害,损失严重。可见,保证食品安全是食品企业生存与发展的永恒主题。

(3)保障食品安全有利于社会经济发展和国家稳定

在任何社会的经济中,食品无疑都是最重要的商品之一。食品安全不仅可以直接造成严重的经济损失,而且因直接导致大量的食源性疾病的发生,引发生产力水平下降、经济效益降低、医疗费用增加、国家财政支出上升,也会直接阻碍食品企业的正常生产、经营和贸易。这最终会导致国家经济发展受阻,甚至会影响到国计民生和社会的稳定。例如,美国每年约有7 200万人(占总人口的30%左右)发生食源性疾病,造成3 500亿美元的损失,每年仅7种食源性疾病的病例就有330万~1 230万人,带来的经济负担为65亿~349亿美元。英国公布发生疯牛病以来,经证实的疯牛病病牛达17万头之多,牛肉及其制品出口受阻,仅禁止牛肉进口这一项,每年就损失52亿美元。为杜绝疯牛病而不得已采取的宰杀行动损失300亿美元,欧洲消费者对转基因食品的强烈反对在很大程度上反映了对政府的不信任。我国在这方面的损失未见统计,但绝不会是一个小数目。阜阳劣质奶粉事件的直接经济损失未见公布,单就经济环境、诚信度和查处工作所动用的人力、物力这些间接损失就无法用数字估计。从国际国内的教训来看,食品安全问题的发生不仅使经济受到严重损失,还影响到消费者对政府的信任,乃至威胁社会稳定和国家安全。

(4)保障食品安全有利于国际贸易

食品安全是国与国之间进行食品贸易的重要条件,也是引起贸易纠纷的重要原因。保证食品安全,能使双方互利,进口国保护了国民的健康,减轻社会医疗负担;出口国增加了经济收入,如欧盟每年仅食品饮料出口达 500 亿欧元,美国仅牛肉出口近百亿美元。许多国家,尤其是发达国家食品安全及其标准已成为最重要的食品贸易技术壁垒,当前的国际食品贸易纠纷中主要争端问题多与食品安全有关。如欧盟对美国转基因食品的全面封禁是国际贸易摩擦的一个十分典型的事例。1998 年,疯牛病事件的发生使欧盟消费者对食品安全问题的担心达到了顶点。此后,欧盟便开始拒绝批准任何新的转基因作物在 15 个成员国里种植和食用,禁止进口美国、加拿大在饲料中使用了激素的牛肉,由此引起了长达 4 年之久的欧盟与美国、加拿大的贸易纠纷案。在当前国际贸易中,不同国家对食品安全的要求不同,滥用技术性贸易措施的趋势不断强化,市场准入条件也越来越苛刻,形成了实际上的贸易技术壁垒。其中,提高食品卫生检测标准,把食品安全作为"瓶颈",已成为制约国际贸易的寻常策略。中国是一个农产品出口大国,作为发展中国家,食品(包括农产食品)的出口在国民经济中占有重要地位。近年来,与食品安全有关的贸易摩擦事件时有发生,我国每年都有大量的出口食品因食品污染、农药残留、添加剂不符合卫生要求等问题被查扣等。如我国畜禽肉长期因兽药残留问题而出口欧盟受阻,茶叶由于农药残留问题而出口多国受阻;出口到美国、日本和欧盟等国家的蘑菇、肉类等因出现食品卫生问题,纷纷被进口国退货或扣留。

(5)保障食品安全是公共卫生的出发点和落脚点

人民是否吃饱、吃好,是否吃得营养与安全,是关系到人类生存与社会发展的首要问题。保障食品安全,防止食源性疾病的发生,就是保护社会生产力。吃得放心、吃得安全、吃得健康,是公众的强烈愿望和共同的健康追求,也是社会文明进步的表现;为社会经济建设服务是公共卫生工作的根本宗旨,保证食品安全,保障公众的健康权益,代表了广大人民群众的根本利益,这是公共卫生工作的出发点与落脚点。

# 1.3 城乡食品安全现状及特点

## 1.3.1 我国当前城乡食品安全现状

近 30 年来,中国巨大规模的城市化浪潮在推动经济增长,改善人们生活质量的同时,也衍生出了城乡差距日益扩大的社会危机,食品安全问题也不例外。更确切地说,在逐步解决了温饱后,中国农村地区开始又面临着食品安全问题的巨大威胁。根据不完全统计,当代中国 80％以上的食品中毒事故都发生在农村地区,90％以上的食源性疾病都集中在农村地区;相较城市居民,农民所面临的食品安全问题更加突出。纵观世界各国的食品安全发展历史,食品安全问题的出现和特征,与一个国家和地区的工业化和城市化进程、态势密不可分。例如,工业化程度较低的非洲国家主要面临的食品安全风险,来自新鲜食物腐烂变质和不干净的街头食品;工业化快速进程中的新兴经济体(如中国、印度等)所面临的食品安全风险,主要源自农药的过度使用和环境污染;渐渐步入后工业化社会的欧美发达国家的人们,则更关注先进食品科技(如转基因食品、纳米食品等)所带来的不确定性风险。

食品安全是一个涉及科学、技术、法规、政策的综合性问题,其技术涉及传统分析技术和现代生物技术,其管理过程涉及法规、政策、文化和消费观念等问题,也与公众对食品质量与安全的认识水平、教育水平和消费水平有密切的关系。同时,食品安全涉及食品的生产、加工、流通、消费等诸多环节,正因如此,WHO 要求所有成员国把食品安全问题纳入消费者卫生和营养教育体系。"国以民为本,民以食为天,食以安为先",食品吃得安全、吃得放心是对食品安全最基本的要求,是人民群众健康的保证,食品安全已日益成为我国政府关注、群众关心的热点问题,全社会对加强食品安全监管,提高食品安全监管能力的要求越来越迫切。

### 1.3.2 我国当前城乡食品安全特点

(1)中国政府在食品安全监管领域实行的城乡二元分治体制,使城市和农村地区的食品安全监管体制差异很大

自《食品安全法》正式颁布实施,城市地区"多部门分段"的监管体制已经基本稳定下来,但是地方政府的监管体制仍然存在一定的差异。如城乡食品安全监管体制在人力配置上,与城镇地区相比,农村地区各个监管部门的编制数量都相对薄弱。在同等条件下,城市地区的监管架构更有利于维护食品安全,而农村地区的分权监管架构多因地方保护主义而易出现监管失效。

(2)国家监管部门不同程度存在"重城市、轻农村"意识

长期以来社会上形成了一个认识习惯,城市地区发生食品安全事故,社会反响强烈,影响大。由于城市是监管部门监管和防控的重点区域,在预算经费相对有限的情况下,各级政府一般在财政经费预算的分配上都采取了优先支持城区监管部门的策略,一般城区监管部门的财政预算经费可以占到其部门支出的 70%～80%,相比之下,许多农村地区的监管部门支出占比只有 40%～50%,这就意味着许多农村地区的监管部门必须要通过预算外渠道获取经费来源,进而导致农村基层监管不得不陷入了"逐利型监管"的局面,严重损害监管行为的公平性和公正性。

在城市区域,由于大部分食品生产、流通和加工企业都属于国有企业,往往采用政府行业管理部门直接管理、内部控制、微观介入的管理体制;在农村区域,现有的管理体制并不能很好地完全控制小农经济式的农产品生产方式,农村的食品卫生管理主要依靠当地卫生防疫站以及各种业余群众组织(如赤脚医生),而卫生防疫站的管理能力和强度远不如行业管理部门。据相关研究报道,许多农村地区监管队伍人数只有同一地区的城镇区域中的 1/3,甚至 1/4,全国 80%以上的县乡镇村没有专职人员和机构负责食品药品安全监管和百姓饮食用药知识普及,这充分反映出农村地区监管人力资源的严重短缺。同时,当遇到重要的专项整治运动时,为了优先保障城镇区域的执法需要,将直接从县级局抽调人员候补,这些均大大削弱了农村原本就薄弱的监管队伍。

(3)我国城乡公众食品安全教育十分薄弱,使公众食品安全常识匮乏和食品安全意识薄弱

城乡居民的食品安全卫生知识主要是靠人们相互传授,没有进行系统地学习。从我国城乡居民在学校受教育的知识结构来看,在九年义务教育阶段,基本上没有安排食品卫生知识的教学。城乡居民消费者缺乏相应的渠道了解食品质量安全方面的相关知识,公众食品安全常识匮乏和安全意识的缺乏,导致许多居民存在消费误区。此外,农村家庭收入水平的客观情况制约了农村家庭对教育的投资,而公共投入在城乡之间的不平等分配进一步加剧了城乡居民

受教育机会的不平等,城乡教育的差距使农村人口的受教育程度明显低于城镇人口。另外,由于部分农村人口通过考学或者外出务工而迁入城市,致使留在农村的人口受教育程度进一步降低。由于受教育程度的影响,许多农村居民对各种食品安全风险的认知不足,从而影响其安全消费意识的形成。

除了缺乏与食品安全相关知识外,大部分农民所掌握的法律知识有限,法律意识淡薄,自我保护意识不强,即使遭遇食品安全问题,也很少想到运用法律手段来维护自己的权益。受教育程度对食品安全问题的影响还不能仅仅从对消费行为角度理解,实际上,农民的生产行为也受其影响。作为食品供应链的源头,农民的安全生产行为是食品安全的重要屏障。目前,由于受知识水平的限制,中国有相当一部分农民在生产中不能正确使用农药和兽药,也缺乏专业技术人员的指导。

(4)我国城乡食品安全信息获取渠道不足广泛存在

食品质量安全特性与其他产品质量特性不同,食品市场买卖双方一样面临对食品安全信息了解的不完全性。因此,无论从生产者还是从消费者角度理解农户,其行为都受不完全信息的影响。在中国,农户自产自销粮食、蔬菜的现象十分普遍。据调查,绝大多数农民不知国家明令禁止使用的农药和兽药目录,对现代农业生产、养殖专业技术方面的知识了解不完全,在生产过程中采用了不利于食品安全的生产方式,这不仅给农户外销产品的消费者带来伤害,农户因为自食也面临食品安全问题,而作为消费者的农户,其面临的食品安全风险就更为普遍。农户作为消费者,可以通过在购买食品之前搜寻与食品安全相关的信息作为降低食品消费风险的策略之一。

消费者获取食品安全信息的渠道主要包括大众媒体、厂商信息源、周围人信息源等。从生活中的许多客观现实中不难看出,城乡居民通过各种渠道获取食品安全信息的机会是不平衡的。首先从大众媒体来看,报纸、电视、广播以及网络是消费者获取信息的重要渠道,但中国城乡居民从以上渠道获取信息的能力具有较大差异。随着网络技术的发展,各地都相继建立了与食品安全有关的网站,以发布食品安全信息。但从中国的现状来看,即使是忽略由于办公自动化而大大提高的城镇居民网络使用率,城乡居民使用互联网的机会也相差甚远。

从厂商信息源来看,厂商主要通过食品标签、厂商信誉、品牌等将食品安全信息传递给消费者。但由于受收入及文化水平的限制,相当部分农村居民购买食品时以"价格"为价值取向,对食品品质的关注程度较低,即使是关注食品标签,对标签中的许多专业名称也很难真正理解,也难以识别标签的真伪。"劣质奶粉"事件后的调查发现,农民们大多没听说过雀巢、光明等著名的奶粉品牌,商店出售的一些奶粉品牌就连零售商也无法辨别质量。相比农民居民,城镇居民对厂商信息的识别能力及利用程度要高得多。

(5)中国城乡之间收入差距较大

就食品消费而言,随着收入的提高,消费者的需求重点呈现从价格优先向品质优先方向发展的趋势,从而收入差距决定了食品消费价值取向的差异。中国城乡之间存在收入差距是一个公开的事实。世界绝大多数国家城乡人均收入比都小于1.6,但中国自1989年以来,城乡收入比就一直高于2.0。近年来,中国城乡收入差距还在不断拉大,2003年城乡收入比高达3.0,如果把城镇居民享受的医疗、教育、失业保障等非货币因素考虑进去,估计城乡收入差距高达4倍,城乡收入差距居世界之冠。随着城乡居民收入差距的扩大,二者之间的食品消费差距也在扩大。城镇居民不仅对食品质量和可靠性提出了越来越高的要求,对食品的需求也呈现多样化;相对于城镇居民来说,农村居民食品消费考虑更多的还是价格因素,在受收入约束的前提下追求食品数量上的满足,而对食品安全的需求相对偏低。

（6）城乡食品市场特点不同,食品安全监管工作难度较大

中国农村的居住模式以散居的自然村落为主,人口分布广,居住分散,这种居住特点决定了中国农村食品市场的分散性。中国农村食品市场结构较为复杂,既有各类食品批发市场、集贸市场以及正规的经营门店,还包括各类农村集市、庙会以及流动商贩,超市经营模式也在快速发展。正是由于农村市场点多面广,又远离城市,情况较为复杂的特点,使得全面有效地监管农村食品质量安全需要付出高额的监管成本,其监管难度较大。城镇食品销售渠道包括批发市场、百货商店、连锁超市、集贸市场等灵活多样的流通样式。但与农村食品市场相比,由于城镇居民居住集中,人口聚集程度较高,因此市场分布也相对集中,食品安全监管相对更为方便。

从中国食品监测机构的配置来看,主要包括国家级、省级、市、县级技术机构。目前,中国县级基层食品监管的职权范围涵盖了广大的农村食品市场,基层食品监测机构非常缺乏,食品监测机构的监测手段和技术水平也比较落后,专业技术人员配备也比较紧张,与省、市一级城市相比,人均监管资源严重不足,这种状况难以对包括农村在内的基层食品市场实施高效安全的、全面的监管,使部分农村地区成为食品盲区。

# 1.4　我国当前城乡食品安全的发展建议

随着食品工业的发展、商品流通的日趋活跃,各级政府、部门食品安全监管力度的不断加大,"问题食品"却时常在城镇、乡村出现,这成了当前食品安全监管中的薄弱环节。因此,要大力普及食品安全常识和树立自我保护意识,让公众自觉参与社会监督管理,尤其是在公共卫生宣传教育体系中,开展针对食品操作人员、消费者、农场主及农产品加工人员进行的符合文化特点的安全卫生和营养教育规划。针对城乡食品安全问题可采取以下措施。

（1）公众食品安全常识普及教育

在一些发达国家,食品卫生和安全课程已列入国民普教体系。①在各类教育系统（大、中、小）中开设食品安全常识讲座,使学生从小了解食品营养安全常识,培养消费中的食品安全意识,提高自我保护能力;②建立公众营养安全教育网,组织有关部门和生产经营企业举办食品安全研讨会;③开展食品安全咨询和法律法规宣传活动,通过设立咨询台、印发宣传材料、举办知识竞赛和科普展览等形式,对消费者进行食品安全依法维权和科普知识教育;④开展志愿者服务活动,深入乡村、学校、社区等基层单位,宣传食品安全的重要性。

要特别关注广大农村的食品安全问题,通过电台、电视台、网络、报纸、期刊、社区、农村黑板报以及"三下乡"等多种形式向公众提供有关基本常识,培养其自我保护意识,同时发动群众积极参与食品安全监督管理、打假等活动。

（2）食品从业人员的食品安全行业教育、培训

对食品行业从业人员的食品安全行业教育、培训是食品安全教育的重点。食品工业及餐饮业是我国的第一大产业,2014 年全国食品工业总产值达到 10.8 亿万元。该行业属于劳动密集型产业,其从业人员素质的高低、食品安全卫生知识的掌握情况和食品质量安全意识将直

接影响我国食品安全前景。由于重视不够、资金不足等原因,整个食品行业的从业人员素质较低,缺乏有针对性的食品质量标准和安全知识的培训和指导,安全意识淡薄。据调查,我国食品及餐饮业从业人员除大型企业外,大部分企业从业人员素质偏低,尤其是遍布全国各地的餐饮网点、作坊式食品加工点,人员食品安全卫生知识匮乏,安全卫生意识淡薄,更有未体检就从事餐饮制作的情况,这些是造成食品中毒事件频发、食源性疾病的发生与传染的主要原因。

除了上述人为造成污染食品外,许多情况下是由于生产者或经营者科学素质低下,自觉或不自觉地在食品生产、加工、包装、运输、贮藏及销售过程中违反科学,导致食品遭受污染。比如:①在受到严重污染的大气、土壤环境中或以遭受严重污染的水源来生产农产品(如在化工厂周围或马路两侧生产粮食);②销售过程中敞开裸露熟食制品任由苍蝇叮、尘土落、人手摸;③生产过程中超标使用食品添加剂(如过量使用防腐剂、甜味剂);④加工过程中产生或引入化学致癌物(如烧烤熏腌食品,用硝酸盐、亚硝酸盐等发色剂加工肉制品,用有毒溶剂提炼食用油等);⑤加工或销售过程交叉感染(如生熟肉混用砧板造成沙门氏菌对熟食的感染、城市小摊或排档不洁食具造成疾病传染);⑥包装容器不洁或不当造成对食品的污染(如用报纸等包食物,直接用铝箔或铝制易拉罐包装食品饮料,用有毒的黑色聚氯乙烯塑料袋包装食品)。

(3)食品安全执法人员素质需进一步提高

目前,我国食品安全监督管理专业技术人才缺乏,我国的食品安全的监督管理已有60多年的历程,据统计,现在的卫生监督以及有关的技术人员有近100万人。但是由于行政部门专业技术人员不多,特别是县一级的卫生标准部门,这样对许多技术问题的处理过于简单,监督力度不够。其次,部分执法监督人员的职业道德和业务素质不高,培训的机会少,有的不能胜任工作。这些都影响了执法的公正性和严肃性。因此,食品、餐饮业从业人员的食品安全卫生知识培训,责任感、义务感的提高极为迫切。必须严格食品、餐饮业从业人员的准入标准,要求一线工作人员和相关人员必须取得相关的合格证方可上岗,这样才能从根本上消除人为因素造成的食品安全问题。对于不同的人群,其教育的重点是不完全相同的,总的教育目标是提高受教育者食品安全意识、增长食品卫生知识、改变食品安全态度、改善不良卫生习惯、开发食品安全预防技术、降低食源性疾病的发生。

# 1.5 城乡食品安全的发展战略

食品安全是保护人类健康,提高人类生活质量的基础。目前,食品安全已成为全球性的重大战略性问题,并越来越受到世界各国政府和消费者的高度重视。

随着我国经济和社会的持续较高速度发展以及人民生活水平的提高,对食品安全问题提出了越来越高的要求。我国政府提出了新时期食品安全战略的指导思想,即根据全面建成小康社会的要求,以提高公众健康水平、促进就业和提高农民收入、增强中国食品产业的国际竞争力为目标;紧紧围绕净化产地环境、保证投入品质量、规范生产行为、强化监测预警、严格市场准入等关键环节;健全食品安全法律法规体系、管理体系、标准体系、检测体系、认证体系、科技支持体系、信息服务体系以及建立应急机制等食品安全支撑体系;政府、产业界、消费者、媒体、教育和科研机构等有关各方密切配合、相互协作,采取多方面、多角度、多层次相互配套的措施;建立"从农田到餐桌"的全程控制体系,确保食品安全。此外,中共中央国务院在实施乡村振兴战略中提出,要实施食品安全战略,完善农产品质量和食品安全标准体系的建立,加强农业投入品和农产品质量安全追溯体系的建设,健全农产品质量和食品安全监管体制,尤其要提高基层监管能力。

(1)我国现阶段城乡食品安全的发展基本原则

①以科学为基础是进行食品安全管理所遵循的基本原则,其基本要求是强调风险分析。②实现食品供应全过程监管,食品安全管理与控制应该覆盖食品"从农田到餐桌"的食品链的所有方面。根据这一原则,应当推进食品安全监管前移,从销区监管向产品监管前移,从消费终端监管向生产源头监管前移,从流通监管向规范生产监管前移。③预防为主、可追溯性原则。食品和原料在流通中应保有它们的溯源,在需要情况下,可为有资格的机构提供溯源相关信息。当食品发现存在危害时,可以及时从市场召回,避免流入市场。

(2)我国现阶段城乡食品安全的总体战略目标

①加强各食品监管部门间协作,开展综合治理,铲除产生假劣食品的"温床"和"土壤"。政府牵头组织,各有关职能部门依职责各司其职,互相协作配合,开展综合治理,各级政府和各部门应将城乡食品安全工作纳入部门目标责任考核,签订目标责任书,层层抓落实。不断创新食品安全监管理念和方式,营造全社会共同关注城乡食品安全监管工作氛围。

②强化食品安全宣传工作,提高城乡群众的食品安全"免疫力"。要认真组织开展食品安全工作下基层,在大的集市设立宣传、咨询台,举办假冒伪劣商品巡回展览等形式多样的宣传活动,使群众能够辨别善、恶、丑,并以自己的实际行动,自觉抵制来到本地从事违法经营的不法行为,使违法经营者无立足之地。

③因地制宜,扩大维权网络,畅通举报渠道,发动群众参与到食品安全监管工作中来。健全消费者维权网络,整合群众监督员资源,加大培训力度,充分调动群众监督员的积极性,一方面可以弥补执法部门监管力量不足的难题;另一方面聘请食品安全监督员、协管员、信息员,使之成为我们监管城乡地区食品安全的"千里眼"和"瞭望台"。

④加强食品安全监管制度建设,以开展专项整治为重点,强化日常监管。把食品安全监管重心下移,将监管任务和责任层层落实到基层,落实到具体监管的街、乡、村、社。在管理中,对凡经营食品的经营户不论规模大小、品种多少,全部要求证照齐全,实行一户一卡,严格建立和落实食品经营者进货检验、索证索票等自律制度,做到经营的食品来路正、销路明。

❓ 思考题

1.什么是食品安全? 食品安全的范畴包括哪些内容?

2.简述食品安全与食品质量、食品卫生的区别与联系。

3.简述我国城乡食品安全特点及现状。

4.简述我国城乡食品安全的发展战略。

📖 参考文献

[1] 孙长颢.营养与食品卫生学[M].7版.北京:人民卫生出版社,2012.

[2] 刘为军.中国食品安全控制研究[M].杨凌:西北农林科技大学出版社,2006.

[3] 何计国,甄润英.食品卫生学[M].北京:中国农业大学出版社,2007.

[4] 纵伟.食品卫生学[M].北京:中国轻工业出版社,2011.

[5] 吴永宁.现代食品安全科学[M].北京:化学工业出版社,2003.

[6] 赵文.食品安全性评价[M].北京:化学工业出版社,2015.

[7] 马长路,王立辉.食品安全质量控制与认证[M].北京:北京师范大学出版社,2015.

[8] 彭海兰,马卓,等.城乡食品安全状况差距的成因分析[J].世界农业,2007,323(4):28-30,36.

[9] 施政.基层食品质量安全存在的问题与对策[A].∥食品安全的理论与实践——安徽食品
安全博士科技论坛论文集[C],2005.

[10] 中华人民共和国食品安全法.北京:中国法制出版社,2015.

[11] 姬哲.转基因食品安全性的科技伦理研究[D].中原工学院.2015.

[12] 胡召军.食品质量安全应建立综合保障措施[A].食品安全的理论与实践——安徽食品
安全博士科技论坛论文集[C].2005.

[13] 沈平,章秋艳,等.我国农业转基因生物安全管理法规回望和政策动态分析[J].农业科技
管理,2016,35(6):5-8.

[14] 秦占国.国内外兽药残留与动物源食品安全管理研究[D].华中农业大学,2009.

[15] 杨婕.食品质量与食品安全性现状分析[J].食品安全质量检测学报,2011,4:1-11.

[16] 张潇方.食品安全与和谐社会[D].山西大学,2007.

[17] 欧朝法.以人为本,关注食品质量安全——浅淡如何进一步加强食品质量安全监管工作
[A].∥食品安全的理论与实践——安徽食品安全博士科技论坛论文集[C],2005.

本章编写人:王英丽

## 第2章　食品安全危害来源

**内容提要**

> 　　本章主要介绍了食品在种植或饲养、采收或屠宰、加工、贮藏、运输、销售和食用等环节中,造成食品污染的生物性因素、化学性因素和物理性因素;并介绍了各因素中常见污染源、污染途径和残留危害。

　　食品在种植或饲养、采收或屠宰、加工、贮藏、运输、销售和食用等环节中,可能受到人为因素或环境因素的影响,造成食品污染。造成食品污染的因素主要是环境因素,包括生物性因素、化学性因素和物理性因素。一直以来,生物性污染是食品安全危害的首要因素,但是随着环境污染的加剧,食品安全危害来源正在由生物因素为主向化学因素为主转变。因此,对食品安全危害来源进行有效识别,能为食品安全防控提供理论基础。

## 2.1　生物性污染与食品安全

　　目前,生物性污染是食品安全危害的主要影响因素,主要包括细菌性污染、真菌和真菌毒素污染、病毒、寄生虫和害虫污染等。随着生态环境的变化,各种新的致病微生物不断出现,食品被生物性污染物污染的可能性不断增大,导致食品腐败变质,并引起食源性疾病。

### 2.1.1　细菌性污染

　　细菌污染程度是评价食品质量安全的重要指标,细菌污染也是食品腐败变质的主要原因。按照来源分类,食品中的细菌可以分为内源性、外源性两类;按照致病性分类,食品中的细菌可以分为致病菌和条件致病菌、非致病菌两类。

#### 2.1.1.1　细菌污染食品的途径

　　食品在从农田到餐桌(种植或饲养、采收或屠宰、加工、贮藏、运输、销售和食用)的所有环节中都可能受到细菌的污染。

　　(1)食品原料污染

　　食品原料主要包括动物性和植物性原料,它们在种植或饲养环节中可能受到周围环境(如土壤、水和空气)中微生物的污染。

　　土壤是适合微生物生活的“天然培养基”,由于土壤具备了微生物生长所需的营养、空气、温度、酸碱度等条件,土壤中微生物的种类和数量相对最多。其中,细菌所占比例最大,可达微生物总量的 70%～90%;放线菌次之,占 5%～30%;然后是真菌、藻类和原生动物。

水是微生物栖息的第二个天然场所,在江、河、湖、海、地下水中均有微生物存在。一般将水中的微生物分为淡水微生物和海洋微生物。淡水水体由于容易受到生活污物、人畜排泄物、工业废水等的污染,容易出现肠道菌群激增,如大肠杆菌、产气肠杆菌。海洋中的微生物主要是耐渗透压能力较强,也有较强耐静水压的能力。近海中常见的细菌有假单胞菌、微球菌属、芽孢杆菌属等,它们能引起海产动植物腐败。水体里含有大量微生物,可能导致鱼的体表、消化道等部位存在一定量的微生物,近海海域可能受到人和动物排泄物的影响,带有病原菌。

空气不具备微生物生长繁殖所需的营养和充足水分,且日照对细菌等微生物的生命活动有较大影响,所以空气不是微生物生存和繁殖的良好场所。但是空气中含有一定量的微生物,主要是各种球菌、芽孢杆菌和对射线有一定耐受性的真菌孢子等。它们多来自土壤、人和动植物上的微生物,以颗粒、尘埃等方式,如 PM 2.5 颗粒物,传播到空气中。

畜禽等动物食品原料的肌肉、肝脏等组织和器官一般是无菌的,但是在屠宰过程中可能接触到畜禽体表、被毛、呼吸道等器官,出现微生物交叉污染。健康乳畜的乳房可能存在细菌或乳畜患病等导致刚挤出的鲜乳含有一定量的病原菌。

植物在生长过程中,其表面也会带有大量微生物,如霉菌在高温高湿条件下大量繁殖产生霉菌毒素。一些病原微生物还可以通过根茎叶等侵入植物内部。

(2)食品生产中的污染

食品生产中的污染主要来自两方面:食品生产环境不卫生,空气、水中的微生物污染食品或者加工设备不清洁污染食品;原料和半成品、成品堆放管理不严格,造成交叉污染。

食品生产加工过程中,由于机械设备的清洁不彻底,微生物可以大量繁殖,污染后续生产的食品。此外,食品从业人员的皮肤、毛发、口腔、呼吸道等部位带有大量的微生物,这些微生物可以经过直接(双手接触)或间接(打喷嚏)方式污染食品。尤其是从业人员带有细菌性病原菌时,可能将该病原菌引入食品,造成污染。

(3)食品贮藏中的污染

食品包装材料可能带有微生物,包装材料与食品的直接接触会使得微生物在食品上生长和繁殖;食品贮藏环境不佳,微生物可以通过空气、昆虫或鼠类等途径进入食品并造成污染。

(4)食品运输中的污染

在运输过程中,食品运输工具、包装材料或容器等不符合相应的卫生标准,导致微生物的交叉污染;由于运输环境控制不合理,导致微生物的快速生长和繁殖。

(5)食品加工烹调污染

在食品加工烹调过程中,由于生食和熟食没有分开造成交叉污染;由于食品没有彻底煮熟,导致已经存在的微生物没能被彻底杀灭,降低食品安全性。

### 2.1.1.2　食品中常见的污染细菌

污染食品的非致病菌主要是造成食品腐败变质,而致病菌则会导致食源性疾病或食物中毒。这里仅介绍食品中常见的致病性细菌。

(1)大肠埃希菌

大肠埃希氏菌(*Escherichia coli*),又称为大肠杆菌,在相当长的一段时间内,都被当作正常肠道菌群的组成部分,直到 20 世纪中叶,才认识到一些特殊血清型的大肠杆菌对人和动物有病原性。根据不同的生物学特性将致病性大肠杆菌分为 5 类:产肠毒素性大肠埃希菌

（ETEC）、肠道侵袭性大肠埃希菌（EIEC）、肠道致病性大肠埃希菌（EPEC）、肠黏附性大肠埃希菌（EAEC）和肠出血性大肠埃希菌（EHEC）。

产肠毒素性大肠埃希菌：主要引起婴幼儿腹泻以及成人旅行者腹泻，出现轻度水泻，也可呈严重的霍乱样症状，感染多因为摄食被污染的食物和水。

肠道侵袭性大肠埃希菌：感染后主要表现为水泻，继之出现痢疾。

肠道致病性大肠埃希菌：是婴儿腹泻的主要病原菌，有高度传染性，严重者可致死；成人少见。

肠黏附性大肠埃希菌：引起婴幼儿和儿童的急性腹泻和持续性腹泻。

肠出血性大肠埃希菌：大肠杆菌 O157：H7 是肠出血性大肠埃希菌引起人类疾病的最常见血清型，已成为引起急性感染性腹泻的重要病原。

大肠杆菌是两端钝圆的短小杆菌，周身鞭毛，能运动，无芽孢。最适生长温度为 37℃，在 15～45℃ 均能繁殖；最适 pH 7.4～7.6，在 pH 4.3～9.5 之间也可生长。大肠杆菌对各种理化条件的耐受性在无芽孢杆菌中最强，室温下可存活数周，耐寒能力强。60℃ 加热 30 min 可被灭活，同时该菌对漂白粉、酚、甲醛等敏感。

（2）沙门氏菌

沙门氏菌（Salmonella）属于肠杆菌科（Enterobacteriaceae）沙门氏菌属（Salmonella），是一类兼性厌氧性革兰阴性杆菌，无芽孢，一般无荚膜，绝大部分具有周生鞭毛，能运动。沙门氏菌是一种分布广泛的食源性致病菌，其血清型已超过 2 500 种，其中许多血清型能够感染人和动物。引起人类食物中毒的主要有鼠伤寒沙门氏菌、猪霍乱沙门氏菌、肠炎沙门氏菌、德尔比沙门氏菌、鸭沙门氏菌等，前三者引起的食物中毒最多。

沙门氏菌属对外界环境的抵抗力不强，最适生长温度为 37℃，在 18～20℃ 也能繁殖；在水中存活 2～3 周，粪便中可存活 1～2 个月，在冷冻、脱水、烘烤食品中存活时间更长，在冻肉中可存活 6 个月以上；pH 9.0 以上或 4.5 以下可抑制其生长；水经过氯处理，5 min 可将其杀灭。沙门氏菌属不耐热，60℃ 20～30 min 即可被杀死，100℃ 则立即致死。

动物性食品是引起中毒的主要食品，沙门氏菌污染肉类有两种途径：一是内源性污染，即畜禽等屠宰前已经感染沙门氏菌；二是外源性污染，即畜禽在屠宰、加工、运输、贮藏、销售等环节被污染。人类通过摄入被沙门氏菌污染的食品可引起持久慢性肠炎，肠壁出现溃疡等，患者伴有发烧、腹泻、腹痛、呕吐、头痛、乏力等临床症状。沙门氏菌致病力强弱与菌型有关，致病能力越强的菌越易致病。

（3）金黄色葡萄球菌

金黄色葡萄球菌（Staphylococcus aureus）是引起人类感染和细菌性食物中毒的一种重要致病菌，在自然界中分布广泛。金黄色葡萄球菌为革兰阳性需氧或兼性厌氧球菌，无动力、不产芽孢，典型的金黄色葡萄球菌呈球形，直径 0.4～1.2 $\mu$m，排列成葡萄串状，在脓汁或液体培养基中常呈双或短链状排列。

金黄色葡萄球菌营养要求不高，在普通培养基上生长良好，需氧或兼性厌氧。金黄色葡萄球菌最适生长温度为 37℃，可在 7～47.8℃ 范围内生长。最适生长 pH 7.4，可在 pH 4.0～9.8 范围内生长。金黄色葡萄球菌比其他任何非嗜盐细菌能够忍耐较低的水分活度，$A_w$ 0.86 是它生长所需的最低水分活度。

金黄色葡萄球菌具有较强的抵抗力，在不形成芽孢的细菌中抵抗力最强。在干燥的脓汁或血液中它可存活数月。80℃加热 30 min 才能杀死,煮沸可迅速使它死亡。金黄色葡萄球菌对磺胺类药物敏感性低,但对青霉素、红霉素等高度敏感,很多菌株对青霉素 G 有耐药性。

金黄色葡萄球菌常寄生于人和动物的皮肤、鼻腔、咽喉、肠胃、痈、化脓性灶口;空气、污水等环境中也常有金黄色葡萄球菌存在。常见的金黄色葡萄球菌引起中毒的食品主要是乳及乳制品、奶油糕点、蛋及蛋制品、熟肉制品、鸡肉、鱼及其制品、蛋类沙拉、含有乳制品的冷冻食品及个别淀粉类食品等。此外,剩饭、油煎蛋、糯米糕及凉粉等食品金黄色葡萄球菌污染引起的中毒事件也有报道。

金黄色葡萄球菌本身不会对人体健康产生危害,但其繁殖过程中产生的肠毒素是主要的致病因子。目前,已经发现 20 多种金黄色葡萄球菌产生的肠毒素,其中最常见的导致食物中毒的肠毒素是 A 型和 B 型肠毒素。金黄色葡萄球菌产生的肠毒素具有极强的耐热性,100℃加热 30 min 仍然不失去其活性,可存在于已经煮熟的食物中,导致食物中毒。但是食用金黄色葡萄球菌污染的食物是否会对人体产生危害,主要取决于污染食物中肠毒素的残留量。肠毒素对人体的中毒剂量存在明显的人群差异,一般认为是 20～25 μg。一般情况下,人体摄入带有达到致病量肠毒素的食物 2～6 h 后,出现恶心、呕吐和腹泻、腹痛、绞痛等急性胃肠炎症状,无发热,没有传染性,中毒症状通常会持续 1～2 d,轻度患者可以自愈,较严重者经治疗后可以较快恢复,愈后一般良好。但儿童对肠毒素比成人敏感,发病率高、病情重,需特别关注。

(4)单增李斯特菌

单核细胞增生李斯特氏菌(*Listeria monocytogenes*),简称单增李斯特菌,为革兰阳性短杆菌,直或稍弯,两端钝圆,大小约为 0.5 μm×(1.0～2.0) μm,兼性厌氧、无芽孢,一般不形成荚膜,但在营养丰富的环境中可形成荚膜。

单增李斯特菌广泛存在于自然界中,它能耐受较高的渗透压,在土壤、地表水、污水、青储饲料中均有该菌存在,所以动物很容易食入该菌,并通过口腔-粪便的途径进行传播。该菌在 4℃ 的环境中仍可生长繁殖,是冷藏食品威胁人类健康的主要病原菌之一。

单增李斯特菌属于一种条件致病菌,摄入李斯特菌污染的食品是李斯特菌病发生的主要原因,人主要通过食入软奶酪、鲜牛奶、巴氏消毒奶、卷心菜色拉、芹菜、西红柿等食品而感染,李斯特菌病的临床表现除单核细胞增多以外,还常见败血症、脑膜炎。李斯特菌病以发病率低、致死率高为特征,对成年人的致死率为 20%～60%,主要感染中枢神经系统,而对婴儿的致死率可达 54%～90%。患病风险最大的人群包括孕妇、新生儿、60 岁以上的老年人和细胞免疫功能低下的人群。

(5)副溶血性弧菌

副溶血性弧菌(*Vibrio Parahemolyticus*),为革兰阴性杆菌,呈弧状、杆状、丝状等多种形状,无芽孢,兼性厌氧。

最适宜的培养条件为:温度 30～37℃,含盐 2.5%～3%(若盐浓度低于 0.5%则不生长),pH 8.0～8.5。本菌对酸较敏感,当 pH 6 以下即不能生长,在普通食醋中 1～3 min 即死亡。在 3%～3.5%含盐水中繁殖迅速,每 8～9 min 为一周期。对高温抵抗力小,50℃ 20 min;65℃ 5 min 或 80℃ 1 min 即可被杀死。本菌对常用消毒剂抵抗力很弱,可被低浓度的酚和煤酚皂溶液杀灭。

副溶血性弧菌是一种嗜盐性细菌。副溶血性弧菌食物中毒,是进食含有该菌的食物所致,主要来自海产品,如墨鱼、海鱼、海虾、海蟹、海蜇,以及含盐分较高的腌制食品,如咸菜、腌肉等。本菌存活能力强,在抹布和砧板上能生存1个月以上,海水中可存活47 d。临床上以急性起病、腹痛、呕吐、腹泻及水样便为主要症状。本病多在夏秋季发生于沿海地区,常造成集体发病。由于海鲜空运,内地城市病例也渐增多。

此菌对酸敏感,在普通食醋中5 min即可被杀死;对热的抵抗力也较弱。副溶血性弧菌食物中毒多发生在6～10月,海产品大量上市时。中毒食品主要是海产品,其次为咸菜、熟肉类、禽肉、禽蛋类,约有半数中毒者为食用了腌制品。中毒原因主要是烹调时未烧熟煮透或熟制品被污染。

### 2.1.1.3 食品腐败变质

食品腐败变质是指食品受到各种内外因素的影响,造成其原有化学性质或物理性质发生变化,降低或失去其营养和商品价值的过程。食品腐败变质是食品生产与经营中常见的卫生问题之一。

(1)食品腐败变质的原因

造成食品腐败变质的原因很多,物理性因素如高温、高压等,化学性因素如重金属污染、农药或兽药残留等,生物性因素如微生物、动植物本身含有的酶类等,都可以引起食品腐败变质。

①微生物因素　微生物是引起食品腐败变质的主要因素,且细菌所引起的食品腐败变质占主要比例。微生物主要通过产酶,对食品成分进行分解,发生具有一定特点的腐败变质。一些微生物能分泌胞外蛋白酶分解蛋白质,如芽孢杆菌属、假单胞菌属;一些微生物能分解碳水化合物,如芽孢杆菌属的枯草芽孢杆菌;一些微生物能分解脂肪,如黄杆菌属、芽孢杆菌属的某些菌株。

②食品组成　食品的营养成分对食品中微生物的生长繁殖速度、优势微生物有较大的影响。食品中所含有的蛋白酶类可催化食品组分的生化反应,加速食品腐败变质。食品的pH是制约微生物生长繁殖的因素之一,pH 4.5以下的酸性食品可以抑制多种微生物的生长,当pH接近中性,可利于一些腐败细菌的生长。食品的水分活度($A_w$)也是预防食品腐败变质的重要因素之一,当$A_w$在0.99以上,首先是细菌引起变质;当$A_w$在0.8～0.9,霉菌和酵母才能生长旺盛;当$A_w$在0.65以下,能生长的微生物种类极少。

③外界环境　外界环境因素,如温度、相对湿度、光线、氧气等,对食品腐败变质都有一定的影响。

(2)食品腐败变质的控制

食品腐败变质的控制即针对引起腐败变质的各种因素,如微生物的作用,食品本身所含有的酶,温度、氧气、水分活度等环境因素,采取不同的方法,杀死或抑制微生物,达到延长食品保质期的目的。控制食品腐败变质的常用技术主要有:

①低温保藏　病原微生物和腐败微生物多为中温菌,在10℃以下大多数微生物的生长繁殖受到抑制,−10℃以下仅有少数嗜冷菌能活动,−18℃以下几乎所有微生物不再生长繁殖。同时低温下,降低食品酶的活性及食品内化学反应速度,减弱或抑制食品中微生物的生长繁殖。

②干燥保藏　食品中水分含量需降至一定限度以下,使微生物不能生长,同时,酶活性抑制,防止食品变质。细菌生长一般要求$A_w$在0.94～0.99,酵母要求$A_w$在0.88～0.94,霉菌要求$A_w$在0.73～0.94,因此干制食品的防霉要求$A_w$在0.64以下。

③气调保藏　通过阻气包装将食品密封于一个含特定气体成分的环境中,抑制腐败微生

物的生长繁殖,从而达到延长食品保质期的目的。气调包装比较适合鲜肉、果蔬的保鲜,也可用于谷物、鸡蛋、肉类、鱼产品等的保鲜。

④杀菌　通过加热杀菌(巴氏消毒法、高压蒸汽杀菌法等)或非加热杀菌(辐照杀菌、紫外线杀菌、超声波杀菌灯),杀灭微生物。

⑤化学保藏　通过盐渍、糖藏、提高食品的渗透压,降低水分活度,抑制微生物生长;或通过加入防腐剂抑制腐败菌的生长和代谢。

### 2.1.1.4　细菌污染对食品安全的影响

细菌污染食品引起食物腐败变质,如产生蛋白酶分解蛋白质,产生氨基酸,氨基酸脱羧形成胺类等有不愉快气味的物质,使得食品的营养价值降低;当污染食品的细菌属于致病菌,还能引起食物中毒,如沙门氏菌、副溶血性弧菌、单增李斯特菌、肉毒梭菌、蜡样芽孢杆菌等。

有些细菌在生长繁殖过程中可以产生毒素,有的毒素对热敏感,如肉毒毒素在不超过100℃的温度下即可被破坏;有的毒素对热不敏感,如葡萄球菌肠毒素,加热至100℃,30 min仍未被破坏。有些细菌还可以产生芽孢,具有更好的耐热性能。

## 2.1.2　霉菌和霉菌毒素污染

霉菌,又称丝状真菌,是菌丝体比较发达但是没有大型子实体的小型真菌。霉菌种类繁多,广泛分布于自然界。有些霉菌是有益的,已被用于食品工业生产;有些霉菌是有害的,会对消费者身体健康造成危害。

霉菌毒素是霉菌在生长繁殖过程中产生的有毒次级代谢产物,它们可以通过饲料或食品进入人和动物体内,引起人和动物的急性或慢性毒性,损害机体的肝脏、肾脏、神经组织、造血组织及皮肤组织等。

### 2.1.2.1　霉菌产毒特点

产毒霉菌菌种仅占霉菌很少一部分,霉菌产毒一般有如下特征:同一产毒菌株的产毒能力有一定的可变性,如产毒菌株在培养过程中失去产毒能力,非产毒菌株在培养过程中出现产毒能力;一种霉菌可以产生多种毒素,如岛青霉可以产生岛青霉毒素、环氯素等几种毒素;另一种毒素可由多种霉菌产生,如杂色曲霉毒素可以由黄曲霉、构巢曲霉、杂色曲霉产生;产毒霉菌污染食品后是否产毒由环境条件决定。

### 2.1.2.2　霉菌产毒的条件

影响产毒霉菌产毒的因素较多,与食品相关的因素有食品基质种类、水分活度($A_w$)、湿度和氧气等。

食品基质种类:营养丰富的食品,霉菌生长的可能性就大,天然基质比人工培养基更易于产毒。不同的霉菌常在特定的食品中繁殖,如花生和玉米中黄曲霉及其毒素检出率高,小麦中镰刀菌及其毒素检出率高。

$A_w$:食品的$A_w$越小,食品保持水分的能力越强,能提供给微生物利用的水分越少,对微生物的繁殖越不利。当$A_w$小于0.7时,霉菌的繁殖受到抑制。

温度:不同霉菌的最适生长温度不一样,大多数霉菌繁殖的最适温度在25～30℃,在0℃以下或30℃以上,产毒能力下降或不产毒。

湿度:不同的相对湿度环境对于优势霉菌菌群有较大影响,相对湿度低于80%时,主要是干生性霉菌(灰绿曲霉、白曲霉)繁殖;相对湿度为80%～90%时,主要是中生性霉菌(多数曲霉、青霉)繁殖;相对湿度在90%以上时,主要为湿生性霉菌(毛霉)繁殖。

氧气:大部分霉菌繁殖和产毒需要有氧条件。

### 2.1.2.3　食品中常见的霉菌毒素

(1)黄曲霉毒素(aflatoxin,AF)

黄曲霉毒素是由产毒黄曲霉、寄生曲霉以及集蜂曲霉产生的有毒次级代谢产物,是一类化合物的总称。目前,AF及其衍生物至少已发现20种,AF的基本结构为二呋喃环和氧杂萘邻酮,AF的主要分子型式有 $B_1$、$B_2$、$G_1$、$G_2$、$M_1$、$M_2$ 等,其中 $AFM_1$ 和 $AFM_2$ 主要存在于牛奶中,$AFM_1$ 是 $AFB_1$ 在体内经过羟化而衍生的代谢产物。在自然污染的食品中,以 $AFB_1$ 污染最为多见,其毒性及致癌性也最强。$AFB_1$ 是二氢呋喃氧杂萘邻酮的衍生物,它含有1个双呋喃环和1个氧杂萘邻酮(香豆素)。前者是基本毒性结构,后者与致癌性相关。AFT主要衍生物的化学结构式见图2-1,主要理化参数见表2-1。

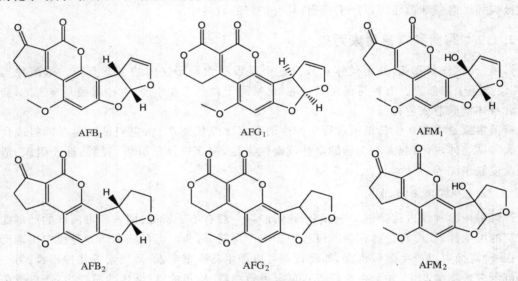

图 2-1　主要衍生物的结构式

表 2-1　几种主要 AF 的理化性质

| AF | 分子式 | 分子量 | 颜色 | 熔点/℃ | 紫外吸收 | | 荧光发射波长 |
| --- | --- | --- | --- | --- | --- | --- | --- |
| | | | | | $\lambda_{max}$/nm | $\varepsilon$ | |
| $B_1$ | $C_{17}H_{12}O_6$ | 312 | 淡黄 | 268 | 223 | 20 800 | 425 |
| | | | | | 266 | 12 960 | |
| | | | | | 363 | 20 150 | |
| $B_2$ | $C_{17}H_{14}O_6$ | 314 | 白色针状 | 303 | 223 | 18 120 | 425 |
| | | | | | 266 | 12 320 | |
| | | | | | 363 | 23 100 | |

续表 2-1

| AF | 分子式 | 分子量 | 颜色 | 熔点/℃ | 紫外吸收 | | 荧光发射波长 |
| --- | --- | --- | --- | --- | --- | --- | --- |
| | | | | | $\lambda_{max}$/nm | $\varepsilon$ | |
| $G_1$ | $C_{17}H_{12}O_7$ | 328 | 无色针状 | 257 | 226 | 15 730 | 450 |
| | | | | | 243 | 11 070 | |
| | | | | | 264 | 10 670 | |
| | | | | | 363 | 17 760 | |
| $G_2$ | $C_{17}H_{14}O_7$ | 330 | 无色针状 | 237 | 220 | 21 090 | 450 |
| | | | | | 245 | 12 400 | |
| | | | | | 265 | 10 020 | |
| | | | | | 363 | 17 760 | |
| $M_1$ | $C_{17}H_{12}O_7$ | 328 | 无色长方状 | 299 | 225 | 21 000 | 425 |
| | | | | | 265 | 11 000 | |
| | | | | | 360 | 19 300 | |
| $M_2$ | $C_{17}H_{14}O_7$ | 330 | 无色长方状 | 293 | 222 | 19 800 | — |
| | | | | | 264 | 10 000 | |
| | | | | | 358 | 21 400 | |

农产品在收获、贮藏、运输和销售环节都可能被 AF 污染,在我国,长江沿岸及其以南等高温高湿地区 AF 污染较严重。$AFB_1$ 污染多见于豆类、干果、花生和玉米等农产品污染。$AFB_1$ 热稳定性极好,普通的烹饪加工很难使其结构受到破坏而减少危害。

$AFB_1$ 被国际癌症研究机构(International Agency for Research Center,IARC)列为Ⅰ类致癌物质。流行病学研究显示人群长期暴露于 $AFB_1$ 环境中容易诱发肝癌,尤其是乙型肝炎抗原的携带者。动物实验证明 $AFB_1$ 会严重干扰动物的生长发育,也有研究表明,$AFB_1$ 能导致禽鸟急性或慢性中毒,引起产蛋量降低、免疫抑制反应以及肝毒性。因此,为了避免 $AFB_1$ 的污染风险,目前几乎所有国家和地区都制定了 $AFB_1$ 强制限量标准。

(2)桔霉素

桔霉素也称为桔青霉素,其化学结构见图 2-2。桔霉素最早是从丝状真菌桔青霉中分离得到的,而青霉、曲霉及红曲霉中也可代谢产生桔霉素。桔霉素广泛存在于大米、玉米、小麦、米醋、苹果、果汁等农产品和食品中。在我国,被桔霉素污染的主要食物是发霉的谷物、饲料红曲及相关产品。

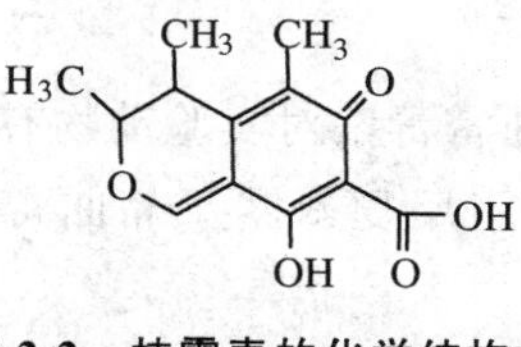

图 2-2  桔霉素的化学结构式

常温下,桔霉素是一种柠檬黄色的结晶。在长波紫外灯的激发下能发出黄色荧光,其最大紫外吸收在 253 nm ($\varepsilon$= 8279)和 319 nm($\varepsilon$=4 710)处,溶点为 172℃。溶于甲醇、乙酸乙酯、苯、丙酮、氯仿、乙氰,微溶于二乙醚、乙醇,难溶于水,但是可以溶解于稀氢氧化钠、碳酸钠和醋酸钠溶液中。

桔霉素具有一定的抗菌作用,最初被作为一种抗生素使用。随后的毒理学研究表明,桔霉素能够通过影响动物体内肾脏线粒体功能、影响体内大分子的合成,达到使细胞死亡的效果。此外,桔霉素还能导致动物肾小管扩张、肾脏肿大、上皮细胞坏死等病变。相关研究已经证明,对肾脏的毒害是桔霉素直接作用导致的,并且还伴随有糖尿或蛋白尿等症状。经口途径喂食小鼠桔霉素,其半数致死剂量为 110 mg/kg。当桔霉素与诸如赭曲霉毒素等毒素同时存在于动物体内时,会产生协同作用,增强其对 DNA 的损伤。

(3)赭曲霉毒素

赭曲霉毒素是曲霉和青霉产生的一组次级代谢产物,共含有 7 种结构类似的化合物,其中,赭曲霉毒素 A 的毒性最强,它是一种稳定的无色结晶化合物,因含有羧基而呈弱酸性,微溶于水,极易溶于极性有机溶剂和碳酸氢钠溶液,并且它在甲醇中的稳定性较好。

产赭曲霉毒素的曲霉菌株主要有:赭曲霉、蜂蜜曲霉、洋葱曲霉、硫色曲霉、金头曲霉、孔曲霉、菌核曲霉、佩特曲霉、炭黑曲霉等。而对产赭曲霉毒素的青霉菌的分类仍尚有不同的见解,有研究表明青霉菌属中主要有 *Penicillium verrucosum* 和 *Penicillium nordicum* 两种菌可以产生赭曲霉毒素,并且还发现在相同的实验条件下,后者的产毒量更高。在如此众多的产毒菌中,通常认为赭曲霉、炭黑曲霉以及纯绿青霉为最主要的产毒菌。赭曲霉毒素常存在于玉米、小麦、大麦、燕麦和其他原料中。

赭曲霉毒素的毒性主要有六种:

肾脏毒性:短期试验结果显示,赭曲霉毒素对所有的单胃哺乳类动物均能产生肾毒性,可引起实验动物肾小球变性退化,严重者其至出现肾小球坏死、皮质纤维化、肾小球透明变性以及各种肾脏功能损伤等。

肝毒性:赭曲霉毒素也具有很强的肝细胞系细胞毒性,连续在食物中添加赭曲霉毒素饲喂小鸡会发现肝糖原分解减少,以致造成体内肝糖原的聚集,并且该现象与赭曲霉毒素的剂量成正比。

致癌性:国际癌症研究署已经确认赭曲霉毒素对实验动物有致癌性,并将其定为 2B 类致癌物(即可能引起人类癌症的物质),给大鼠喂食 OA 时,大鼠出现了肾小管细胞腺瘤,并呈现剂量-效应关系。

免疫毒性:在研究赭曲霉毒素及其代谢物对人单核细胞/巨噬细胞系 TPH-1 的免疫毒性时发现,当赭曲霉毒素浓度在 10～1 000 ng/mL 时,巨噬细胞的吞噬能力、TPH-1 的代谢能力、细胞膜的完整性、细胞的增殖能力、细胞的分化、细胞表面标志物的形成以及氧化氮的合成等均被不同程度地抑制。

致畸性:目前已有实验证实赭曲霉毒素对实验动物有致畸作用,可引发黏膜和骨骼的显著畸变。1986 年 Kane 等也证实当细胞反复暴露于赭曲霉毒素中时,可导致不再修复的 DNA 损伤。

胚胎毒性:通过老鼠和兔子实验已经证实了赭曲霉毒素在子宫内的转移,而在人类中,赭曲霉毒素在脐带血中的浓度与母体血液中是基本一致的,由此证明它确实能通过人体胎盘而产生胚胎毒性。

（4）玉米赤霉烯酮

玉米赤霉烯酮又称 F-2 毒素，是广泛存在于粮谷类作物中的 1 种类雌激素真菌毒素。化学名称为 6-(10-羟基-6-氧基碳烯基)-$\beta$-雷锁酸-$\mu$-内酯，结构式见图 2-3；其纯品为白色晶体，分子量为 318.4，分子式为 $C_{18}H_{22}O_5$，熔点 161～163℃。玉米赤霉烯酮不溶于水、二硫化碳和四氯化碳，溶于碱性水溶液、二甲基甲酰胺、吡啶、氯仿、甲醇、乙醇、苯等，微溶于石油、醚等。玉米赤霉烯酮的甲醇溶液在紫外条件下呈现明亮的蓝绿色荧光，紫外光谱最大吸收波长有 3 个，分别为：236 nm、274 nm、316 nm。玉米赤霉烯酮化学性质稳定，碱性条件下玉米赤霉烯酮的酮环会发生水解，酯键断开进而导致其被破坏，毒性降低，水溶性增加，当碱性下降时酯键可以恢复。

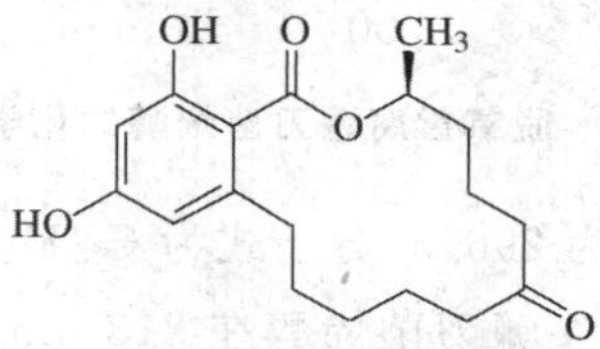

图 2-3　玉米赤霉烯酮的化学结构式

玉米赤霉烯酮主要污染玉米、大麦、小麦、高粱、小米和大米，在面粉、麦芽、啤酒和大豆及其制品中也可检出，以玉米最普遍。

玉米赤霉烯酮的毒性主要体现在以下方面：

生殖毒性：玉米赤霉烯酮是一种雌性激素类似物，可以引起哺乳动物生殖系统紊乱，进而对生殖系统造成严重影响。在所有动物中猪对玉米赤霉烯酮最为敏感。发育还未成熟的小猪连续 8 d 口服 1 mg 玉米赤霉烯酮，小猪会产生明显的雌性激素过多的症状（包括阴道或直肠脱垂、子宫扩大和扭曲、阴户肿胀和卵巢萎缩）。玉米赤霉烯酮还可以引起奶牛不育，降低牛奶的产量和导致雌性激素过多综合征。

免疫毒性：玉米赤霉烯酮对脂多糖活化的小鼠脾淋巴细胞和胸腺细胞的增殖具有显著抑制作用和凋亡作用。玉米赤霉烯酮还可直接作用小鼠 T 淋巴细胞，降低细胞的活性，诱导其凋亡，进而影响机体免疫功能。

对肿瘤发生的影响：玉米赤霉烯酮可以上调激素依赖性乳腺癌细胞 MCF-7 肿瘤基因的表达，对相关肿瘤的发生发展具有促进作用，且能增加雌性小鼠肝细胞腺瘤及垂体腺瘤的发生率，并具有剂量效应关系。

肝毒性：肝脏是玉米赤霉烯酮代谢的主要器官，也是重要的靶器官之一，玉米赤霉烯酮对肝脏及肝细胞具有很强的损害作用。在断奶仔猪日粮中添加 1 mg/kg 玉米赤霉烯酮时发现其对猪的肝脏、肺脏、肾脏、心脏、脾脏和胃肠道等器官指数没有显著影响，而组织病理学表明猪的肾脏和肝脏受到严重的损伤。玉米赤霉烯酮可以降低肝细胞中白蛋白和 DNA 合成，对体外培养的大鼠肝细胞具有损伤作用。

细胞毒性：研究表明，玉米赤霉烯酮作用于非洲绿猴肾细胞（Vero）、人结肠腺癌细胞（Caco-2）和发育不良口腔角化细胞（DOK）3 种细胞株时，可以诱导细胞 DNA 断裂导致细胞凋亡。玉米赤霉烯酮能干扰 Vero 和 Caco-2 细胞周期、抑制蛋白质和 DNA 的合成以及增加丙二醛的生成，进而降低 Vero 和 Caco-2 细胞活力。

（5）脱氧雪腐镰刀菌烯醇

脱氧雪腐镰刀菌烯醇，又称呕吐毒素，是单端孢霉烯族化合物家族中的一种，属于 B 型单端孢霉烯族化合物，是一种倍半烯衍生物，其结构如图 2-4 所示。

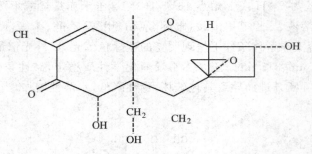

**图 2-4　脱氧雪腐镰刀菌烯醇的化学结构式**

脱氧雪腐镰刀菌烯醇分子量为 296.3，分子式为 $C_{15}H_{20}O_6$，熔点为 $151\sim153℃$，结晶为无色针状，$\alpha,\beta$-不饱和酮基使脱氧雪腐镰刀菌烯醇在 218 nm 有吸收峰，但与其他许多物质的紫外吸收相重叠，因此该吸收峰是非特征性的。脱氧雪腐镰刀菌烯醇易溶于水和极性溶剂，如乙醇、甲醇、丙酮、乙腈和乙酸乙酯，但不溶于正己烷和乙醚。脱氧雪腐镰刀菌烯醇在有机溶剂中性质较为稳定，在乙腈中更适于长期储存。

粮食及谷物制品中脱氧雪腐镰刀菌烯醇的污染是一个比较普遍的问题，世界多数国家出现了脱氧雪腐镰刀菌烯醇污染粮食事件。

脱氧雪腐镰刀菌烯醇的毒性主要有：

生殖毒性：怀孕 $6\sim19$ d 的孕鼠每天给予 5.0 mg/kg 体重，并在小鼠妊娠的 20 d 采用剖宫产，测定生殖和发育的参数。结果发现小鼠怀孕期间饲料消耗和平均体重增加显著减少，屠体重量和妊娠子宫重量显著地降低，且有 52% 的仔完全被吸收，早死亡和晚死亡的平均数目显著增加，平均胎体重和坐高显著降低，新生小鼠的发病率明显增加，胎儿胸骨节、中枢、背侧弓形、椎骨、跖骨、掌骨的骨化作用显著降低；给予 2.5 mg/kg 脱氧雪腐镰刀菌烯醇时，可以显著降低平均胎儿体重、坐高和脊椎的骨化作用。

细胞毒性：脱氧雪腐镰刀菌烯醇具有很强的细胞毒性，研究脱氧雪腐镰刀菌烯醇对培养兔关节软骨细胞生长代谢的影响时发现，脱氧雪腐镰刀菌烯醇对刚开始生长发育的兔软骨细胞有致命的损害作用。随着兔软骨细胞生长趋于成熟，脱氧雪腐镰刀菌烯醇浓度越高对软骨细胞的损伤就越严重。

免疫毒性：脱氧雪腐镰刀菌烯醇浓度为 216 ng/mL 时，50% 人淋巴细胞增殖可以受到抑制。采用浓度为 200 和 400 ng/mL 脱氧雪腐镰刀菌烯醇对人淋巴细胞处理 72 h 后 IL-2 的水平比对照组高 12 倍，IL-4 水平轻微升高，而 IL-6 水平则被抑制；用浓度为 200 和 400 ng/mL 脱氧雪腐镰刀菌烯醇分别对人淋巴细胞处理 $8\sim9$ d 后，200 ng/mL 脱氧雪腐镰刀菌烯醇组的 IL-2 水平升高了 $17\sim25$ 倍，同时 IFN-$\gamma$ 水平轻微升高，IL-6 水平被抑制；而采用 400 ng/mL 脱氧雪腐镰刀菌烯醇处理人淋巴细胞 6 d 后发现 IL-2 水平显著地提升，而 IL-4 和 IL-6 不显著，这些表明脱氧雪腐镰刀菌烯醇对人淋巴细胞细胞因子的产生有潜在的危害作用。

### 2.1.3　病毒和寄生虫污染

#### 2.1.3.1　病毒污染与食品安全

病毒是一类非细胞形态的微生物,仅能在活细胞内生长繁殖。食源性病毒是指以食物为载体,导致人类患病的病毒,包括以粪-口途径传播的病毒,如轮状病毒、冠状病毒和戊型肝炎病毒,以及以畜产品为载体传播的病毒,如禽流感病毒、口蹄疫病毒等。

(1)病毒污染食品的途径

食源性病毒污染食品的途径主要为食品接触了粪便或被粪便污染的水、土壤等。食品被食源性病毒污染的方式分为原发性和继发性污染两类,前者是指动物性食品本身在屠宰前已感染病毒,后者是指在加工、贮藏、运输或烹调等过程中受到外来因素影响而污染。

(2)食品中常见的病毒

①诺如病毒　又称诺瓦克病毒(Norwalk viruses,简称 NV)是人类杯状病毒科中诺如病毒属的原型代表株,目前被认为是世界范围内流行的非细菌性肠炎的主要原因。

诺瓦克病毒首先被 Kapikian 等科学家从美国诺瓦克镇一所小学暴发的急性胃肠炎患者粪便中分离。此后,世界各地陆续从急性胃肠炎患者粪便中分离出多种形态与之相似但抗原性略异的病毒颗粒,统称为诺瓦克样病毒。由于此病毒呈圆形,无包膜,表面光滑,也称作小圆状结构病毒。

诺如病毒基因组为无包膜单股正链 RNA 病毒,病毒粒子直径 27～40 nm,病毒衣壳由 180 个主要结构蛋白和几个次要结构蛋白分子构成,180 个衣壳蛋白首先构成 90 个二聚体,然后形成二十面体对称的病毒粒子。诺如病毒在 0～60℃的温度范围内可存活,且能耐受 pH 2.7 下的环境室温 3 h、20% 乙醚 4℃18 h,普通饮用水中 3.75～6.25 mg/L 的氯离子浓度(游离氯 0.5～1.0 mg/L)。使用 10 mg/L 的高浓度氯离子(处理污水采用的氯离子浓度)可灭活诺如病毒,酒精和免冲洗洗手液没有灭活效果。

诺如病毒的传播途径包括人传人、经食物或水传播。人传人可通过粪-口途径(包括摄入粪便或呕吐物产生的气溶胶),或间接接触被排泄物污染的环境而传播。经食物或水传播时,污染环节可能出现在感染诺如病毒的餐饮从业人员在备餐和供餐中污染食物,或者食物在生产、运输和分发过程中被含有诺如病毒的人类排泄物或水源等污染。诺如病毒感染发病以轻症为主,最常见症状是腹泻和呕吐,其次为恶心、腹痛、头痛、发热、畏寒和肌肉酸痛等。

②轮状病毒　轮状病毒(Rotavirus,简称 RV)是引起婴幼儿腹泻的主要病原体之一,其主要感染小肠上皮细胞,从而造成细胞损伤,引起腹泻。

轮状病毒是一种双链核糖核酸病毒,属于呼肠孤病毒科。成熟完整的轮状病毒颗粒在电镜下呈圆球状,为立体对称的二十面体,直径 75～100 nm。能导致人腹泻的轮状病毒有 A、B、C 3 个群,A 群轮状病毒常引发婴儿腹泻,多于冬季发病,是婴幼儿因腹泻而死亡的主要原因,B、C 群为成人轮状病毒。

轮状病毒主要存在于人和动物的肠道内,主要通过粪-口路径传染,借由接触弄脏的手、弄脏的表面以及弄脏的物体来传染,而且有可能经由呼吸路径传染。

③禽流感病毒　禽流感病毒是禽流感的病原体,它属于 RNA 病毒的正黏病毒科。按照其特异的、不具交叉反应的核蛋白抗原可区分为 A、B、C 3 个不同的抗原型,其中 A 型对人、

猪、马和禽有致病性。B、C 型仅能对人致病。

根据禽流感病毒外膜血凝素（H）/和神经氨酸酶（N）蛋白抗原性的不同，目前可分为 15 个 H 亚型（$H_1 \sim H_{15}$）和 9 个 N 亚型（$N_1 \sim N_9$）。感染人的病毒亚型主要为 $H_5N_1$、$H_7N_7$、$H_9N_2$，$H_5N_1$ 感染后的病死率最高。

禽流感病毒的传染源主要是感染了禽流感病毒的病禽和携带病毒的表面健康禽类。该病毒主要经呼吸道传播，通过密切接触感染的禽类及其分泌物、排泄物，受病毒污染的水等，以及直接接触病毒毒株被感染。

④疯牛病病毒　又称"牛海绵状脑病"（Bovine Spongiform Encephalopathies,简称 BSE），是一种侵犯牛中枢神经系统的慢性致病性疾病。疯牛病不但在牛、羊等偶蹄等动物之间传播，而且人食用病牛的肉或脑组织等为原料制作的食品后，也有可能会被传染而发病，导致患者脑组织因遭到破坏而痴呆、精神错乱、瘫痪而导致死亡，其病死率达 100%。

疯牛病的感染因子是一种不含核酸、具有自我复制能力的感染性蛋白质粒子——朊病毒。朊病毒体积很小，能通过平均孔径小至 $20 \sim 100$ μm 的滤器，对紫外线照射、超声波、$80 \sim 100℃$ 的高温有一定能力的耐受，对甲醛等化学试剂、蛋白酶 K 等也有较强的抗性。

食用被疯牛病病毒污染的食品是疯牛病传播给人的重要途径，可能在人类变异成"克-雅氏病"。

⑤甲型肝炎病毒　甲型肝炎病毒呈球形，为单股正链 RNA，直径约为 27 nm，无囊膜。衣壳由 60 个壳微粒组成，呈二十面体立体对称，有甲型肝炎病毒的特异性抗原，每一壳微粒由 4 种不同的多肽即 VP1、VP2、VP3 和 VP4 所组成。在病毒的核心部位。除决定病毒的遗传特性外，兼具信使 RNA 的功能，并有传染性。

### 2.1.3.2　食源性寄生虫与食品安全

寄生虫指专营寄生生活的生物，种类繁多，主要是原虫和蠕虫。一种寄生虫可以有多个寄主，以人和动物为寄主的寄生虫可诱发人畜共患病，损害人体健康。肉类和肉制品若携带寄生虫可以传染给人类，引发疾病。

寄生虫可以通过多种途径污染食品，通过食品感染人体的寄生虫称为食源性寄生虫。食源性寄生虫的传染源可以是感染了寄生虫的人和动物，寄生虫通过粪便排出，污染水体、土壤等，进入食品，经口进入人体，引起食源性寄生虫病的发生。

食品中常见的寄生虫有猪囊尾蚴、旋毛虫、广州管圆线虫、蛔虫、肝片吸虫。

（1）猪囊尾蚴

囊尾蚴是绦虫的幼虫，寄生在宿主的横纹肌和结缔组织中，呈包囊状，俗称囊虫。在动物体内寄生的囊虫有多种，如猪囊虫、羊囊虫、牛囊虫等，以猪囊尾蚴最常见。猪囊尾蚴发育形成的成虫为绦虫，是常见的人畜共患寄生虫。

猪囊尾蚴是猪带绦虫的幼虫，带囊尾蚴的猪肉常被称为"米猪肉""豆猪肉"或"珠仔肉"。猪带绦虫呈链形带状，长度可达 $2 \sim 8$ m，有 $700 \sim 1\,000$ 个节片（proglottid）。虫体分头节（scolex）、颈部（neck）和节片 3 个部分。头节圆球形，直径约为 1 mm，头节前端中央为顶突（rostellum），顶突上有 $25 \sim 50$ 个小钩，大小相间或内外两圈排列，顶突下有 4 个圆形的吸盘，这些都是适应寄生生活的附着器官。生活的绦虫以吸盘和小钩附着于肠黏膜上。头节之后为颈部，颈部纤细不分节片，与头间无明显的界限，能继续不断地以横分裂方法产生节片，所以也是绦虫的生长区。

人是猪带绦虫的终末宿主,中间宿主除了猪,还有犬、猫、人。成虫寄生于人的小肠,头节深埋于肠黏膜内,孕节可随着粪便排出体外。破裂后,虫卵散出,可污染地面、食物,被中间宿主吞食后,虫卵在其十二指肠内经消化液作用,24～72 h 胚膜破裂,六钩蚴逸出,钻入肠壁,经血液循环或淋巴系统而达宿主身体全身各处。到达寄主部位后,虫体逐渐长大。60 d 后头节出现小钩和吸盘,约经过 10 周囊尾蚴发育成熟。

(2)旋毛虫

旋毛虫是一种人畜共患寄生虫,可以导致人死亡。几乎所有哺乳动物对旋毛虫易感,旋毛虫病呈世界性广泛分布,尤其是欧洲及北美流行较为严重。国内旋毛虫病呈现局部与暴发感染流行的特点。

旋毛虫的成虫呈微小线状,肉眼不易看出。雌雄异体,雌虫较长,大小为(3～4)mm×0.06 mm;雄虫较短,大小为(1.4～1.6)mm×(0.04～0.05)mm。成虫寄生在寄主的小肠内,幼虫寄生在寄主的横纹肌内,卷曲呈螺旋形,外面有一层包囊,呈柠檬状。

含有旋毛虫的动物肉或被旋毛虫污染的食物为主要传染源。旋毛虫的成虫和幼虫寄生于统一宿主体内,不需要在外界环境中发育。人发生感染主要是因为摄入了含旋毛虫包囊的生猪肉或半生猪肉、狗肉等。此外,切生肉的刀或器具等污染了旋毛虫,可以成为传染源。当人食用含有旋毛虫的食品后,经过胃液和肠液的消化作用,包囊被消化,幼虫在十二指肠由包囊逸出,进入十二指肠或空肠,在 48 h 内发育为成虫。在此交配繁殖,每条雌虫可产 1 500 条以上幼虫。旋毛虫的主要致病阶段是幼虫,轻者没有症状,重者可在发病后 3～7 周死亡。

(3)广州管圆线虫

广州管圆线虫多存在于陆地螺、淡水虾、蟾蜍、蛙、蛇等动物体内,中间宿主包括褐云玛瑙螺、皱疤坚螺、短梨巴蜗牛、中国圆田螺、东风螺等,一只螺中可能潜伏 1 600 多条幼虫。

广州管圆线虫会引起广州管圆线虫病(又名嗜酸性粒细胞增多性脑脊髓膜炎),它是一种人畜共患的寄生虫病,人主要因为生食或半生食中间宿主和转续宿主、生吃被幼虫污染的蔬菜、瓜果或饮用含幼虫的生水而感染。广州管圆线虫幼虫可进入人脑等器官,使人发生急剧的头痛,甚至不能受到任何震动,走路、坐下、翻身时头痛都会加剧,伴有恶心呕吐、颈项强直、活动受限、抽搐等症状,重者可导致瘫痪、死亡。诊断治疗及时的情况下,绝大多数病人愈后良好。极个别感染虫体数量多者,病情严重可致死亡,或留有后遗症。2006 年,北京爆发了广州管圆线虫病,住院患者 140 余例,在全国引起轰动。

(4)蛔虫

蛔虫是无脊椎动物,线虫动物门,线虫纲,蛔目,蛔科。蛔虫是人体肠道内最大的寄生线虫,也是人体最常见的寄生虫,感染率可达 70% 以上。

蛔虫成虫呈圆柱形,似蚯蚓状,成体略带粉红色或微黄色,体表有横纹,雄虫尾部常卷曲。雌虫长 20～35 cm,尾端直,雄虫长 15～30 cm,尾端向腹面卷曲。虫卵为椭圆形,卵壳表面常附有一层粗糙不平的蛋白膜,受胆汁染色而呈现棕黄色。

蛔虫的发育不需要中间宿主,其成虫寄生于宿主的小肠内,虫卵随粪便排出体外。外界环境适宜时,单细胞卵发育为多细胞卵,再发育成为第一期幼虫,经过一段时间的生长和蜕皮,成为第二期幼虫,感染性的虫卵在 3～5 周后即可形成。当感染性虫卵与食品、水等经口被人体摄入,可在小肠内孵育出第二期幼虫,通过小肠黏膜进入淋巴管或微血管,经胸导管或门静脉到达心脏,随血液到达肝脏、肺脏,然后经过支气管、气管、咽喉返回小肠内寄生,并逐渐长大为成虫。成虫在小肠里能存活 1～2 年,有的甚至长达 4 年以上。

(5)肝片吸虫

肝片吸虫寄生在牛、羊及其他草食动物和人的肝脏胆管内,有时在猪和牛的肺内也可找到。

人和动物是肝片吸虫的终末宿主,中间宿主为锥实螺。在胆管内成虫排出的虫卵随胆汁排在肠道内,再和寄主的粪便一起排出体外,在适宜的条件下经过 2～3 周发育成毛蚴。毛蚴从卵内出来遇到中间寄主椎实螺,即迅速地穿过其体内进入肝脏。毛蚴脱去纤毛变成囊状的胞蚴。胞蚴的胚细胞发育为雷蚴。雷蚴长圆形,有口、咽和肠。雷蚴刺破胞蚴皮膜出来,仍在螺体内继续发育,每个雷蚴再产生子雷蚴,然后形成尾蚴,尾蚴有口吸盘、腹吸盘和长的尾巴。尾蚴成熟后即离开锥实螺在水中游泳若干时间,尾部脱落成为囊蚴,固着在水草上和其他物体上,或者在水中保持游离状态。牲畜饮水或吃草时吞进囊蚴即可感染。人体感染可能是食用被囊蚴污染的肉类和蔬菜所引起。

# 2.2 化学性污染与食品安全

## 2.2.1 兽药残留

为预防和治疗畜禽疾病,动物体内都可能引入兽药。但不合理的使用药物治疗动物疾病或者将其作为饲料添加剂,易引起兽药残留。近年来,动物性食品的兽药残留已成为影响食品安全的重要因素。

兽药残留是"兽药在动物源食品中的残留"的简称,根据联合国粮农组织和世界卫生组织(FAO/WHO)食品中兽药残留联合立法委员会的定义,兽药残留是指动物产品的任何可食部分所含兽药的母体化合物及(或)其代谢物,以及与兽药有关的杂质。所以,兽药残留既包括原药,也包括药物在动物体内的代谢产物和兽药生产中所伴生的杂质。在动物源食品中较容易引起兽药残留量超标的兽药主要是抗生素类、磺胺类、呋喃类、驱虫类和激素类药物。

引起兽药残留的原因主要有:

①在防治畜禽疾病过程中,未严格遵守使用期限、使用剂量及休药期,长期超标、滥用药物。②把一些激素类、抗生素类药物作为畜禽添加剂使用,达到促进动物生长获得经济利益。③在食品贮藏加工过程中,使用抗生素以达到延长食品保藏期的目的。

### 2.2.1.1 抗生素残留与食品安全

(1)四环素类抗生素

四环素类抗生素是放线菌产生的一类广谱抗生素,包括金霉素、土霉素、四环素及半合成四环素类抗生素等,具有十二氢化并四苯基本结构。

四环素类抗生素为黄色结晶性粉末,味苦,为酸碱两性化合物,易溶于酸性和碱性溶液,在甲醇和乙醇中的溶解性较好,在乙酸乙酯、乙腈等有机溶剂中溶解性较差。四环素类抗生素在弱酸性条件下相对稳定,在酸性溶液中(pH<2)易脱水,反式消除生成橙黄色脱水物,抗菌活

性减弱或完全消失;在碱性(pH>7)条件下,可开环生成具有内酯的异构体。

四环素类抗生素是快速抑菌剂,高浓度时有杀菌作用,抗菌谱广,对多种革兰阳性菌和革兰阴性菌以及立克次体属、支原体属、螺旋体等均具有较好的抗菌效果。

(2)$\beta$-内酰胺类抗生素

$\beta$-内酰胺类抗生素是指化学结构中具有$\beta$-内酰胺环的一大类抗生素,包括临床最常用的青霉素与头孢菌素,以及新发展的头孢霉素类、硫霉素类、单环$\beta$-内酰胺类等其他非典型$\beta$-内酰胺类抗生素。

$\beta$-内酰胺类抗生素具有杀菌活性强、毒性低、适应症广及临床疗效好的优点。$\beta$-内酰胺类抗生素多为有机酸性物质,具有旋光性,难溶于水,与无机碱或有机碱生成盐后易溶于水,但难溶于有机溶剂;分子结构中的$\beta$-内酰胺环不稳定,可被酸、碱、某些重金属离子或细菌的青霉素酶所降解。

(3)大环内酯类抗生素

大环内酯类抗生素是由两个糖基与一个巨大内酯结合而成的、对革兰阳性菌和支原体有较强的抑制作用的一大类抗生素的总称。该类抗生素广泛用于畜禽细菌性和支原体感染的治疗和动物促生长。

大环内酯类抗生素均为无色、弱碱性化合物,易溶于酸性水溶液和极性溶剂。在干燥状态下很稳定,但水溶液稳定性差。大环内酯类抗生素在组织中的浓度一般为肝>肺>肾>血浆,肌肉和脂肪中浓度最低。因为大环内酯类抗生素大部分原形药物或其代谢产物经胆汁排泄,所以胆汁中浓度较组织中高数倍。

(4)胺苯醇类抗生素

胺苯醇类抗生素包括氯霉素及其衍生物,如甲砜霉素、琥珀氯霉素和乙酰氯霉素等。

胺苯醇类抗生素易溶于甲醇、乙腈等有机溶剂,微溶于水。氯霉素的化学结构含有对硝基苯甲基、丙二醇与二氯乙酰胺三个部分,分子中还含有氯,可阻止蛋白质的合成,属于广谱抗菌性抗生素。氯霉素对伤寒杆菌、流感杆菌、副流感杆菌和百日咳杆菌的作用比其他抗生素强,但多种细菌对氯霉素产生了耐药性,耐药性较强的有大肠杆菌、变形杆菌等。

(5)氨基糖苷类抗生素

氨基糖苷类抗生素是一种分子结构中含有一个氨基环己醇和一个或多个氨基糖分子(以糖苷键相连物质的总称)。氨基糖苷类抗生素包括链霉素、卡那霉素、庆大霉素等。兽药上常用链霉素、庆大霉素、新霉素和卡那霉素。

氨基糖苷类抗生素属于碱性化合物,水溶性好,难溶于有机溶剂,化学性质稳定。氨基糖苷类抗生素具有光谱抗菌性,对革兰阴性菌和阳性菌都具有较好的作用效果。

### 2.2.1.2　激素残留与食品安全

激素残留是指在畜牧业生产中采用激素作为动物饲料添加剂或埋植于动物皮下,达到促进动物生长发育、增加体重和肥育的目的,结果导致所用激素在动物性食品中的残留。

激素类药物的残留严重威胁着人类的健康,特别是近年来以克伦特罗为代表的$\beta$-受体激动剂在动物性食品中导致中毒事件频发,控制和禁止激素类药物十分必要。

(1)$\beta$-兴奋剂残留

$\beta$-兴奋剂,即$\beta$-肾上腺素受体激动剂,又称$\beta$-激动剂,是一组化学结构和药理性质与肾上腺素相似的化合物,属于拟肾上腺素类药物。$\beta$-兴奋剂的作用主要为进行动物生长,尤其是反刍动物,它能促进细胞内蛋白质合成,另外对生长激素和胰岛素具有调节作用。

常见的$\beta$-兴奋剂主要有克伦特罗、沙丁胺醇、莱克多巴胺等。盐酸克伦特罗,又称"瘦肉精",其纯品为白色或类白色的结晶状粉末,无臭、味苦,易溶于水、醇类。沙丁胺醇常用其硫酸盐,呈白色或类白色粉末,无臭、味微苦,易溶于水。

$\beta$-兴奋剂的化学性质比较稳定,易被吸收,难分解,并且易在动物组织中蓄积,可以通过食物进入人体。带有这类药物残留的动物性食品,一般烹饪方法都难使其失活、溶解、损耗或清除。国内常发现由克伦特罗引起的中毒事件,人食用了含较高残留量克伦特罗的动物产品后,会出现心跳加快、头晕、心悸、呼吸困难、肌肉震颤、头痛等中毒症状。同时,克伦特罗还可通过胎盘屏障进入胎儿体内产生蓄积,从而对子代产生严重的危害。

(2)性激素残留

根据性激素的生理作用,可将其分为雄性激素和雌性激素;根据性激素的化学结构和来源可分为:①内源性激素,如睾酮、黄体酮、雌酮、17$\beta$-雌二醇等;②人工合成类固醇激素,如丙酸睾酮、甲烯雌醇、苯甲酸雌二醇、醋酸群勃龙等;③人工合成的非类固醇激素,如己烯雌酚、己烷雌酚等。

雄性激素是由雄性动物睾丸分泌的具有特征性的性激素,具有促进雄性生殖器官发育、维持动物第二性征、抗雌性激素的作用,同时还能增加蛋白质合成、减少氨基酸分解,保持正氮平衡、促进肌肉增长、体重增加,促进红细胞生成,提高动物的基础代谢率。

雌性激素是由雌性动物卵巢分泌的具有特征性的性激素,具有促进雌性生殖器官发育、增强子宫收缩、抗雄性激素的作用,同时能增强食欲,促进蛋白质同化、体重增加,最终使产肉量增加。

自20世纪50年代以来,世界各国都将性激素用于畜牧业生产,并取得了明显的经济效益。但后来证明,己烯雌酚具有致癌作用,国外于20世纪70年代禁止将其用于食品动物,我国于80年代禁止。

大量使用性激素和其衍生物后,这类物质可在食品动物体内残留,而且在体内稳定,不易分解,随食物链进入人体后产生不良后果。类固醇激素化合物残留对人体的危害主要有:①对人体生殖系统和生殖功能造成严重影响,如雌性激素能引起女性早熟、男性女性化,雄性激素化合物能导致男性早熟,第二性征提前出现,女性男性化等;②诱发癌症,如长期经食物摄入雌激素可引起子宫癌、乳腺癌、睾丸肿瘤、白血病等;③对人体肝脏有一定的损害作用。

### 2.2.1.3 其他兽药残留与食品安全

(1)磺胺类

磺胺类药物是指具有对氨基苯磺酰胺结构的一类药物的总称,是一类具有广谱抗菌活性的化学药物。20世纪30年代后期被广泛应用于治疗人的细菌性疾病,于1950年起应用于畜牧业生产,以控制某些动物疾病的发生和促进动物生长。

磺胺类药物一般为白色或淡黄色结晶粉末,磺胺类药物根据其应用情况可分为三类:用于全身感染的磺胺药(如磺胺嘧啶、磺胺甲基嘧啶、磺胺二甲嘧啶)、用于肠道感染内服难吸收的磺胺药物和用于局部的磺胺药(如磺胺醋酰)。磺胺类药物大部分以原形态自机体排出,在自然环境中不易被生物降解,从而容易导致再污染,引起兽药残留超标。

磺胺类药物常和一些抗菌增效剂合用。抗菌增效剂是一类新型广谱抗菌药,能显著增加磺胺药效。抗菌增效剂多属于苄氨嘧啶化合物,国内外广泛使用的有三甲氧苄氨嘧啶、二甲氧苄氨嘧啶和二甲氧甲基苄氨嘧啶。由于增效剂常和磺胺类药物合用,因此相关残留情况也会发生变化。

(2)硝基呋喃类药物

硝基呋喃类药物是人工合成的具有 5-硝基呋喃基本结构的广谱抗菌药,包括呋喃唑酮、呋喃它酮、呋喃西林、呋喃妥因。硝基呋喃类药物具有广谱抗菌作用,对大多数革兰阳性菌和革兰阴性菌、某些真菌和原虫均有作用,而且细菌对硝基呋喃类药物不易产生耐药性。硝基呋喃类药物和其他抗生素如磺胺类药之间无交叉耐药性。

硝基呋喃类药物经口进入人体或动物体内后在体内迅速代谢,大部分在体内分解,部分以原形自尿中排出,在血中浓度较低。但硝基呋喃类药物的代谢产物能与细胞膜蛋白结合,并长期稳定,残留时间可达数周。在加工烹调过程中,如采用蒸煮、烘烤、磨碎和微波加热等方式处理,也无法有效降解。这类代谢物在酸性条件下可以从蛋白质中释放出来。当人们食用了含硝基呋喃药物残留的食品,相关代谢物可在胃酸条件下从蛋白质中释放,而被人体吸收并危害人体健康。

通过食品摄入的硝基呋喃类药物,对人体的危害主要是胃肠反应和超敏反应。剂量过大或肾功能不全的人可引起严重毒性反应,如周围神经炎、嗜酸性粒细胞增多、溶血性贫血等。长期摄入还能引起不可逆性末端神经损害,如感觉异常、疼痛以及肌肉萎缩。

## 2.2.2 农药残留

农药是指用于预防、消灭或者控制危害农业、林业的病、虫、草和其他有害生物以及有目的地调节植物、昆虫生长的化学合成或者来源于生物、其他天然物质的一种物质或者几种物质的混合物及其制剂。目前,全世界使用的农药品种多达数千种。

农药残留是指农药使用后残存在环境、生物体和食品中的农药及其衍生物和杂质的总称。动植物在生长期间、食品在加工和流通过程中均可受到农药的污染,导致食品中农药残留。

### 2.2.2.1 农药分类

按照成分和来源,农药可分为无机农药、有机农药和生物农药三类;按防治对象可分为杀虫剂、杀菌剂、杀螨剂、杀线虫剂、除草剂、杀鼠剂和植物生长调节剂等。

(1)杀虫剂

按作用方式,杀虫剂可分为胃毒剂、触杀剂、熏蒸剂、内吸剂和特异性剂(如昆虫生长调节剂、引诱剂、拒食剂、驱除剂和不育剂);按化学成分,可分为有机杀虫剂(有机氯、有机磷、氨基甲酸酯、拟除虫菊酯等)和无机杀虫剂。

(2)杀菌剂

按作用原理,杀菌剂可分为保护性杀菌剂、内吸性杀菌剂和免疫性杀菌剂;按化学成分,可分为无机杀菌剂、有机杀菌剂(内吸剂和非内吸剂)和生物杀菌剂。

(3)杀螨剂

杀螨剂是防治螨虫的专用药剂;有些杀虫剂也能杀螨,即杀虫杀螨剂。

（4）杀线虫剂

防治线虫的药剂，有熏蒸剂和非熏蒸剂两类，有些杀虫剂能杀线虫。

（5）除草剂

按作用性质可分为选择性除草剂和灭杀性除草剂；按作用方式可分为内吸传导型除草剂和触杀型除草剂；按化学成分可分为无机除草剂、有机除草剂（苯氧羟酸类、均三氮苯类、取代脲类、氨基甲酸酯类、酰胺类、苯甲酸类、有机磷类和酰胺脲类等）、生物除草剂和矿物油除草剂；按使用方法可分为土壤处理剂和茎叶处理剂。

（6）杀鼠剂

经口吞食的杀鼠剂分为急性和慢性两类。急性杀鼠剂如毒鼠磷，作用很快；慢性杀鼠剂如杀鼠灵，作用相对较慢。

（7）植物生长调节剂

植物生长调节剂是用于调节植物生长发育的一类农药，包括人工合成的具有天然植物激素相似作用的化合物和从生物中提取的天然植物激素。

#### 2.2.2.2　有机磷农药

（1）常见有机磷农药的种类和性质

有机磷农药属于磷酸酯或硫代磷酸酯类化合物，也是使用较早的一类农药，被广泛用于杀虫、杀菌、除草。根据毒理学综合评价，有机磷农药分为高毒、中等毒和低毒。高度毒主要有甲拌磷（3911）、对硫磷（1605）、甲基对硫磷、甲胺磷、三硫磷等；中等毒类主要有敌敌畏、乐果、倍胺磷、乙硫磷、亚胺硫磷等；低毒类主要有马拉硫磷、毒死蜱、辛硫磷等。

大多数有机磷农药性质不稳定，容易光解、碱解和水解，在土壤中持续时间仅数天，个别长达数月。生物半衰期短，容易被生物体内的有关酶分解，不易在动物、作物和人体内蓄积。由于害虫和杂草普遍产生抗药性，使有机磷农药的使用量越来越大，并且反复多次使用，造成这类农药对食品的污染较严重。

（2）有机磷农药进入食品的途径

根据使用情况，有机磷农药主要在粮谷、豆类、蔬菜水果中残留，尤其在含有芳香物质的植物中残留量高，残留时间长。有机磷农药进入食品的主要途径有 3 种：①直接使用农药造成表面沾染并吸收或从污染的土壤中吸收，一般残留时间短，在根、茎类作物中相对比叶菜类、豆类作物中残留时间长。在室温条件下，蔬菜和水果中有机磷农药生物半衰期为 7～17 d。②间接污染，由于周围农田使用的有机磷农药随空气、水源污染未使用有机磷农药的农产品，并造成残留。③食品在贮藏、运输和销售等环节受到有机磷农药的污染。

（3）有机磷农药中毒机理及症状

有机磷进入人体后，以其磷酰基与酶的活性部分紧密结合，形成磷酰化胆碱酯酶而丧失分解乙酰胆碱的能力，以致体内乙酰胆碱大量蓄积，并抑制仅有的乙酰胆碱酯酶活力，促使中枢神经系统及胆碱能神经过度兴奋，最后转入抑制和衰竭，表现出一系列症状和体征。

急性中毒可在 12 h 内发病，若是吸入、口服高浓度或剧毒的有机磷农药，可在十几分钟内出现症状以致死亡。皮肤接触中毒发病时间较为缓慢，但可表现吸收后的严重症状。早期或轻症会出现头晕、恶心、呕吐、视线模糊或乏力；病情较重者出现瞳孔缩小、肌肉震颤、腹痛、腹泻、意识恍惚、发热、寒战等;重度者心动过速、血压升高或下降、呼吸困难、口鼻冒沫、昏迷、大小便失禁、四肢瘫痪,或因呼吸麻痹,伴循环衰竭而死亡。

### 2.2.2.3　有机氯农药

（1）有机氯农药的种类和性质

有机氯农药是用于防治植物病、虫害的组成成分中含有有机氯元素的有机化合物,大部分是含一个或几个苯环的氯素衍生物,使用最早、应用最广的是杀虫剂 DDT 和六六六,其次是氯丹、七氯、开蓬、艾氏剂等。20 世纪 60 年代发现其有污染、高残留、毒性问题后,70 年代在一些国家和地区相继限制使用或禁止使用这些农药。我国于 1983 年停止生产 DDT 和六六六等有机氯农药,目前仅有少数用于疾病（如疟疾）的预防。

有机氯农药化学性质相当稳定,不溶或微溶于水,易溶于多种有机溶剂和脂肪,在环境中残留时间长,不易分解,并不断迁移和循环,是一类重要的环境污染物。有机氯一旦污染土壤,长期滞留,半衰期长达数年,最长达 30 年之久。土壤中有机氯农药进入大气,通过气流进行远距离扩散,进一步污染环境。

（2）有机氯农药进入食品的途径

有机氯通过大气漂移污染环境和食品,致使生长在北极和南极的动物体内都有残留。有机氯农药通过食物链传递时能发生富集作用,生物浓缩系数藻类为 500 倍,鱼贝类可达 2 000～3 000 倍,食鱼鸟可高达 10 万倍以上。农作物对土壤中的有机氯农药有富集作用,残留量由大到小依次为植物油、粮食、蔬菜和水果。畜禽体内有机氯农药主要来源于被污染的饲料和环境。有机氯农药主要蓄积于动植物的脂肪组织,不易排出,故动物性食品残留量高于植物性食品,含脂肪多的食品高于脂肪少的食品,猪肉高于牛肉、羊肉和兔肉,淡水鱼高于海产品。

（3）有机氯农药中毒机理及症状

有机氯农药以其蓄积性强和远期危害备受人们的关注。农药通过食物进入人体后,代谢缓慢,主要蓄积于脂肪组织,其次为肝、肾、脾和脑组织,还可随乳汁排出,并通过胎盘,对人体产生各种影响。有机氯农药可影响机体酶的活性,引起代谢紊乱,干扰内分泌功能,降低白细胞的吞噬功能与抗体的形成,损害生殖系统,使胚胎发育受阻,导致孕妇流产等。人中毒后出现四肢无力、头痛、头晕、食欲不振、抽搐、肌肉震颤、麻痹等症状。

### 2.2.2.4　氨基甲酸酯类农药

（1）氨基甲酸酯类农药的种类和性质

氨基甲酸酯类农药可以认为是氨基甲酸的衍生物。氨基甲酸极不稳定,能自动分解为 $CO_2$ 和 $H_2O$,但是氨基甲酸的盐和酯类都很稳定。氨基甲酸酯类易溶于多种有机溶剂,在水中溶解度较小,只有少数例外（如灭多虫、涕灭威等）。

氨基甲酸酯类农药具有高效、低毒、低残留、选择性强等优点,在农业生产中主要作为杀虫剂、杀螨剂、除草剂、杀线虫和杀软体动物剂等。常见的氨基甲酸酯农药包括甲萘威、呋喃丹、速灭威、灭多威、双甲脒、恶虫威等。20 世纪 70 年代以来,由于有机氯农药的禁用,且抗有机磷农药的昆虫品种增多,氨基甲酸酯的使用量也随之增加,使得其残留状况备受关注。

（2）食品中氨基甲酸酯类农药的残留

氨基甲酸酯类农药不易在生物体内蓄积,在农作物中残留时间短,谷物中半衰期为 3～

4 d,畜禽肉和脂肪中残留量低,残留时间约 7 d。

(3)氨基甲酸酯农药中毒机理及症状

氨基甲酸酯类农药中毒机制和症状与有机磷农药类似,但它对胆碱酯酶的抑制作用可逆,水解后的酶活性可不同程度恢复,且无迟发性神经毒性,故中毒恢复较快。急性中毒时患者出现流泪、肌肉无力、震颤、痉挛、低血压、瞳孔缩小,甚至呼吸困难等症状,重者心功能障碍,甚至死亡。

#### 2.2.2.5　拟除虫菊酯

(1)拟除虫菊酯的种类和性质

拟除虫菊酯农药是一类模拟天然除虫菊酯的化学结构而合成的杀虫剂、杀螨剂,具有高效、广谱、低毒、低残留的特点,在蔬菜、水果、粮食和烟草等农作物中使用较多。拟除虫菊酯类农药亲脂性强,可溶于多种有机溶剂,在水中的溶解度小;在酸性条件下稳定,碱性条件下易分解。在光和土壤微生物的作用下易转变成极性化合物,不易造成污染。拟除虫菊酯的化学结构上含有数个不对称的碳原子,因而有多个光学和立体异构体,这些异构体具有不同的生物活性。

(2)拟除虫菊酯农药中毒机理及症状

拟除虫菊酯的中毒机理主要是通过影响神经轴突的传导而导致肌肉痉挛等。拟除虫菊酯属于中等或低毒类农药,在生物体内不产生蓄积效应,因为用量低,一般对人的毒性不强。所以,拟除虫菊酯还可作为家庭用杀虫剂,防治蚊蝇、蟑螂及畜牧寄生虫等。出现严重的拟除虫菊酯农药中毒时,会出现抽搐、昏迷、大小便失禁甚至死亡。

#### 2.2.2.6　其他农药

(1)除草剂

除草剂的使用很广泛,品种也比较多,常使用的有除草醚、乙草胺、氟乐灵、2,4-滴丁酯、西玛津等。除草剂主要通过植物吸收,并进行降解和蓄积,造成对食品的污染。不严格按照规定使用是残留超标的主要原因,如过量使用、安全间隔期不够等。

多数除草剂对人畜的急性毒性较低,中毒特征因除草剂的品种不同而异,如 2,4-滴丁酯会引起中毒者肌强直,2,4,5-三氯苯氧乙酸则为弱痉挛,部分除草剂会引起中毒者出现呆滞和共济失调现象。除草剂在给农业生产带来便利的同时,也可能在农产品中残留,给食品安全造成威胁。

(2)杀菌剂

杀菌剂主要是杀真菌剂和杀细菌剂,常用的有有机砷杀菌剂、有机汞杀菌剂、苯并咪唑类杀菌剂、有机硫杀菌剂、抗生素类杀菌剂、有机锡类杀菌剂。

苯并咪唑类杀菌剂包括多菌灵、麦穗灵、甲基托布津等,托布津在植物体内能代谢成多菌灵起杀菌作用。苯并咪唑类杀菌剂对麦类赤霉病、水稻纹枯病、甘薯黑斑病有特效。这类农药具有高效、低毒的特点,但有报道表明多菌灵使用量过大时可引起雄鼠睾丸萎缩、精子减少、孕鼠畸胎,并能在哺乳动物体内发生亚硝基化反应形成致癌物。

有机硫杀菌剂包括代森锌、代森胺等代森类和福美双、克菌丹等,属于中等或低毒杀菌剂,对皮肤和黏膜有刺激。代森类进入环境和食品中,可转化为致癌物质——乙基硫脲;克菌丹对哺乳动物有免疫毒性和"三致"作用。

（3）沙蚕毒素

沙蚕毒素是存在于沙蚕体内具有杀虫作用的有毒物质，沙蚕毒素类农药是一种神经毒剂，其作用部位是昆虫体内突触集中的神经节，作用机理包括对 N 型受体的胆碱能突角的阻断作用和对乙酰胆碱释放的抑制作用，使得昆虫处于麻痹状态。

沙蚕毒素类农药的代表性品种是杀虫双。杀虫双为动物性仿生型沙蚕毒素类农药。沙蚕毒素的轻度中毒会表现出头晕、头疼、乏力、恶心、呕吐等症状；中毒者会有昏迷、面色苍白、光反应迟钝、瞳孔缩小等症状。

## 2.2.3　有毒金属

自然界中许多金属元素可以通过饮水、呼吸或食物进入人体，其中有些是人体生长发育所必需的常量元素，如钾、钠、钙等；有些是必需的微量元素，但长期过量摄入，会对组织器官产生毒害作用，引起微量元素中毒病，如铜、锌、锡、铬等；有些元素是人体不需要且对人体具有明显毒害作用，如汞、铅、镉、砷等。

有害金属主要通过三种途径进入食品原料或食品：一是工业"三废"和农药污染物，在农作物中残留，经食物链造成食品的污染；二是一些地区（如火山活动地区）自然环境中某些元素的含量较高，致使在动植物组织中残留量较高；三是食品生产加工中使用的食品添加剂、包装材料、机械设备和运输管道含有某些有害金属，均可造成食品的污染。

### 2.2.3.1　汞

汞有金属汞、无机汞和有机汞 3 种存在形式，其中以有机汞的毒性较大。金属汞俗称水银，是唯一在常温下呈液态的金属，在室温下具有挥发性。汞蒸气易被墙壁或衣物吸附，常形成持续污染空气的二次汞源。

（1）食品中汞的来源

①工业生产　食品中的汞主要来源于工业生产。如汞矿的开采、冶炼，汞在仪表、化工、炸药制造、染料、造纸、电池、医药和塑料等工业均存在。据报道，全世界每年有数千吨的汞用于工业，从废水中流失的汞占工业中汞用量的 $30\% \sim 50\%$，从而造成了水体的严重污染，进而通过食物链污染动物性食品。

②农业生产　农业生产中使用有机汞农药，造成农产品、饲料和环境的广泛污染，通过食物链污染的动物性食品。

③自然释放　一些岩石中含有微量的汞，通过风化和雨水冲刷等作用而释放到环境中，污染土壤和水体，进而污染动物性食品。

汞在环境中可以迁移和转化。金属汞在常温下可以蒸发，气温增高则蒸发量加大，从而污染环境和食品。元素汞和无机汞在环境中能被微生物转化为甲基汞，使其毒性增强。甲基汞易溶于脂肪，通过食物链富集，难以排出体外。鱼贝类是汞的主要污染食品。有资料表明，鱼对水体中汞的富集系数高达 1 万～10 万倍，甲基汞在鱼贝类体内半衰期长达 $400 \sim 700$ d。日本水俣湾地区在 $1953 \sim 1956$ 年发生的水俣病时，该地区鱼贝类体内汞的含量高达 $20 \sim 60$ mg/kg。畜禽采食了被汞污染的饲料，如高汞鱼粉，其产品肉、乳、蛋中均可检出高残留量甲基汞。甲基汞性质稳定，一旦污染食品后，通过冷冻、盐腌、干燥、油炸或蒸煮等加工方法处理很难将其除去。

（2）食品中汞残留的危害

汞的毒性与其存在的形态和吸收率有关，离子型无机汞和金属汞在肠道的吸收率均很低（5%～7%），因而通过食物进入人体的毒性相对较小；而有机汞化合物有95%以上被肠道吸收，因而毒性较大。甲基汞在人体内半衰期为70 d左右，脑组织中半衰期为240 d。

汞被吸收后既可以与血浆蛋白等血浆和组织中的蛋白的巯基结合成结合型汞，也可以与含巯基的低分子化合物如半胱氨酸、辅酶等形成扩散型汞。进入人体的汞随着血液循环可以分布于全身的脏器组织，以肝、肾、脑含量最多。金属汞主要损害神经系统，无机汞主要损害肝脏和肾脏。甲基汞进入人体后分布于全身组织，主要蓄积于肝脏和肾脏，并能通过血脑屏障侵害脑组织，尤其是大脑和小脑的皮质部分，可干扰蛋白质代谢和酶的活性。急性中毒表现为胃肠炎和神经症状，患者迅速昏迷、抽搐、死亡，慢性中毒时出现视力障碍、听力下降、口唇麻木、手脚麻痹、步态不稳、言语不清等症状，严重者瘫痪、耳聋眼瞎、智力丧失，神经错乱，最后痉挛、窒息而死。甲基汞还可通过胎盘，引起流产、胎儿发育不良、脑瘫痪和智力低下，甚至畸形或者死亡。

（3）食品中汞的允许限量

GB 2762—2017规定了食品中汞的限量指标，见表2-2。

表 2-2 食品中汞限量指标

| 食品 | 限量（以 Hg 计）/ mg/kg、mg/L | |
| --- | --- | --- |
| | 总汞 | 甲基汞[a] |
| 水产动物及其制品（肉食性鱼类及其制品除外） | — | 0.5 |
| 肉食性鱼类及其制品 | | 1.0 |
| 谷物及其制品 | | |
| 稻谷[b]、糙米、大米、玉米、玉米面（渣、片）、小麦、小麦粉 | 0.02 | — |
| 蔬菜及其制品 | | |
| 新鲜蔬菜 | 0.01 | — |
| 食用菌及其制品 | 0.1 | |
| 肉及肉制品 | | |
| 肉类 | 0.05 | |
| 乳及乳制品 | | |
| 生乳、巴氏杀菌乳、灭菌乳、调制乳、发酵乳 | 0.01 | |
| 蛋及蛋制品 | | |
| 鲜蛋 | 0.05 | |
| 调味品 | | |
| 食用盐 | 0.1 | — |
| 饮料类 | | |
| 矿泉水 | 0.001 | — |
| 特殊膳食用食品 | | |
| 婴幼儿罐装辅助食品 | 0.02 | — |

[a] 水产动物及其制品可先测定总汞，当总汞水平不超过甲基汞限量值时，不必测定甲基汞；否则，需再测定甲基汞。
[b] 稻谷以糙米计。

2.2.3.2　铅

铅在自然界中多数以化合物的形式存在,铅及其化合物熔点低。金属铅不溶于水,但能缓慢溶于强碱性溶液;铅化合物除乙酸铅、氯酸铅、亚硝酸铅和氯化铅外,一般很难或不溶于水。铅的化合物中危害较大的是烷基铅,如四乙基铅、四甲基铅,它们为无色透明油状液体,不溶于水,易溶于有机溶剂和脂肪中。铅具有良好的延伸性、性质稳定,应用极广,大部分以各种形式排放到环境中,造成环境污染,再以多种途径进入食品内,是食品中最常见的一种重金属污染物。

(1)食品中铅的来源

①工业生产　工矿企业中铅矿的开采,冶炼及其在电池、油漆、橡胶、塑料、陶瓷、制药等中应用,排出的"三废"含有大量的铅。

②交通运输　含铅汽油以四乙基铅作防爆剂,汽车尾气中含有大量的铅,一辆汽车行驶一年可向空气中排放 2.5 kg 铅,造成环境和食品铅的污染。

③农业生产　硝酸铅等含铅农药的使用可经食物链污染食品。

④食品加工　在食品加工、贮藏以及运输中使用的含铅的添加剂、包装材料、加工机械和运输管道,可使食品受到铅的污染。如加工皮蛋添加的黄丹粉含铅,铅合金、马口铁罐、锡酒壶、搪瓷和陶瓷等容器以及包装材料上的油墨和颜料等均含铅,用其盛放食品,易造成铅溶于食品中。据调查,我国 6 个生产陶瓷的地区,釉下彩陶瓷食具铅的溶出量平均为 0.21 mg/kg,釉上彩为 12.31 mg/kg,陶瓷食具铅的平均溶出量为 0.095 mg/kg。

铅是一种不可降解的环境污染物,在环境中长期滞留,农作物可从环境中吸收铅,据调查,公路两旁农作物中的铅的含量高达 3 000 mg/kg。动物体内的铅主要来自被铅污染的饲料、饲草,从而引起动物性食品(如肉、鱼、乳和蛋)中的铅的残留。有资料报道,铅污染区牛奶中铅的含量比一般地区高 3.6 倍。

(2)食品中铅残留的危害

人体内的铅主要来自食物,经消化道吸收约 10%,其余 90% 从消化道排出体外,但婴幼儿吸收率高达 30%～50%。铅在人体内可以蓄积,其生物半衰期为 4 年,约有 90% 的铅蓄积于骨骼中,由于钙和铅在体内有相同的代谢过程,当食物缺钙或血钙降低时,沉积于骨骼中的铅可转移到血液中来,引起毒性反应。铅还可通过胎盘从母体向胎儿转移。

铅在细胞内可与蛋白质的巯基结合,通过抑制磷酸化而影响细胞膜的运输功能,抑制细胞呼吸色素的生产,导致卟啉代谢紊乱,引起神经系统的病变。急性中毒多表现为胃肠炎症状、口腔有金属味、出汗、流涎、抽搐、甚至死亡。慢性中毒者表现为中毒性神经衰弱症候群,出现头痛、失眠、视力模糊、记忆力下降、食欲不振等症状,严重者表现为多发性神经炎、口腔有金属味和牙龈出现"铅线"、贫血、肾功能减退等,甚至发生休克或死亡。铅对婴幼儿智力发育成熟有不可逆的损害,可导致儿童智力低下、烦躁多动、行为障碍和心理异常。

(3)食品中铅的残留限量

GB 2762—2017 规定了食品中铅的限量指标,见表 2-3。

表 2-3　食品中铅限量指标

| 食品类别（名称） | 限量（以 Pb 计）/(mg/kg) |
|---|---|
| 谷物及其制品ª［麦片、面筋、八宝粥罐头、带馅（料）面米制品除外］ | 0.2 |
| 　麦片、面筋、八宝粥罐头、带馅（料）面米制品 | 0.5 |
| 蔬菜及其制品 | |
| 　新鲜蔬菜（芸薹类蔬菜、叶菜蔬菜、豆类蔬菜、薯类除外） | 0.1 |
| 　　芸薹类蔬菜、叶菜蔬菜 | 0.3 |
| 　　豆类蔬菜、薯类 | 0.2 |
| 　蔬菜制品 | 1.0 |
| 水果及其制品 | |
| 　新鲜水果（浆果和其他小粒水果除外） | 0.1 |
| 　　浆果和其他小粒水果 | 0.2 |
| 　水果制品 | 1.0 |
| 食用菌及其制品 | 1.0 |
| 豆类及其制品 | |
| 　豆类 | 0.2 |
| 　豆类制品（豆浆除外） | 0.5 |
| 　　豆浆 | 0.05 |
| 藻类及其制品（螺旋藻及其制品除外） | 1.0（干重计） |
| 　螺旋藻及其制品 | 2.0（干重计） |
| 坚果及籽类（咖啡豆除外） | 0.2 |
| 　咖啡豆 | 0.5 |
| 肉及肉制品 | |
| 　肉类（畜禽内脏除外） | 0.2 |
| 　　畜禽内脏 | 0.5 |
| 　肉制品 | 0.5 |
| 水产动物及其制品 | |
| 　鲜、冻水产动物（鱼类、甲壳类、双壳类除外） | 1.0（去除内脏） |
| 　　鱼类、甲壳类 | 0.5 |
| 　　双壳类 | 1.5 |
| 　水产制品（海蜇制品除外） | 1.0 |
| 　　海蜇制品 | 2.0 |
| 乳及乳制品（生乳、巴氏杀菌乳、灭菌乳、发酵乳、调制乳、乳粉、非脱盐乳清粉除外） | 0.3 |
| 　生乳、巴氏杀菌乳、灭菌乳、发酵乳、调制乳 | 0.05 |
| 　乳粉、非脱盐乳清粉 | 0.5 |
| 蛋及蛋制品（皮蛋、皮蛋肠除外） | 0.2 |
| 　皮蛋、皮蛋肠 | 0.5 |
| 油脂及其制品 | 0.1 |

续表 2-3

| 食品类别（名称） | 限量（以 Pb 计）/(mg/kg) |
| --- | --- |
| 调味品（食用盐、香辛料类除外） | 1.0 |
| 食用盐 | 2.0 |
| 香辛料类 | 3.0 |
| 食糖及淀粉糖 | 0.5 |
| 淀粉及淀粉制品 | |
| 食用淀粉 | 0.2 |
| 淀粉制品 | 0.5 |
| 焙烤食品 | 0.5 |
| 饮料类（包装饮用水、果蔬汁类及其饮料、含乳饮料、固体饮料除外） | 0.3 mg/L |
| 包装饮用水 | 0.01 mg/L |
| 果蔬汁类及其饮料[浓缩果蔬汁（浆）除外]、含乳饮料 | 0.05 mg/L |
| 浓缩果蔬汁（浆） | 0.5 mg/L |
| 固体饮料 | 1.0 |
| 酒类（蒸馏酒、黄酒除外） | 0.2 |
| 蒸馏酒、黄酒 | 0.5 |
| 可可制品、巧克力和巧克力制品以及糖果 | 0.5 |
| 冷冻饮品 | 0.3 |
| 特殊膳食用食品 | |
| 婴幼儿配方食品（液态产品除外） | 0.15（以粉状产品计） |
| 液态产品 | 0.02（以即食状态计） |
| 婴幼儿辅助食品 | |
| 婴幼儿谷类辅助食品（添加鱼类、肝类、蔬菜类的产品除外） | 0.2 |
| 添加鱼类、肝类、蔬菜类的产品 | 0.3 |
| 婴幼儿罐装辅助食品（以水产及动物肝脏为原料的产品除外） | 0.25 |
| 以水产及动物肝脏为原料的产品 | 0.3 |
| 特殊医学用途配方食品（特殊医学用途婴儿配方食品涉及的品种除外） | |
| 10 岁以上人群的产品 | 0.5（以固态产品计） |
| 1～10 岁人群的产品 | 0.15（以固态产品计） |
| 辅食营养补充品 | 0.5 |
| 运动营养食品 | |
| 固态、半固态或粉状 | 0.5 |
| 液态 | 0.05 |
| 孕妇及乳母营养补充食品 | 0.5 |
| 其他类 | |
| 果冻 | 0.5 |
| 膨化食品 | 0.5 |

续表 2-3

| 食品类别（名称） | 限量（以 Pb 计）/（mg/kg） |
| --- | --- |
| 茶叶 | 5.0 |
| 干菊花 | 5.0 |
| 苦丁茶 | 2.0 |
| 蜂产品 | |
| 　蜂蜜 | 1.0 |
| 　花粉 | 0.5 |

ª稻谷以糙米计。

#### 2.2.3.3　镉

镉以移动性大、毒性高、污染面积最大被称为"五毒之首"而成为最受关注的元素。1940年发现镉有慢性毒性，1972 年 FAO/WHO 把镉列为第三位优先研究的食品污染物。

镉是一种银白色有光泽的延展性金属，广泛分布于自然界中。镉所有化学形态对人和动物有毒。镉不溶于水，能溶于硝酸、醋酸，在稀盐酸和稀硫酸中缓慢溶解，同时放出氢气。镉盐大多数为无色，但硫化物为黄色或橙色。有毒的镉化合物有醋酸镉、硫酸镉、硫化镉、硝酸镉、硒化镉、氯化镉、氧化镉等，除硒化镉、硫化镉和氧化镉微溶于水，其余都溶于水。

（1）食品中镉的来源

①工业生产　食品中的镉主要来自矿石的开采和冶炼以及合金制造、电镀、油漆、颜料、陶瓷、塑料、焊接和农药等生产中排放的"三废"，尤其是废水。

②农业生产　农业生产中大量使用含镉的化肥（尤其是磷肥和硫酸锌）和农药，污染农产品，再经过食物链污染动物性食品。

③食品加工　食品加工贮藏过程中也会发生镉的污染。饮料和饮用水中镉含量偏高，可能与饮料的加工与贮藏有关。采用电镀（含镉）的容器、蓄水池及水管或者污染的水源是饮料（包括水）中高镉含量的主要原因。

环境中的镉含量较低，但植物可从水体和土壤中蓄积镉，动物采食含镉饲料，可在体内富集，鱼、贝类对镉的富集系数为 450 倍，个别海产品高达 $10^5 \sim 2 \times 10^6$ 倍，一般而言，动物性食品种镉含量高，以肝脏和肾脏中镉含量最高，可达 $1 \sim 2$ mg/kg，某些海产品高达 10 mg/kg。

（2）食品中镉残留的危害

镉化合物大多溶于水，因此不论从消化道、呼吸道都能被吸收进入机体对全身器官产生作用，但不能进入胎儿和母乳。人对镉的蓄积性很强，体内的镉主要来源于食物。镉经消化道吸收后主要分布于肝脏和肾脏，其中半衰期长达 $10 \sim 30$ 年。金属镉本身毒性较小，但镉的化合物，尤其是氧化物毒性很大。镉干扰铜、锌、钴等必需微量元素的正常代谢，抑制机体免疫功能和多种酶的活性而呈现毒性作用。长期食用被镉污染的食品能引起慢性中毒，临床表现以骨骼疼痛、容易骨折、蛋白尿、高钙尿、糖尿、骨质疏松症、贫血、高血压、肺气肿等为特征。动物实验表明，镉有致癌、致畸和致突变作用。1955—1972 年日本富山县发生的"骨痛病"，就是由镉污染引起的公害病之一。

（3）食品中镉的残留限量

GB 2762—2017 规定了食品中镉的限量指标,见表 2-4。

表 2-4　食品中镉限量指标

| 食品类别（名称） | 限量（以 Cd 计）/(mg/kg) |
| --- | --- |
| 谷物及其制品 | |
| 　谷物（稻谷[a]除外） | 0.1 |
| 　谷物碾磨加工品（糙米、大米除外） | 0.1 |
| 　稻谷[a]、糙米、大米 | 0.2 |
| 蔬菜及其制品 | |
| 　新鲜蔬菜（叶菜蔬菜、豆类蔬菜、块根和块茎蔬菜、茎类蔬菜、黄花菜除外） | 0.05 |
| 　叶菜蔬菜 | 0.2 |
| 　　豆类蔬菜、块根和块茎蔬菜、茎类蔬菜（芹菜除外） | 0.1 |
| 　　芹菜、黄花菜 | 0.2 |
| 水果及其制品 | |
| 　新鲜水果 | 0.05 |
| 食用菌及其制品 | |
| 　新鲜食用菌（香菇和姬松茸除外） | 0.2 |
| 　香菇 | 0.5 |
| 　食用菌制品（姬松茸制品除外） | 0.5 |
| 豆类及其制品 | |
| 　豆类 | 0.2 |
| 坚果及籽类 | |
| 　花生 | 0.5 |
| 肉及肉制品 | |
| 　肉类（畜禽内脏除外） | 0.1 |
| 　畜禽肝脏 | 0.5 |
| 　畜禽肾脏 | 1 |
| 　肉制品（肝脏制品、肾脏制品除外） | 0.1 |
| 　肝脏制品 | 0.5 |
| 　肾脏制品 | 1 |
| 水产动物及其制品 | |
| 　鲜、冻水产动物 | |
| 　　鱼类 | 0.1 |
| 　　甲壳类 | 0.5 |
| 　　双壳类、腹足类、头足类、棘皮类 | 2.0（去除内脏） |
| 　水产制品 | |
| 　　鱼类罐头（凤尾鱼、旗鱼罐头除外） | 0.2 |

续表 2-4

| 食品类别(名称) | 限量(以 Cd 计)/(mg/kg) |
|---|---|
| 凤尾鱼、旗鱼罐头 | 0.3 |
| 其他鱼类制品(凤尾鱼、旗鱼制品除外) | 0.1 |
| 凤尾鱼、旗鱼制品 | 0.3 |
| 蛋及蛋制品 | 0.05 |
| 调味品 | |
| 食用盐 | 0.5 |
| 鱼类调味品 | 0.1 |
| 饮料类 | |
| 包装饮用水(矿泉水除外) | 0.005mg/L |
| 矿泉水 | 0.003mg/L |

ᵃ 稻谷以糙米计。

### 2.2.3.4 砷

砷是自然界中分布广泛的一种类金属元素,同时具有金属和非金属的理化特性。砷在自然界中有时会以元素的形式存在,但主要还是三价和五价的有机或无机化合物的形式存在。元素砷极易氧化为剧毒的三氧化二砷(砒霜)等化合物,可随食物进入人体,引起砷中毒。

(1)食品中砷的来源

①工业生产　砷矿的开采和熔冶,以及砷化合物在玻璃、制革、颜料、制药等工业中广泛应用,排放的废水含砷量较高。

②农牧生产　在农牧业生产中,含砷农药、饲料添加剂和兽药的使用,均可造成农畜产品的污染。

③食品加工　在食品加工中,使用的食品添加剂、加工助剂、包装材料若质地不纯,就可能含有较高含量的砷而造成食品污染。1956 年日本森永奶粉用劣质的磷酸氢二钠作为奶粉的稳定剂,因其含砷量过高,致使奶粉受到污染,引起 10 000 多名婴儿中毒,其中 120 余人死亡。哺乳动物对砷的蓄积能力不强,但水生生物特别是海产甲壳动物对砷有很强的富集能力,因此,海产动物体内砷的残留量也很高。

(2)食品中砷残留的危害

砷在人体内有一定的蓄积性,长期摄入被砷污染的食品后可引起砷中毒,砷的毒性与其化合物(—SH)结合,形成稳定的复合物,使酶失去活性,阻碍了细胞正常的呼吸与代谢,使细胞变性、坏死,从而损害神经系统、肾脏和肝脏。急性中毒表现为胃肠炎症状、中枢神经系统麻痹、四肢痉挛,严重者意识丧失、呼吸麻痹而死亡。慢性中毒的特征除了神经系统功能衰弱症候群,还有食欲不振、多发性神经炎和慢性结膜炎、脱发、皮肤色素沉着和角化,发生"黑脚病"。也有资料表明,无机砷是肺癌和皮肤癌的诱因之一;砷化物有致畸和致突变作用。

(3)食品中砷的残留限量

GB 2762—2017 规定了食品中砷的限量指标,见表 2-5。

表 2-5　食品中砷限量指标

| 食品 | 限量(以 As 计)/(mg/kg) | |
| --- | --- | --- |
| | 总砷 | 无机砷 |
| 谷物及其制品 | | |
| 　谷物(稻谷[a]除外) | — | 0.15 |
| 　谷物碾磨加工品(糙米、大米除外) | — | 0.1 |
| 　稻谷[a]、糙米、大米 | — | 0.2 |
| 　水产动物及其制品(鱼类及其制品除外) | | |
| 　鱼类及其制品 | | |
| 蔬菜及其制品 | — | 0.05 |
| 　新鲜蔬菜 | | |
| 食用菌及其制品 | — | 0.05 |
| 肉及肉制品 | — | 0.05 |
| 乳及乳制品 | — | 0.05 |
| 　生乳、巴氏杀菌乳、灭菌乳、调制乳、发酵乳 | | |
| 　乳粉 | — | 0.25 |
| 油脂及其制品 | — | 0.05 |
| 调味品(水产调味品、藻类调味品和香辛料类除外) | — | 0.1 |
| 　水产调味品(鱼类调味品除外) | — | 0.05 |
| 　　鱼类调味品除外 | — | 0.1 |
| 食糖及淀粉糖 | — | 1.5 |
| 饮料类 | — | 0.5 |
| 　包装饮用水 | — | 1.0 |
| 可可制品、巧克力和巧克力制品以及糖果 | — | 0.5 |
| 　可可制品、巧克力和巧特殊膳食用食品 | 0.1 | — |
| 婴幼儿辅助食品 | 0.2 | — |
| 　婴幼儿谷类辅助食(添加藻类的产品除外) | 0.5 | — |
| 　添加藻类的产品 | 1.0 | — |
| 　婴幼儿罐装辅助食品(以水产及动物肝脏为原料的产品除外) | 0.5 | — |
| 　　以水产及动物肝脏为原料的产品 | | |
| 辅食营养补充品 | | |
| 运动营养食品 | | |
| 　固态、半固态或粉状 | | |
| 　液态 | | |
| 　孕妇及乳母营养补充食品 | | |

[a]稻谷以糙米计。

## 2.2.4　N-亚硝基化合物

N-亚硝基化合物是一类具有 ═N—N—O═ 基本结构的化合物,广泛存在于自然界、食品和药物中的致癌物质。根据其结构的不同分为 2 类,一类为 N-亚硝胺(nitrosamine),$R_1$ 和 $R_2$ 为烷类或芳香基,$R_1$ 和 $R_2$ 相同者称为对称性亚硝胺,如二甲基亚硝胺,$R_1$ 和 $R_2$ 不同者称为非对称性亚硝胺,如甲基苯基亚硝胺;另一类为 N-亚硝酰胺(nitrosamide),$R_1$ 为烷基或芳烷基,$R_2$ 为酰基,如亚硝基甲基乙酰胺。

(1)食品中 N-亚硝基化合物的来源

N-亚硝基化合物的两种前体物质——胺类和亚硝基化剂,广泛存在于自然界和食品中,在适宜条件下,可在环境、生物体内、食物或人的胃中经亚硝基化反应生成亚硝基化合物。胺类广泛存在于环境中,此外,食物中的蛋白质分解生成的氨基酸经脱羧后可产生胺类,如伯胺、仲胺、叔胺和季胺等。硝酸盐和亚硝酸盐是主要的亚硝基化剂,此外,还有 $N_2O_3$ 和 $NO_2$ 等。

①腌腊制品　肉品腌腊时使用护色剂硝酸盐或亚硝酸盐,遇到肉或鱼中蛋白质分解产物胺类时即可生成亚硝胺。有资料表明,肉和鱼经过腌腊、熏烤和油炸等方法加工后,可产生二甲基亚硝胺(NDMA)、二乙基亚硝胺(NDEA)、亚硝基吡咯烷(NPYR)等 10 多种亚硝基化合物,尤其是烟熏的黄鱼中 NDMA 含量相当高。经检测腌肉中 NDMA 含量可达 30 mg/kg,咸鱼高达 37 mg/kg。

②发酵食品　食品中的硝酸盐被微生物还原成亚硝酸盐,与胺类可合成亚硝胺。如豆制品、奶酪、酱油、啤酒等食品在发酵中均可产生亚硝胺。

③干燥食品　加热干燥食品时,空气中的氮氧化合物($NO_x$)与食品中的胺类作用,生成亚硝胺,如奶粉、啤酒中均可检出亚硝胺。

(2)N-亚硝基化合物对人体的危害

N-亚硝基化合物具有一定的急性毒性,主要造成肝脏损伤,有时胸腹腔血性渗出或肺等器官出血,慢性中毒以肝硬化为主,但威胁人类健康的主要是其致癌性。在目前所测定的 300 多种 N-亚硝基化合物中,经 40 多种动物实验证明有近 90% 的化合物具有致癌性,且诱发肿瘤所需的剂量较低。亚硝基化合物可引起机体组织出现广泛性肿瘤,如神经系统、口腔、食道、胃肠、肝、肺、肾、膀胱、胰、心脏、皮肤及造血系统等发生肿瘤或畸形。亚硝胺是一类直接致突变物,能通过胎盘和乳汁,诱发实验动物后代出现肿瘤或畸形。

亚硝酰胺使得仔鼠产生脑、眼、肋骨和脊柱的畸形,并存在剂量-效应关系,但亚硝胺的致畸作用很弱。亚硝酰胺也是一类直接致突变物,能引起真菌果蝇和哺乳动物细胞发生突变。

(3)食品中 N-亚硝基化合物的留量限量

根据 GB 2762—2017 的规定,肉制品(肉类罐头除外)和熟肉干制品中 N-二甲基亚硝胺的允许限量均为 3 μg/kg;水产制品(水产品罐头除外)和干制水产品中 N-二乙基亚硝胺的允许限量均为 4 μg/kg。

## 2.2.5　多环芳烃类化合物

多环芳烃是一类由两个以上苯环连在一起的碳氢化合物,在已发现的多环芳烃化合物中,约有 200 种有致癌性。多环芳烃中以苯并(a)芘最为常见。

苯并(a)芘是有 5 个苯环构成的多环芳烃,为苯并芘类化合物的典型代表,食品受苯并芘的污染和食品卫生标准中苯并芘的最高残留限量,一般都是指苯并(a)芘。

(1)食品中苯并(a)芘的来源

①自然释放　来自堆积物的自然燃烧、火山活动释放及森林和草原火灾。

②燃料燃烧　工矿企业、交通运输及日常生活使用燃料燃烧不完全,产生大量的苯并(a)芘,污染环境,进一步污染食品,尤其是石油化工、焦化厂排出的废气和废水中苯并(a)芘的含量较高,环境中的苯并(a)芘进而污染食品。

③食品加工　动物性食品在熏制、烘烤、油炸等加工中,由于直接与烟接触而受到污染。苯并(a)芘对食品的污染程度与熏烤的燃料种类和燃烧时间有关,如用煤炉、柴炉加工时产生的苯并(a)芘较多,而用电炉或红外线加工时产生的苯并(a)芘较少。燃料燃烧越不完全、熏烤时间越长,食品被烧焦或炭化,产生的苯并(a)芘就越多。除烟尘中苯并(a)芘能使食品受到污染外,食品的成分在加热时经高温热解或聚合可产生苯并(a)芘。油脂经反复高温加热,可使脂肪氧化分解,产生苯并(a)芘,如煎炸油比普通油中苯并(a)芘的含量高。食品加工机械的润滑油和包装材料中的苯并(a)芘含量很高,如果润滑油滴落在食品上即可造成污染。沥青中含有大量的苯并(a)芘,如果在公路上脱粒和晾晒粮食,尤其是油料作物,均可使其受到苯并(a)芘的污染,用油渣或糠麸作饲料,苯并(a)芘则进入动物体内,引起动物性食品中苯并(a)芘的残留。

(2)苯并(a)芘对人体的危害

苯并(a)芘可通过皮肤、呼吸道、消化道等途径进入人体,其危害主要是致畸、致癌、致突变作用。苯并(a)芘可导致生育能力降低或不育,并可危害子代,引起子代肿瘤、胚胎死亡或免疫功能降低。人群流行病学资料调查证明,苯并(a)芘与人的皮肤癌、胃癌和肺癌有一定关系。

(3)食品中苯并(a)芘的残留限量

按照 GB 2762—2017 规定,稻谷(以糙米计)、糙米、大米、小麦、小麦粉、玉米、玉米面(渣、片)的限量为 5 $\mu g/kg$;熏、烧、烤肉和熏、烤水产品中苯并(a)芘的限量为 5 $\mu g/kg$;油脂及其制品中苯并(a)芘的限量为 10 $\mu g/kg$。

### 2.2.6　杂环胺类化合物

杂环胺类化合物为带杂环的伯胺,主要包括氨基咪唑氮杂芳烃(AIAs)和氨基咔啉两类。其中 AIAs 主要有喹啉类(IQ)、喹恶啉(IQ$_x$)和吡啶类;氨基咔啉类主要有 $\alpha$ 咔啉、$\beta$ 咔啉、$\delta$ 咔啉。

(1)食品中杂环胺的来源

动物性食品中蛋白质、肽和氨基酸等含氮化合物在高温(100~300℃)加热时分解产生杂环胺化合物。肉、鱼在烤、炸、煎、烘等加工中,由于表面温度迅速升高,可产生杂环胺,尤其是加热温度超过 250℃或食品直接与明火接触时产生的杂环胺较多。实验表明,肉类含有氨基酸、肌酐、肌酸酐等,是生成杂环胺的主要前体物质。食品中某些单糖,如葡萄糖、氨基酸和肌酸均是生成杂环胺的前体物。此外,香烟和环境中的多种杂环胺,可以被食品吸附。

(2)杂环胺的毒性

动物性实验证实,现已分离出的杂环胺化合物有很强的致突变性,如色氨酸(Trp)热解产物 Trp-p-1、Trp-p-2,谷氨酸(Glu)热解产物 Glu-p-1、Glu-p-2,赖氨酸(Lys)热解产物 Lys-p-1,苯丙氨酸(Phe)热解产物 Phe-p-1 等。一半以上的杂环胺化合物具有很强的致癌性,如 Trp-p-1、Trp-p-2、IQ 可诱发小鼠肝癌。

(3)食品中杂环胺的残留限量

目前,我国尚未制定食品中杂环胺类化合物的最高残留限量标准。

### 2.2.7　氯丙醇

(1)氯丙醇的性质和毒性

氯丙醇是丙三醇上的羟基被氯取代所产生的一类化合物。氯丙醇是一种毒性致癌物,早在 20 世纪 70 年代,人们就发现氯丙醇能够使精子减少和精子活性降低,并有抑制雄性激素生成的作用,使生殖能力减弱,曾有人试图将其作为男性避孕药开发。氯丙醇不仅具有致癌性,而且具有雄性激素干扰物活性,其中 3-氯-1,2-丙二醇可引起某些实验动物肿瘤,并造成肾脏和生殖系统损伤。

(2)氯丙醇的污染来源

①酸水解植物蛋白　食品中氯丙醇的污染最初是在酸水解蛋白中发现的,它产生于利用浓盐酸水解植物蛋白的加工过程中,盐酸与植物蛋白中残留脂肪作用生成氯丙醇;

②在烤面包、炸奶油过程中可以使氯丙醇含量升高;

③食品由于包装材料中含有的氯丙醇发生迁移造成污染;

④在酱油、发酵香肠中也发现氯丙醇。

(3)食品中氯丙醇的残留限量

目前,我国尚未制定食品中氯丙醇的最高残留限量标准。

### 2.2.8　丙烯酰胺

丙烯酰胺是一种白色晶体,溶于水、乙醇、甲醇、二甲醚、丙酮,而不溶于非极性溶剂如庚烷和苯。丙烯酰胺是很重要的化工原料,被广泛用于污水、水的净化和处理、纸浆和矿物质的加工、塑料和燃料的合成及管道的内涂层等。

(1)食品中丙烯酰胺的来源

①饮水是其中的一种重要的接触途径,为此 WHO 将水中的丙烯酰胺的含量限定 $1~\mu g/L$。

②油炸和炙烤食品是丙烯酰胺的主要来源。目前关于丙烯酰胺形成的途径资料非常有限,已有的资料显示,其形成的可能影响因素包括:碳氢化合物、氨基酸、脂肪、高温和加热时间等。

(2)丙烯酰胺的毒性

丙烯酰胺可通过食品摄入,对人具有神经毒性及潜在的致癌性及遗传毒性,丙烯酰胺对人体的潜在危险性较大。

①急性毒性　急性毒性实验表明,小鼠、大鼠和兔子的半致死剂量为 $100\sim150~mg/kg$ 体重。

②生殖毒性　研究表明,当丙烯酰胺的暴露量为 $0.5\sim2~mg/kg$ 以上时,也可造成动物生殖系统的慢性毒性作用。

③遗传毒性　丙烯酰胺可引起哺乳动物体细胞和生殖细胞的异常变化,如染色体异常、微核形成、非整倍体和其他有丝分裂异常,并可诱导体内细胞转化。

④致癌性　有动物实验和细胞实验证明了丙烯酰胺可导致遗传物质的改变和癌症的发生。国际癌症研究机构(IARC)1994 年对其致癌性进行了评价,将丙烯酰胺列为二类致癌物(2A),即人类可能致癌物。

(3)食品中丙烯酰胺的残留限量

目前,我国尚未制定食品中丙烯酰胺的最高残留限量标准。

### 2.2.9　二噁英

(1)二噁英的理化特性

二噁英通常是指具有相似结构和理化特性的一组多氯取代的平面芳烃类化合物,属于氯代含氧三环芳烃类化合物。二噁英是一种无色无味的脂溶性化合物,对热稳定,温度高达800℃只能被降解,在1 000℃以上才能被分解破坏。二噁英虽然能被紫外线分解,但因为受空气中气溶胶颗粒的吸附而减弱,其在土壤中生物半衰期为9~12年。

二噁英生物富集作用很强,在土壤,尤其是河川的淤泥中最容易被富集。二噁英的亲脂性很强,大气和土壤中的二噁英经污染的饲料、饮用水等进入动物体内储存于脂肪中,再经过食物链进入人体并危害人体健康。

(2)二噁英的污染来源

二噁英并不是新发现的一种环境毒物,其毒害由来已久,进入工业社会才被世界公认为对人体健康具有极大潜在危害。其危害来源主要包括:

①工业生产　二噁英是含氯和氯代有机物生产中的副产品,如农药、塑料和造纸等工业。

②农业生产　农业生产使用的含氯的杀虫剂、杀菌剂和除草剂可造成土壤污染,并进食物链进入食品。

③燃烧和焚烧　焚烧城市垃圾、固体废弃物产生的二噁英约占环境中二噁英的95%。类似含氯的聚氯乙烯、轮胎和生活垃圾等燃烧时产生大量的二噁英。

(3)二噁英的毒性和危害

人体内90%以上的二噁英来自食物,人和动物脂肪没有分解二噁英的条件,一次污染可长期留存体内,半衰期可达7年。二噁英是世界上目前已知的强致癌物之一,具有致癌、免疫毒性和病理生理毒性。动物实验表明,二噁英可诱发多种组织器官肿瘤,可引起慢性皮肤病,损害生殖功能,降低免疫能力,干扰内分泌功能,引起代谢紊乱、糖尿病、肝脏肿大和坏死、消化功能紊乱等。流行病学资料表明,二噁英中毒症状主要有神经衰弱、头疼、失眠、厌食、行为异常、体重减轻等。

(4)食品中二噁英的残留限量

目前,我国尚未制定食品中二噁英的最高残留限量标准。

### 2.2.10　多氯联苯

多氯联苯是一系列由两个苯环组成且含氯量不同的同系物,有200多种异构体,与环境污染有关的主要是二联苯的氯化物(polychlorinated bithenyls,简称PCBs),少数为三联苯的氯化物(polychlorinated terphenyl,简称PCT)。多氯联苯是目前世界上公认的全球性环境污染物之一,已引起世界各国的关注。

(1)食品中多氯联苯的来源

①工业生产　多氯联苯性质极为稳定、耐热绝缘、耐酸碱,不易燃烧和挥发,在工业中应用极广。如润滑油、油墨、油漆、塑料、橡胶、复印纸等工业中排放"三废"污染环境,通过食物链污

染食品,特别是水产品对多氯联苯的富集能力很强,其富集系数可高达数千倍到 10 万倍。

②食品加工  PCB 类物质可以富集于动物脂肪组织中,因此消费者主要是通过食用肉、鱼、蛋、奶和海产品等含脂肪食物而摄入。在食品加工过程中不慎可使食品受到多氯联苯的污染。如日本 1968 年发生的"米糠油事件",引起 13 000 多人中毒,其原因是米糠油生产中使用 PCBs 做热载体而污染了油。美国也曾发生鸡食用被 PCBs 污染的鱼粉而中毒。据报道,食品包装纸中发现的 PCBs 大部分来自回收废纸中的油墨和无碳复写的废纸,可造成食品的污染,尤其是含油脂的食品更易被污染。

(2)多氯联苯对人体的危害

多氯联苯进入人体后主要蓄积于脂肪组织中,急性中毒时皮肤出现黑色疮疱,手脚麻木。慢性中毒时引起胃肠黏膜损伤,肝脏肿大和坏死,胸腺和脾脏萎缩,体重下降。PCBs 能影响大脑正常思维,使记忆力减退或丧失。动物实验发现 PCBs 有致畸作用。严重的 PCBs 中毒会使动物产生腹泻、血尿、运动失衡、进行性脱水和中枢神经系统抑制等症状,甚至死亡。

(3)食品中多氯联苯的残留限量

根据 GB 2762—2017 的规定,水产动物及其制品中多氯联苯的限量为 0.5 mg/kg,多氯联苯以 PCB28、PCB52、PCB101. PCB118、PCB138、PCB153 和 PCB180 总和计。

# 2.3  包装材料与食品安全

食品安全不仅仅是食品本身的安全,还包括包装材料的安全。目前,随着化学工艺、生物技术和食品工业的发展,新的包装材料越来越多,但其中的有害物质可能向食品迁移,引发食品安全事件。我国允许使用的食品包装材料,主要有纸类、塑料、金属、玻璃以及陶瓷等。

### 2.3.1  纸包装材料对食品安全的影响

纸类材料作为食品的包装材料由来已久,其生产价格低、环保可降解、易于造型装潢、储运方便,在日常生活中使用相当广泛。人们常把纸做成纸袋、纸箱、纸筒、纸杯、纸管等容器来包装食品。其中瓦楞纸板及其纸箱占据纸类包装材料和制品的主导地位。但是,纸类包装材料也存在一定的安全隐患。

纸包装材料在生产过程中可能添加废纸或收集原材料过程中存在霉变纸张,生产成型的包装材料可能会带有大量的霉菌和致病菌等,用于食品的包装会使食品腐败变质。同时,废纸中可能含有铅、镉、多氯联苯、二噁英等化学性有害物质,这些物质可能会迁移到食品中。

造纸过程中需加入一些添加剂,如漂白剂、染色剂、胶粘剂等。某些添加剂在水中溶解度高,十分容易迁移进入人体。食品用纸包装材料可能使用非专用油墨,这些油墨可能含有甲苯等有机溶剂,可能造成食品中苯类溶剂超标。

### 2.3.2  塑料包装材料对食品安全的影响

塑料包装材料在食品行业的运用相当广泛,它是一种以高分子聚合物树脂为基本成分,加入各种添加剂(如防腐剂、抗氧化剂、热稳定剂、增塑剂、着色剂、润滑剂等)制成的高分子材料,具有运输方便、廉价、重量轻、加工容易、对食品保护性好等优点。但塑料包装可能对食品安全存在一定的影响,虽然树脂本身无毒,但其单体、降解后的产物及老化产生的有毒物质对食品安全的影响较大,如聚氯乙烯游离单体氯乙烯具有麻醉作用,可引起人体四肢血管的吸收而产生疼痛,同时会致癌、致畸。在塑料的生产过程中经常需要使用添加剂,当从塑料中迁移到食品时,容易引起安全事故,如白酒塑化剂事件。同时,因为监管不严,有些医学塑料垃圾可能被回收利用,成为食品安全的隐患。

### 2.3.3　金属包装材料对食品安全的影响

金属包装材料主要是以铁、铝等加工成型的桶、罐等,以及用铝箔制作的复合材料容器。金属包装材料具有高阻隔、耐高温、易回收等优点,也是传统的包装材料之一,但是其存在化学稳定性较差和不耐酸碱性等缺点。

作为铁食品包装材料其安全问题主要在于它的镀锌层接触食品后锌会迁移到食品中,从而引起食物中毒。铝食品包装材料主要问题是含有铅、锌等元素,长期摄入会造成慢性积蓄中毒,而且铝抗腐蚀差,易发生化学反应产生有害物质。不锈钢食品容器中加入了大量镍元素,与乙醇等接触时,可能出现镍元素游离,导致人体慢性中毒。

### 2.3.4　玻璃包装材料对食品安全的影响

玻璃也是广泛使用的食品包装材料之一,根据化学成分的不同,玻璃可分为钠钙玻璃、铅玻璃、硼硅酸玻璃等。玻璃包装材料具有无毒无味、化学稳定性好的优点,但玻璃的高度透明性对某些食品的稳定性可能不利。玻璃包装材料的安全隐患相对单一,主要是铅、砷、锑,而且通常其向食品中迁移量很低。

### 2.3.5　陶瓷包装材料对食品安全的影响

我国是陶瓷制品使用最悠久的国家,陶瓷包装材料的安全性问题主要在于涂覆在陶瓷或搪瓷坯料表面的釉料,其配方复杂,主要由铅、锌、镉、锑、钡、铜、铬、钴等多种金属氧化物及其盐类组成,多为有害物质,迁移到食品中后,对人的健康造成危害。

## 2.4　食品添加剂与食品安全

### 2.4.1　食品添加剂概述

食品添加剂是指为改善食品品质和色、香、味以及为防腐、保鲜盒加工工艺的需要而加入食品中的人工合成或天然物质。

食品添加剂是食品工业发展的重要影响因素之一,从某种程度上讲,没有食品添加剂就没有现代食品加工业。目前,我国允许使用的食品添加剂有 2 300 余种,GB 2760—2014 将食品添加剂按功能分为了 22 类。

### 2.4.2　食品添加剂的主要作用

(1)改善食品品质

食品的色泽、味道和形状是确保食品质量的主要标准。加入食品添加剂改善加工工艺可以改变不利因素,使得食品更易为消费者所接受,满足各种口味人群对于食品的需要。

（2）适应不同人群需求

食品添加剂不仅能改变食品的品质，还能迎合不同人群和不同体质人群的需求。如在我国某些地区的人群会患缺碘性甲状腺肿病，可以通过在食盐中加碘，对疾病进行预防。

（3）延长食品保质期

食品加工中加入天然或合成的添加剂可以达到防腐保鲜的目的，以延长食品的食用期限，使食品的营养成分得以保持。现阶段食品工业生产已广泛使用食品添加剂，使食品方便携带，便于贮藏，更加实用。

### 2.4.3　常用食品添加剂与食品安全

#### 2.4.3.1　食品防腐剂

防腐剂是指以防止食品腐败为目的，可以防止腐败微生物生长繁殖的添加剂。世界各国对防腐剂的使用种类、范围、用法和用量等都有严格的标准限定。防腐剂与杀菌剂不同，基本上没有杀菌作用，只有抑制微生物生长的作用；所使用的防腐剂一般要求具备毒性较低，对食品的风味基本没有影响，使用方法比较容易掌握。防腐剂的效果并不是绝对的，它只对某些食品具有在一定限度内延长贮藏期的作用。防腐剂一般分为酸型防腐剂、酯型防腐剂和生物型防腐剂等。

（1）酸型防腐剂

酸型防腐剂有许多种，常用有苯甲酸（又称安息香酸）、山梨酸、丙酸及其盐类（包括丙酸、丙酸钾、丙酸钙）等；其抑制菌的效果主要取决于它们未离解的酸分子，其效力随 pH 而定，酸性越大效果越好，而在碱性环境中则几乎无效。

①苯甲酸及其盐类　　在酸性环境中，苯甲酸对多种细菌、霉菌、酵母菌有明显的抑制作用，但对产酸菌作用较弱，在 pH 5.5 以上时，对很多霉菌及酵母的效果也较差。苯甲酸抑制微生物的机理是它的分子能抑制微生物呼吸酶系统的活性，特别对乙酰辅酶 A 合成反应具有较强的抑制作用。

苯甲酸在生物转化过程中，与甘氨酸结合形成马尿酸或与葡萄糖醛酸结合形成葡萄糖苷酸，并由尿排出体外。但苯甲酸可能会引起叠加中毒现象，在使用上有争议，各国虽仍允许使用，但应用范围较窄。如在日本进口食品中受到限制，甚至部分禁止使用。由于本品价格低廉，在中国仍作为防腐剂广泛使用。我国规定最大使用量 0.2～2.0 g/kg。

②山梨酸及其盐类　　山梨酸为白色针状粉末或结晶，在冷水中难溶，在热水中有 3% 左右溶解度，易溶于酒精。山梨酸钾为白色或淡黄色结晶，易溶于水。山梨酸分子能与微生物细胞酶系统中的—SH 结合，从而达到抑制微生物生长和防腐的目的，抗菌力强，当溶液 pH 小于 4 时，抑制活性最强，而 pH 大于 6 时，抑制活性降低。能抑制细菌、霉菌和酵母的生长，防腐效果好，对食品风味亦无不良影响。山梨酸是一种不饱和脂肪酸，可参与体内正常代谢，并被同化而产生 $CO_2$ 和水，故对人体无害，是目前国际上公认较安全的防腐剂，已为所有国家和地区允许使用。山梨酸最大的缺点是溶解度小，故常用其钾盐。我国规定最大使用量为 0.075～1.5 g/kg。

（2）酯型防腐剂

酯型防腐剂主要是指对羟基苯甲酸酯类又称尼泊金酯（nipagin A），其特点是在 pH 4～8

范围内均有较好效果,酯型防腐剂与酸性防腐剂不同,一般不受 pH 影响,故可被用于代替酸性防腐剂,且毒性低于苯甲酸,但高于山梨酸。对羟基苯甲酸酯类在肠胃中能被完全吸收,在体内水解成羟基苯甲酸并从尿中排出,不易在体内蓄积。

对羟基苯甲酸酯类防腐作用机理是抑制微生物呼吸酶与电子传递酶系的活性,破坏微生物的细胞膜结构,其抑菌的能力随烷基链的增长而增强。对霉菌酵母有较强作用,但对细菌特别是革兰阴性菌和乳酸菌的作用较弱。其缺点是有特殊味觉,在水中溶解度差,其溶解度随酯基碳链长度的增加而下降,因此为达到较好的效果往往将两种酯型防腐剂配合使用。

《食品添加剂使用标准》GB 2760—2014 规定,对羟基苯甲酸酯类用于果蔬保鲜,最大使用量为 12 mg/kg;用于食醋,最大使用量为 250 mg/kg;用于蛋黄馅、碳酸饮料,最大使用量为 200 mg/kg;酱油、酱料、风味饮料、果汁型饮料等最大使用量为 250 mg/kg;糕点馅最大使用量为 500 mg/kg。

(3)生物型防腐剂

乳酸链球菌素是被广泛使用的一种生物型防腐剂,它是由含羊毛硫氨酸及 $\beta$-甲基羊毛硫氨酸的 34 个氨基酸组成的多肽,肽链中含有 5 个硫醚键形成的分子内环。

乳酸链球菌素包含多种抗菌物质,最初发现的乳酸链球菌素是 Nisin 和 Diplococcin。Nisin 是乳酸乳球菌属产生的抗生素,Diplococcin 是乳脂乳球菌属产生的抗生素。两者比较而言,Nisin 的使用更为广泛,其抑制机制是作用于细菌细胞的细胞膜,可以抑制细菌细胞壁中肽聚糖的生物合成,使细胞膜和磷脂化合物的合成受阻,从而导致细胞内物质的外泄,甚至引起细胞裂解。也有的学者认为 Nisin 是一个疏水带正电荷的小肽,能与细胞膜结合形成管道结构,使小分子和离子通过管道流失,造成细胞膜渗漏。

Nisin 的作用范围相对较窄,仅对大多数革兰阳性菌具有抑制作用,如金黄色葡萄球菌、链球菌、乳酸杆菌、微球菌、单核细胞增生李斯特菌、丁酸梭菌等。Nisin 对肉毒梭状芽孢杆菌等厌氧芽孢杆菌有很强的抑制作用,但对霉菌和酵母的影响很弱。Nisin 在酸性条件下呈现最大的稳定性,随着 pH 的升高其稳定性大大降低。在 pH 为 2.0 或更低的稀盐酸中,经 115.6℃ 高压灭菌,仍能稳定存在,在 pH 为 5 时,其活力损失 40%;在 pH 为 9.8 时,其活力损失超过 90%。在一定温度范围内,随着温度的升高,它的活性丧失增大。

乳酸链球菌素是多肽,食用后在消化道中很快被蛋白水解酶消化吸收成氨基酸,不会改变消化道内正常菌群,也不会引起常用其他抗生素出现的抗药性,更不会与其他抗生素出现交叉抗性。对 Nisin 的微生物毒性研究表明,其安全性很高。

Nisin 一般应用于乳制品、罐头食品、植物蛋白食品的防腐。《食品添加剂使用标准》GB 2760—2014 规定其最大使用量在 0.1~0.5 g/kg。

### 2.4.3.2 食品抗氧化剂与食品安全

食品在储藏、保鲜环节不仅会出现由于腐败菌群而导致的变质,而且也会出现由于氧化作用而产生的氧化变质,如含有油脂的食品在空气中可能会引起变色、变味等变化,不仅影响食品的风味,而且产生有毒的氧化物或致癌物质、心脑血管疾病诱发因子等有害物质。目前世界各国用于食品的食品抗氧化剂的物质有 10 余种,可分为水溶性和脂溶性两大类。另有些物质自身并没有抗氧化作用,但是可协同抗氧化剂显著提高抗氧化效果,这类物质被称为抗氧化促进剂,最常见的有柠檬酸、酒石酸、抗坏血酸(维生素 C)等。

抗氧化剂是一类能与自由基反应从而中止自动氧化过程的物质。油脂的自动氧化有一段相当长的诱导期,它取决于许多因素,主要是氧的活化度,抗氧化剂可降低介质中的含氧量。一旦越过自动氧化的诱导期,就会生成能自行催化的过氧化物,从而使氧化反应迅速进行。抗氧化剂只能阻碍氧化作用的进程,以延缓油脂开始氧化变质的时间,不可能使已氧化的产物复原。因此,只有在诱导期之前加入抗氧化剂,才能及时切断自动氧化过程,故抗氧化剂越早加入越好。

目前常用的抗氧化剂有丁基羟基茴香醚、二丁基羟基甲苯和茶多酚等。

(1)丁基羟基茴香醚

丁基羟基茴香醚(butylated hydroxyl anisole,BHA)对热较稳定,在弱碱性条件下不容易被破坏,因此是一种良好的抗氧化剂。相对来说,BHA 对动物性脂肪的抗氧化性作用较之对不饱和植物油更有效,尤其适用于使用动物脂肪的焙烤制品。将有螯合作用的柠檬酸或酒石酸等与本品混用,不仅起增效作用,而且可以防止由金属离子引起的呈色作用。BHA 具有一定的挥发性和能被水蒸气蒸馏,故在高温制品中,尤其是在煮炸制品中易损失。BHA 也可用于食品的包装材料。

一般认为 BHA 毒性很小,较为安全。对小鼠(雄)经口 $LD_{50}$ 为 1.1 g/kg 体重,对大鼠经口 $LD_{50}$ 为 2.0 g/kg 体重。

《食品添加剂使用标准》GB 2760—2014 规定,BHA 的最大使用量为 0.2 g/kg;BHA 和 BHT 混用时总量不超过 0.2~0.4 g/kg。

(2)二丁基羟基甲苯

二丁基羟基甲苯(butylated hydroxyl toluene,BHT)与其他抗氧化剂相比,稳定性较高,抗氧化效果较好,无没食子酸酯类那样与金属离子反应着色的缺点,也没有 BHA 的特异臭,而且价格低廉,故被不少国家所采用。BHT 耐热性较好,在普通烹调温度下影响不大,用于长期保存的食品,但在焙烤食品中的效果略差于 BHA。与柠檬酸、抗坏血酸、没食子酸等合用可以增加其抗氧化性。

二丁基羟基甲苯对大鼠经口 $LD_{50}$ 为 2.0 g/kg 体重,其中毒的主要症状是行动失调,动物死亡的时间一般是 12~24 h。

《食品添加剂使用标准》GB 2760—2014 规定,BHT 的最大使用量为 0.2 g/kg。

(3)茶多酚

茶多酚可防止食品氧化而导致的营养素破坏、色变,同时还能有效地抑制各类细菌的生长繁殖。茶叶中一般含有 20%~30% 的多酚类化合物,包括儿茶素类、黄酮及其衍生物、花青素等。其中儿茶素类约占总量的 80%,其抽取混合物称茶多酚,包括几种形式,其共同特点是它们在 B 环和 C 环上的酸性羟基具有很强的供氢能力,能中断自动氧化成氢过氧化物的连锁反应,从而阻断氧化过程。茶多酚的抗氧化效果与 BHT 和维生素 E 进行比较,抗氧化效果相当于添加 0.02% BHT 的 1.3~2 倍,是添加 0.02% 维生素 E 的 4 倍,并且抗氧化效果稳定性高,测定炸鱼虾的豆油中茶多酚对过氧化值的影响,结果与对照组相比,18 h 后对过氧化值上升的抑制率为 88.9%,说明本品是一种性能优异的抗氧化剂。

茶多酚是较为安全的抗氧化剂,目前没有发现其有特殊的毒性作用。小鼠经口 $LD_{50}$ 为 2.86 g/kg 体重。

茶多酚不仅能防止动植物油脂的氧化和食品的褪色，并能稳定食品中的维生素，同时对葡萄球菌、大肠杆菌、枯草杆菌等有抑制作用。它对酸和热是稳定的，与维生素 E 合用，则抗氧化效果更佳。

在使用中与 BHA、BHT、PG 相比具有更强的抗氧化效力，在肉类食品中添加量相等时，抗氧化作用为 BHA 的 2.6 倍，为维生素 E 的 3.2 倍。《食品添加剂使用标准》GB 2760—2014 规定不同食品中的用量以油脂中儿茶素计，最大使用量为 0.1~0.8 g/kg。

### 2.4.3.3　食品甜味剂与食品安全

甜味剂是指赋予食品甜味的食品添加剂。甜味剂是世界各国使用最多的一类添加剂，在食品工业中具有十分重要的地位。按其来源可分为天然甜味剂和人工甜味剂；按其营养价值可分为营养性甜味剂和非营养性甜味剂。天然甜味剂又可分为糖和糖的衍生物，以及非糖天然甜味剂 2 类。通常所说的甜味剂是指人工合成的非营养甜味剂、糖醇类甜味剂和非糖天然甜味剂 3 类。营养型甜味剂如蔗糖、葡萄糖、果糖、麦芽糖等，由于是天然的，且长期被人们食用，又是重要的营养素，所以通常视为食品原料，不作食品添加剂对待。

人工合成甜味剂主要是指一些具有甜味的化学物质，甜度一般比蔗糖高数倍甚至百倍，但是没有任何营养价值，而且近年来陆续发现人工合成甜味剂对人体具有潜在的危害性。

（1）糖精

糖精是世界各国广泛使用的一种人工合成甜味剂，其化学名称为邻苯甲酰磺酰亚胺，制造糖精的原料主要有甲苯、氯磺酸、邻甲苯胺等，均为石化产品。糖精在水中的溶解度低，市场销售的商品糖精实际上是易溶性的邻苯甲酰磺酰亚胺的钠盐，简称糖精钠。糖精钠是一种无色结晶或稍带白色的结晶粉末，无臭或微有香气，甜度是蔗糖的 500 倍。

一般认为糖精在体内不能利用，大部分从尿中排出但不损害肾功能，不改变体内酶系统的活性，全世界广泛使用数十年，尚未发现对人体有直接的毒害作用。其小鼠口服 $LD_{50}$ 为 17.5 g/kg，兔口服 $LD_{50}$ 为 4 g/kg 体重。20 世纪 70 年代美国食品与药品管理局（FDA）对糖精动物实验发现有致膀胱癌作用，但是大规模的流行病学调查表明，在被调查的数千名人群中未观察到使用人工甜味剂有增高膀胱癌发病率的趋势。1993 年食品添加剂联合专家委员会重新对糖精的毒性进行评价，在流行病调查资料中，不支持食用糖精与膀胱癌之间可能存在联系。

《食品添加剂使用标准》GB 2760—2014 规定不同食品中的糖精钠用量以糖精计，最大使用量为 0.15~5 g/kg。

（2）甜蜜素

甜蜜素，又称甜精，化学名为环己基氨基磺酸钠，1950 年开始生产应用，是食品生产中常用的添加剂。甜蜜素的甜度是蔗糖的 30~40 倍。

甜蜜素食用后 40% 经尿，60% 由粪便排出体外。其毒性较低，小鼠口服 $LD_{50}$ 为 15.25 g/kg 体重，大鼠口服 $LD_{50}$ 为 17.0 g/kg 体重，饲料中添加 1.0% 喂养 2 年，未见异常现象。但有研究认为，甜蜜素对于动物有致癌作用，美国 FDA 及英国于 1970 年相继禁用，但有些国家仍继续使用。目前世界上有美国、英国、日本等 40 多个国家禁止在食品中使用。《食品添加剂使用标准》GB 2760—2014 规定不同食品中的用量以环己基氨基磺酸计，最大使用量为 0.65~8 g/kg。

（3）阿斯巴甜

阿斯巴甜，又名甜味素，化学名称为天冬酰苯丙氨酸甲酯。阿斯巴甜是一种新型的氨基酸甜味剂,具有砂糖似的纯净甜味,甜度为蔗糖的 200 倍,外观为白色晶体或结晶粉末,pH 为 4.5～6.0。在长时间高温加热且 pH 较高时会分解,阿斯巴甜没有异味,对食品风味有增效作用,目前已有 80 多个国家批准使用。我国规定除罐头食品外可用于各类食品。

在安全性上,阿斯巴甜被证明是安全的,动物实验未见异常报道。《食品添加剂使用标准》GB 2760—2014 规定其最大使用量为 0.3～10 g/kg。

(4) D-麦芽糖醇

使用较多的 D-麦芽糖醇是由麦芽糖氢化而形成的一种多元醇,存在于天然食品中。糖醇类甜味剂品种很多,由于不影响血糖值,不产酸,具有防龋齿作用,常作为糖尿病和肥胖病患者的甜味剂。

D-麦芽糖醇为白色粉末或颗粒,有爽口的甜味。在水中易溶解,甜度是蔗糖的 60%,微生物不易利用,小肠不易吸收,是一种低甜味、低热量的甜味剂。糖醇类物质多数具有一定的吸水性,对改善食品的复水性、控制结晶、降低水分活性均具有一定作用。糖醇类还具有防治脂肪氧化、淀粉老化等作用。

大量食用糖醇类时一般都具有腹泻作用,有的还产生腹胀和产气症状。麦芽糖醇和我国批准使用的新品种乳糖醇每日容许摄入量均不作特殊规定,因其安全性高,在动物饲料中添加 10%～15%,喂养动物世代后也未出现异常状况。

### 2.4.3.4 典型案例

(1) 非法添加非食品添加剂——三聚氰胺

2008 年 9 月,三鹿生产的婴儿奶粉,被发现导致多位食用婴儿出现肾结石症状,"三聚氰胺"事件暴发。据卫计委通报,截至 2008 年 12 月底,全国累计报告因食用三鹿牌奶粉和其他个别问题奶粉导致泌尿系统出现异常的患儿共 29.6 万人。

三聚氰胺,是一种三嗪类含氮杂环有机化合物,是重要的氮杂环有机化工原料。由于食品和饲料工业蛋白质含量测试方法的缺陷,三聚氰胺被不法商人用作食品添加剂,以提升食品检测中的蛋白质含量指标,因此三聚氰胺也被人称为"蛋白精"。三聚氰胺严禁用于食品,属于非法添加物,长期摄入可能造成人类生殖能力损害、膀胱或肾结石、膀胱癌等。

(2) 食品抗氧化剂——TBHQ、BHT 超范围使用

2012 年 8 月 28 日,广东一消费者在深圳家乐福商业有限公司购买了三款徐福记食品,其中一款是芒果酥,生产日期为 2012 年 7 月 18 日;另一款是芝麻香酥沙琪玛,净含量为 35 g,生产日期为 2012 年 7 月 22 日;还有一款落花生酥心糖,生产日期为 2012 年 1 月 12 日。在购买食品后发现,徐福记的上述食品存在违规添加食品添加剂问题——在徐福记的上述食品产品标签中,标注含有食品添加剂特丁基对苯二酚(简称"TBHQ")和二丁基羟基甲苯(简称"BHT")。而根据国家标准 GB 2760 相关规定,TBHQ 和 BHT 两种食品添加剂不能添加到糕点或糖果类食品中。法院最终认定,家乐福销售不符合规定的食品,构成欺诈。

(3) 食品甜味剂——糖精钠超量和超范围使用

一些极端的病例表明糖精存在一定的毒性。例如一位 49 岁的中年男子,平时对甜味食品就有特殊偏好,用西红柿蘸糖精水作为美味小吃,每天食用 2～3 次,连吃 3 d,共摄入糖精钠 1.5 g。此后的两周内,该男子身上出现越来越严重的皮下出血,且出现口腔出血、便血等恶化

症状,送到医院抢救发现他的血小板降至1.4万个单位左右(正常值应在10万个以上)。2015年9月1日,根据群众举报,海南省食品药品监管局在海口市南北水果批发市场查获疑似问题青枣3.3 t,经检测含有糖精钠,含量为0.3 g/kg。经查,2015年8月20日以来,涉案人邓某从外地运来青枣,先在烧热的水中过一遍,然后将焯过水的青枣倒入水池里,加入糖精钠、甜蜜素、苯甲酸钠等添加剂进行浸泡,制成"糖精枣",然后运往南宁、北海、海口等地销售,总数达30余t。

## 思考题

1. 食品腐败变质的定义?
2. 食品腐败变质的原因以及预防措施是什么?
3. 细菌的来源及污染食品的途径有哪些?
4. 常见的真菌毒素有哪些? 主要污染什么食品?
5. 兽药的来源及污染食品的途径有哪些?
6. 农药的来源及污染食品的途径有哪些?
7. 重金属的来源及污染食品的途径有哪些?
8. 食品添加剂的定义?
9. 使用食品添加剂应注意的原则有哪些?

## 参考文献

[1] 白新鹏.食品安全热点问题解析[M].北京:中国计量出版社,2009.

[2] 何国庆,贾英明,丁立孝.食品微生物学[M].北京:中国农业大学出版社,2016.

[3] 曲径.食品卫生与安全控制学[M].北京:化学工业出版社,2006.

[4] 史贤民.食品安全与卫生学[M].北京:中国农业出版社,2002.

[5] 王继辉.食品安全学[M].北京:中国轻工业出版社,2013.

[6] 孙秀兰.食品中黄曲霉毒素$B_1$金标免疫层析检测方法研究[D].无锡:江南大学博士学位论文,2005.

[7] 叶阳.抗黄曲霉毒素$B_1$抗体的研制、应用及差异分析研究[D].武汉:华中农业大学博士学位论文,2011.

[8] 丁晓雯,柳春红.食品安全学[M].北京:中国农业大学出版社,2011.

[9] 张小莺,殷文政.食品安全学[M].北京:科学出版社,2012.

[10] 张彦明,佘锐萍.动物性食品卫生学[M].北京:中国农业出版社,2002.

[11] 纵伟.食品安全学[M].北京:化学工业出版社,2016.

[12] Anater A, Manyes L, Meca G, et al. Mycotoxins and their consequences in aquaculture: A review[J]. Aquaculture, (2016)451: 1-10.

[13] Baynes R E, Dedonder K, Kissell L, et al. Health concerns and management of select veterinary drug residues[J]. Food and Chemical Toxicology, 2016(88): 112-122.

[14] Donkor A, Osei-Fosu P, Dubey B, et al. Pesticide residues in fruits and vegetables in

Ghana：a review[J]．Environmental Science and Pollution Research，2016(23)：18966-18987.

[15] IARC，1993．Monographs on the Evaluation of Carcinogenic Risks to Humans，vol. 58，Beryllium，Cadmium，Mercury，and Exposures in the Glass Manufacturing Industry．IARC，Lyon.

[16] Khan I，Tango C N，Miskeen S，et al．Hurdle technology：A novel approach for enhanced food quality and safety-A review[J]．Food Control，2017(73)：1426-1444.

[17] Nishant N，Upadhyay R．Presence of pesticide residue in vegetable crops：A review [J]．Agricultural Reviews，2016(37)：173-185.

[18] VoPham T，Bertrand K A，Hart J E，et al．Pesticide exposure and liver cancer：a review[J]．Cancer Causes & Control，2017(28)：177-190.

本章编写人：刘爱平

# 第3章 食源性疾病与预防

## 内容提要

> 本章介绍了食源性疾病、食物中毒、食物过敏的概念,重点介绍了细菌性、真菌性、化学性及有毒动、植物食物中毒及其预防、食物过敏的机制、流行病学特征及其预防。

食源性疾病(food borne disease,FBD)是指通过摄入食物进入人体的各种致病因子,引起通常具有感染或中毒性质的一类疾病。即指通过食物摄入的方式和途径,致使病原物质进入人体并引起的中毒性或感染性疾病。包括常见的食物中毒、肠道传染病、人畜共患传染病、寄生虫病以及化学性有毒有害物质所引起的疾病。食源性疾患的发病率居各类疾病总发病率的前列,是当前世界上最突出的公共卫生问题。根据 WHO"全球食源性疾病负担的估算报告",全球每年有 6 亿人因食用受到污染的食品而生病,造成约 42 万人死亡,其中包括 12.5 万名 5 岁以下儿童。食源性疾病的风险在中低收入国家最严重,与不安全的水制备食物,卫生条件差和食品生产及储存条件不够等相关。

## 3.1 食源性疾病

食源性疾病从广义上讲,就是"由食物和摄食而引起的疾病",其涵盖了由食物和摄食而引发的各类疾病,包括传染性、非传染性及营养代谢性疾病等。食源性疾病在发达国家和发展中国家都是一个普遍和日益严重的公共卫生问题。WHO 的资料显示,仅 2012 年就有 150 万人死于腹泻病,大部分可归因于食品和饮用水污染引起的腹泻病。此外,腹泻是婴幼儿营养不良的重要原因之一。美国疾病控制和预防中心(centers for disease control and prevention,CDC)估计,仅在 2011 年就有 1/6 的美国人(4 800 万人)患食源性疾病,12.8 万人住院治疗,3 000 人死亡。食源性疾病在发展中国家的危害可能会更加严重。

食源性疾病包括食源性传染病和食源性非传染病(食物中毒),食物中毒是食源性疾病的暴发形式。食源性传染病的显著特点是致病因素来自食品、通过食品介导和具有传染性。

### 3.1.1 食源性疾病概述

WHO 定义食源性疾病为"食源性疾病是指通过摄食进入人体内的各种致病因子引起的、通常具有感染性质或中毒性质的一类疾病,并将致病因素归纳为细菌及毒素、寄生虫和原虫、病毒和立克次体、有毒动物、有毒植物、真菌毒素、化学污染物、不明病原因共八大类。"因此,食源性疾病包括了传统上的食物中毒,还有已知的肠道传染病(如伤寒、病毒性肝炎等)和寄生虫病、食物过敏、暴饮暴食引起的急性胃肠炎以及慢性中毒。

### 3.1.1.1 食源性疾病概念

世界卫生组织认为,凡是通过摄食进入人体的各种致病因子引起的一类疾病,都称之为食源性疾患。即指通过食物传播的方式和途径致使病原物质进入人体并引发的中毒或感染性疾病。从这个概念讲应当不包括一些与饮食有关的慢性病、代谢病,如糖尿病、高血压等,然而国际上有人把这类疾病也归为食源性疾患的范畴。顾名思义,凡与摄食有关的一切疾病(包括传染性和非传染性疾病)均属食源性疾患。

1984 年 WHO 将"食源性疾病"(food borne diseases)一词作为正式的专业术语,以代替历史上使用的"食物中毒"一词,并将食源性疾病定义为"通过摄食方式进入人体内的各种致病因子引起的通常具有感染或中毒性质的一类疾病。"对食物中毒和食源性疾病病因认识和名称变化,反映了人类对食物传播引起的一类疾病的长期的从感性到理性的认识过程。

### 3.1.1.2 食源性疾病的范畴

食源性疾病的 3 个基本特征:传播疾病的媒介——食物;致病因子——食物中的病原体;临床特征——急性中毒性或感染性表现。食源性疾病主要包括六个方面的范畴:①食物中毒;②食源性肠道传染病;③食源性寄生虫病;④人畜共患传染病及食物过敏;⑤食物营养不平衡所造成的某些慢性非传染性疾病、食物中某些有毒有害物质引起的以慢性损害为主的疾病;⑥暴饮暴食引起的急性胃肠炎以及酒精中毒等。

## 3.1.2 引起食源性疾病的因素

(1)不健康的饮食行为

生食:沿海地区常有生吃海产品的习惯,容易引起肠道疾病及传染病。腌制食品:经常食用泡菜、腊肉等腌制食品可导致亚硝酸盐在体内蓄积。烧烤:煎炸烧烤类食物和没有烤熟的肉类,不仅没有杀灭致病微生物和寄生虫,还增加了致癌物质。

(2)个人卫生习惯差

如饭前便后不洗手,喝生水,吃已污染的剩饭菜,直接采食未洗的蔬菜水果,吃没有卫生保障的街头小吃等。这些不健康的卫生行为可直接导致各种感染性腹泻及寄生虫病的发生。

(3)不当的烹调方式

生、熟食混放,或混用菜板、菜刀造成生熟食交叉污染;凉拌菜放置过久受到污染;剩饭菜低温保存不够或食用前未充分加热,也会导致食源性疾病。

(4)误食有毒的动植物

食用来历不明的动植物,或加工不当,造成食物中毒。

(5)摄食受到化学品污染的食物

农药兽药残留、有毒重金属、环境激素、有害的食品添加剂等,都会造成身体慢性中毒甚至急性中毒。

(6)宣传普及不到位

由于我国居民受教育水平虽然有较大的进步,但关于食品安全和食源性疾病的宣传教育水平较低,对造成食源性疾病的危害及预防措施缺乏了解。

### 3.1.3　食源性疾病的预防

(1)改变不良饮食习惯

不生食肉类及蔬菜,特别是不新鲜的肉类、海产品,鱼、虾、蟹、贝类等食物。各种动物性食品应煮透后食用。尽量不吃或少吃腌制及烧烤食品。不吃未洗净水果和没有卫生保障的街头食品。

(2)养成良好的个人卫生习惯和饮食习惯

养成饭前便后洗手的卫生习惯。剩饭剩菜在低温下存放,食用前必须充分加热。各种食品,尤其是肉类及各种熟制品应低温贮藏。不购买、不食用来历不明的食物、调味品和添加剂。不应该把食物贮存在冰箱内太久。不混用砧板、菜刀,注意生熟食分开存放。不吃病死的禽畜肉和腐败变质的食物。

## 3.2　食物过敏

人类对食物过敏的认识经历了一个漫长的过程,直到 20 世纪 80 年代末食物过敏仍然被认为是食品安全领域的一个次要问题。近来年由于过敏性疾病发病率增加的事实和转基因技术的发展、转基因农作物商品化,人们开始重新评价食物过敏的问题,食物过敏对大众健康的影响才开始受到重视,成为全球关注的公共卫生问题之一。流行病学研究显示,约 33%的过敏反应由食物诱发,危及生命的过敏反应中有 1/5 是由花生引起的。

### 3.2.1　食物过敏的概念

食物过敏也称为食物变态反应或消化系统变态反应、过敏性胃肠炎等,是由于某种食物或食品添加剂等引起的 IgE 介导和非 IgE 介导的免疫反应,而导致消化系统内或全身性的变态反应。实际是指某些人在吃了某种食物之后,引起身体某一组织、某一器官甚至全身的强烈反应,以致出现各种各样的功能障碍或组织损伤。它是免疫系统对某一特定食物产生的一种不正常的免疫反应,免疫系统会对此种食物产生一种特异型免疫球蛋白,当此种特异型免疫球蛋白与食物结合时,会释放出许多化学物质,造成过敏症状,严重者甚至可能引起过敏性休克。食物过敏反应可以发生在任何食物上,某些严重食物过敏的人,甚至可能因为吃 1/2 颗花生或牛奶洒在皮肤上就会造成过敏的反应。

### 3.2.2　食物过敏流行情况及其特征

临床上诊断食物过敏的方法包括:食物过敏病史、皮肤针刺试验、排除性膳食实验、血清特异性 IgE 水平测定和食物激发试验(开放和双盲对照)。其中双盲对照食物激发实验为诊断食物过敏的金标准,能确定暴露于过敏食物与临床症状的因果关系。但该诊断方法不能确定具体的过敏原,费用昂贵且耗时,因此较少用于人群调查研究。由于诊断方法不同,各国报道的人群研究的食物过敏率差异较大。

食物过敏的流行特征包括:①婴幼儿及儿童的发病率高于成人。婴幼儿(3 岁以下)过敏性疾病以食物过敏为主,4 岁以上儿童对吸入性抗原的敏感性增加。②发病率随年龄的增长而降低。一项对婴儿牛奶过敏的前瞻性研究表明,56%的患儿在 1 岁、70%在 2 岁、87%在

3 岁时对牛奶不再过敏。但对花生、坚果、鱼虾则多数为终生过敏。③人群中的实际发病率较低。由于临床表现难以区分，人们误将各种原因引起的食物不良反应均归咎于食物过敏，人群自我报告的患病率明显高于真实患病率。

### 3.2.3　常见的食品过敏性疾病

由食品过敏原引起的过敏性疾病主要涉及个别组织，如皮肤、呼吸道、胃肠道和血循环系统等，目前研究相对比较清楚的有特应性皮炎、荨麻疹、过敏性紫癜、血管性水肿、变应性哮喘、过敏性结肠炎等。食品过敏性疾病具有反复性、间歇性、可逆性及特异性等特点，临床症状表现复杂。

（1）特应性皮炎

特应性皮炎是婴儿时期常见的慢性、复发性、炎症性皮肤性疾病，主要症状有剧烈的瘙痒、湿疹样皮损、干皮症等。瘙痒是特应性皮炎患者的最主要特征，除常见的皮肤症状外，约有30%的患者伴发哮喘，另有35%的患者伴有过敏性鼻炎。特应性皮炎的病理和生理机制还不十分清楚，血清 IgE 抗体参与这类变态反应性疾病的发生。特应性皮炎的瘙痒症状可能与组胺、细胞因子、神经递质、蛋白酶以及特异性激素等多种化学物质的共同作用有关。引发特应性皮炎的食物主要有牛奶、鸡蛋、大豆、花生和小麦，其中以鸡蛋最为常见。大约有70%的患者在出生 5 年内发病；60%儿童期发病的患者进入青春期或成年后，对牛奶、鸡蛋、大豆和小麦的过敏性会自然消失。但花生、坚果、鱼和贝类对敏感个体可能终生致敏。检测血清中特异性 IgE、IgG 水平可为该病的诊断提供帮助。

（2）荨麻疹

荨麻疹是临床上常见的由 IgE 抗体和非 IgE 抗体共同介导的皮肤黏膜过敏性疾病。受致敏原的影响，荨麻疹患者的皮肤黏膜血管会发生暂时性炎性充血，并渗出大量液体，造成局部组织水肿性损害。临床症状为局部或全身性皮肤上突然出现大小不等的红色或白色风团，数分钟至几小时或几十小时内消退，一天内反复多次成批发生，有时在风团表面可出现水泡，其出现和消退迅速，有剧痒，可能伴有发烧、腹痛、腹泻或其他全身症状。根据病程的不同，荨麻疹可分为急性和慢性两型。急性荨麻疹发作数日至 1～2 周即可停发，部分病例反复发作，病期持续在 1～2 个月以上，有的经年不断，时轻时重，从而转为慢性荨麻疹。慢性荨麻疹临床表现主要以皮肤瘙痒和风团为主，病程长达几个月甚至几年，使用常规抗组胺药物难以治疗，一般不威胁生命。食物引起的荨麻疹以急性为主，鱼、虾、蛋、奶类为主要致敏食物，其次是肉类和某些植物性食品，如草莓、可可、番茄等。此外，腐败食物、食品中的色素、防腐剂和调味剂等也可诱发荨麻疹。目前没特别有效的药物预防荨麻疹的发生，只有避免与含有过敏原成分的食物接触。

（3）血管性水肿

血管性水肿又称巨大荨麻疹，是一种发生于皮下疏松组织或黏膜的局限性水肿，可分为获得性血管性水肿和遗传性血管性水肿两种类型。食物诱发的血管性水肿为获得性水肿，IgE参与变态反应。临床症状表现为单个或多个突发的皮肤局限性肿胀，边界不清楚，多发生于眼睑、口唇、舌、外生殖器、手和足等组织疏松部位，常伴有荨麻疹，偶可伴发喉头水肿引起呼吸困难，甚至窒息导致死亡；消化道受累时可有腹痛、腹泻等症状。

（4）过敏性紫癜

过敏性紫癜又称为亨诺-许兰综合征，是儿童期常见的一种以 IgA 免疫复合物沉积于全身小血管壁而导致的系统性血管的变态反应性炎症，涉及呼吸、消化和泌尿等多个系统。临床表现以皮肤紫癜为特征，伴有恶心、呕吐、腹泻、便血、关节肿痛等症状，多发于冬春季节，最常见于儿童，成人患者仅占 5%，多在 40 岁以下，部分病人发病前有发热、咽痛、乏力等症状。约有 30%～60% 的患儿肾脏受到损害，称为过敏性紫癜肾炎，临床表现为单纯性尿检异常（血尿和蛋白尿最常见）或典型的急性肾炎综合征、肾病综合征、甚至肾功能衰竭。海鲜发物和辛辣刺激食物都有可能诱发过敏性紫癜。

（5）过敏性哮喘

过敏性哮喘是由 IgE 介导的，涉及皮肤、呼吸道、胃肠道乃至全身的变态反应性疾病。临床表现为反复发作的喘息、气促、胸闷和咳嗽等症状，可以是单纯性哮喘，但多数情况下伴有全身过敏症状，多在夜间或凌晨发生，症状可自行或经治疗缓解。近年来，美国、英国、澳大利亚、新西兰等国家哮喘患病率和死亡率有上升趋势，全世界约有 1 亿哮喘患者，已成为严重威胁公众健康的一种主要慢性疾病。我国哮喘的患病率约为 1%，儿童可达 3%，据测算全国约有 1 千万以上哮喘患者。食物诱发性哮喘多见于婴幼儿，成人发病率较低。蛋白含量高的食品通常具有较高的变应原性。例如牛奶、鸡蛋、大豆等。诱发婴幼儿哮喘的主要食物是牛奶及奶制品，对牛奶过敏的儿童中有 26% 出现哮喘。

（6）过敏性结肠炎

过敏性结肠炎是一种原因不明的肠道疾病。一般认为可能与高级神经功能失调有关，一部分也可能是变态反应在结肠的表现。婴儿过敏性结肠炎，是由过敏原引起的胃肠道功能紊乱性变态反应性疾病，以结肠、直肠炎性改变为特征。过敏性结肠炎患儿占全部婴儿结肠炎发病人数的 20%。牛奶、大豆及其配方制品为引发婴儿过敏性结肠炎主要过敏食物。婴儿过敏性结肠炎，是一种暂时性，预后良好的疾病。治疗方法，主要是清除食物中的致敏原。出生 2 个月左右的婴儿食入牛奶后易发过敏性结肠炎，大多数的患儿在 1～2 岁即可耐受牛奶。

## 3.2.4 常见的致敏食物

对人类健康构成威胁的食物过敏原主要来自食物中含有的致敏蛋白质、食品加工贮藏中使用的食品添加剂和含有过敏原的转基因食品。

（1）食物过敏蛋白质

食物中 90% 的过敏原是蛋白质，但并非所有蛋白质都会引起过敏。具有抗原特性的蛋白质大多数为具有酸性等电点的糖蛋白，其分子量在 10～80 kDa，通常能耐受食品加工、加热和烹调，并能抵抗肠道的消化作用。由蛋白质引起的过敏反应多为 IgE 介导的 Ⅰ 型变态反应。植物性食物中过敏蛋白主要是醇溶谷蛋白家族的非特异性脂肪转运蛋白、α-淀粉酶或胰岛素抑制剂、双子叶植物种子 2S 储存蛋白等。牛奶里含有 20 多种蛋白质，其中有 5 种可引起过敏反应，包括酪蛋白、乳白蛋白、乳球蛋白、牛血清蛋白和球蛋白。1999 年国际食品法典委员会第 23 次会议公布了常见致敏食品的清单，包括 8 种常见的和 160 种较不常见的过敏食品。临床上 90% 以上的过敏反应由 8 类高致敏性食物引起，这些食物包括：蛋、鱼、贝类、奶、花生、大豆、坚果和小麦。其他食品如猪肉、牛肉、鸡、玉米、番茄、胡萝卜、芹菜、蘑菇、大蒜、甜辣椒、橘子、菠萝、猕猴桃、芥末、酵母诱发的过敏反应较少。

（2）食品添加剂

食品添加剂包括防腐剂、色素、抗氧化剂、香料、乳化剂、稳定剂、松软剂和保湿剂等，其中以人工色素、香料引起过敏反应较为常见。为了延长食品的货架期、改善感官性状和口感，这些化学物质被广泛用于各类食品中，但由于食品标签中标注不明确或没有标注，如果不特别注意往往难以觉察。食品添加剂引起的过敏反应通常为非 IgE 介导的免疫反应，采用皮肤针刺实验和特异性 IgE 测定常为阴性反应，临床诊断只能通过双盲对照食物激发实验来确诊。

（3）转基因食品

近年来，随着生物技术的迅速发展，转基因食品不断进入人类社会。以番茄、南瓜、酵母、玉米、马铃薯、大豆等许多基因工程植物为原料制成的食品已经或即将在超市中出售。这些食品包括面包、果酱、糖果、饼干、面饼、干酪、黄油、人造黄油和肉制品等。在美国大约70%的食物包含用转基因技术生产的原料，因此美国的消费者几乎全部曾经食用过转基因食品。转基因生物中有些含有来自致敏性物种和人类不曾食用过的生物物种的基因，由于基因重组能够使宿主植物产生新的蛋白质，这些新蛋白质有可能对人体产生包括致敏性在内的毒性效应。因此，检查食物的致敏性是转基因食品安全检查的一项主要内容，任何新的转基因食品商业化之前，都需要对其进行包括致敏性在内的安全性评估。

### 3.2.5　食品过敏的防治措施

由于引起食物过敏的因素和引发的症状都呈现差异性，那么，防治食物过敏的方法也各不相同。目前，比较可取的方法主要有：

（1）避免疗法

即完全不摄入含致敏物质的食物，这是预防食物过敏最有效的方法。也就是说在经过临床诊断或根据病史已经明确判断出过敏原后，应当完全避免再次摄入此种过敏原食物。比如对牛奶过敏的人，就应该避免食用含牛奶的一切食物，如添加了牛奶成分的雪糕、冰激凌、蛋糕等。

（2）对食品进行加工

通过对食品进行深加工，可以去除、破坏或者减少食物中过敏原的含量，比如可以通过加热的方法破坏生食品中的过敏原，也可以通过添加某种成分改善食品的理化性质、物质成分，从而达到去除过敏原的目的。在这方面，大家最容易理解、也最常见的就是酸奶。牛奶中加入乳酸菌，分解了其中的乳糖，从而使对乳糖过敏的人不再是禁忌。

（3）替代疗法

简单地说就是不吃含有过敏原的食物，而用不含过敏原的食物代替。比如说对牛奶过敏的人可以用羊奶、豆浆代替等。

（4）脱敏疗法

脱敏疗法主要就是针对某些易感人群来说营养价值高、想经常食用或需要经常食用的食品。在这种情况下，可以采用脱敏疗法。具体步骤是：首先将含有过敏原的食物稀释1 000～10 000倍，然后吃一份，也就是说首先吃含有过敏原食物的千分之一或万分之一，如果没有症状发生，则可以逐日或者逐周增加食用的量。

# 3.3 食物中毒

食物中毒是指摄入了含有生物性、化学性有毒有害物质的食品或误把有毒有害物质当作食品摄入后,出现的非传染性急性、亚急性疾病,以急性感染或中毒为主要临床特征。食物中毒是最常见的食源性疾病,但不包括因暴饮暴食而引起的急性胃肠炎、食源性肠道传染病和寄生虫病,也不包括因一次大量或者长期少量摄入某些有毒有害物质而引起的以慢性毒性为主要特征(如致畸、致癌、致突变)的疾病。

## 3.3.1 食物中毒的原因

食物中毒的发生是消费者经口摄入了受致病因素污染的食品。食品污染主要有五个方面的来源:①食品在采购、储藏、加工、运输、烹饪等环节被某些病原微生物污染,并且在适宜条件下急剧繁殖或产生毒素;②食品因物理、化学、生物因子的作用腐败变质产生毒素;③食品被已达中毒剂量的有毒化学物质污染;④误食外形与食品相似含有有毒成分的物质;⑤品本身含有有毒物质,且该物质达到中毒剂量水平。

## 3.3.2 食物中毒的分类及流行特点

(1)食物中毒分类

一般按病原分为细菌物性食物中毒、真菌性食物中毒、有毒动植物食物中毒、化学性食物中毒及其他食物中毒 4 类。根据近年来我国食品药品监督管理总局通报资料,微生物引起的食物中毒事件报告起数和中毒人数最多,其次为有毒动植物引起的食物中毒,再次为化学性食物中毒。

(2)流行特点

尽管引起食物中毒的原因多样,但各类食物中毒具有一些共同特点:①季节性。夏秋季是食物中毒的高发期,气候潮湿,适于细菌生长繁殖,食品易于腐败变质,一旦食品储存、加工不当,极易被细菌污染,为食物中毒提供了机会和条件;②群发性。因人为地使用腐败变质甚至已被致病原污染的劣质原料,生熟食交叉污染,食品加工、烹饪过程中违反卫生要求,致使病菌大量繁殖,导致集中用餐人群集体中毒;③不具有传染性。食物中毒病人对健康人不具有传染性;④突发性。发病突然,潜伏期短,发病曲线突然上升,在停止供应污染食物后发病曲线呈突然下降趋势;⑤临床症状的相似性。以急性胃肠炎为常见症状,如恶心、呕吐、腹痛、腹泻等。

## 3.3.3 细菌性食物中毒

细菌性食物中毒是指进食被细菌或细菌毒素污染的食品,而引起的急性感染性中毒性疾病,是最常见的一类食物中毒。

### 3.3.3.1 细菌性食物中毒的特点

(1)地区差异

不同国家或地区由于环境因素、饮食习惯、食品种类、加工方法、贮藏、运输、厂房条件和个人卫生等有所不同,因而引起食物中毒的类型也有较大的差异。如美国人主食肉、蛋、奶和糕点,金黄色葡萄球菌引起食物中毒最多;日本人喜食生鱼片,副溶血性弧菌食物中毒最多;我国东南沿海地区居民有生食海鲜的习惯,导致副溶血弧菌、河弧菌、霍乱弧菌等弧菌属细菌引起的食物中毒较多;而内陆地区因经济因素制约,卫生条件较差,葡萄球菌、蜡样芽孢杆菌、大肠埃希菌引起的食物中毒较多。

(2)季节性明显

细菌性食物中毒随气温的变化而变化,一般发生于夏秋季,5~10月较多。因为夏秋季节气温高,细菌在食物中容易生长繁殖。值得注意的是,随着全球气温的逐年变暖、近几年的异常气候以及全球性自然灾害的增多,一些新的病菌引起人类细菌性食物中毒报道也增加,并且无明显季节差别。

(3)病原菌模式已发生变化

以往统计居首位的沙门菌、副溶血性弧菌、志贺菌、葡萄球菌现在呈下降趋势,而过去报道较少的变形杆菌属、大肠埃希菌呈上升趋势。近年来还出现了许多新的病原菌致食物中毒的报道,如"O157"大肠埃希菌、"O139"霍乱弧菌等。

(4)急性胃肠炎为主要临床症状

主要表现为呕吐、腹痛、腹泻、发热等。起病急、病程短、恢复快、预后良好、死亡率低,发病者常有集体共餐经历。

3.3.3.2　细菌性食物中毒的发病机制

根据临床表现,可将细菌性食物中毒分为胃肠型和神经型两类。

(1)胃肠型食物中毒

主要发生在温暖潮湿季节,特点为潜伏期短,集体发病,大多数伴有恶心、呕吐、腹痛、腹泻等急性胃肠炎症状。根据腹泻发生的机理不同,大体可分为感染型和毒素型两种。①感染型。病原菌大量进入胃肠道后,可侵入肠黏膜上皮细胞,并在其中繁殖,进而侵入固有层,或者先激活上皮细胞将其摄入并形成吞噬泡,然后再离开细胞侵入固有层引起炎症反应,抑制水及电解质的吸收而产生腹泻,且病菌大量死亡后释出的内毒素亦可继续作用于人体产生胃肠症状。如痢疾杆菌、变形杆菌、致病性大肠埃希菌的某些菌株、粪链球菌等。②毒素型。各种微生物的肠毒素主要作用于肠壁上皮细胞,与小肠黏膜上皮细胞膜的受体结合,使细胞膜上腺苷酸环化酶活力增强,将细胞浆中的三磷酸腺苷转化为环磷酸腺苷,促进胞浆内蛋白质磷酸化过程并激活细胞有关酶系统,改变细胞分泌功能,使氯离子的分泌亢进,并抑制肠壁上皮细胞对钠离子和水的吸收,导致腹泻。如致病性大肠埃希菌耐热或不耐热肠毒素、韦氏梭菌肠毒素、志贺菌肠毒素、蜡样芽孢杆菌肠毒素、副溶血弧菌肠毒素、霍乱弧菌肠毒素等。

(2)神经型食物中毒

又称肉毒中毒,是由于进食含有肉毒梭菌外毒素的食品而引起的食物中毒。肉毒梭菌毒素是目前已知的化学毒物与生物毒素中毒性最强烈的一种神经毒,经消化道吸收进入人的血液循环后,作用于神经肌肉接点和植物神经末梢,尤其对运动神经与副交感神经有选择性作用,抑制神经末梢传导的化学介质即乙酰胆碱的释放,从而引起肌肉麻痹。在临床表现上以中枢神经系统症状为主,眼肌或咽部肌肉麻痹,重症者亦可影响颅神经,若抢救不及时,死亡率很高,但对知觉神经和交感神经无影响。

#### 3.3.3.3　常见细菌性食物中毒病原体

细菌性食物中毒主要是由于致病菌污染食品引发的,常见的细菌性食物中毒病原体主要包括:沙门菌、副溶血弧菌、葡萄球菌、致病性大肠埃希菌、肉毒梭菌等,具体的参见本书第3章中3.3的介绍。

除上述常见细菌性食物中毒外,近年来由李斯特菌、变形杆菌、蜡样芽孢杆菌、链球菌、空肠弯曲菌、假单胞菌、结肠炎耶尔森菌等引起的食物中毒,在发达国家和发展中国家不断暴发,也当引起食品安全工作者的高度重视。

### 3.3.4　真菌性食物中毒

真菌性食物中毒是指食用被产毒真菌及其毒素污染的食品而引起的急性疾病,发病率较高,病死率因菌种及其毒素种类而异。真菌广泛存在于自然界中,多数对人体有益,只有自身具有毒性或可以产生毒素的真菌才能引发食物中毒。产毒真菌污染食品后,既可以使食品发生变质产生各种有毒有害物质,也能在食品中产生真菌毒素,不仅降低了食品的可食用性,造成巨大的经济损失,同时也直接引起机体中毒,严重威胁人类健康。

#### 3.3.4.1　真菌性食物中毒的特点

(1)与进食某种被真菌及其毒素污染的特定食品有关

各种食品中出现的霉菌以一定的菌种为主。如玉米、花生以黄曲霉为主,小麦以镰刀菌为主,大米中以青霉为主。

(2)无传染性和免疫性

真菌毒素一般都是小分子化合物,一次暴露机体不产生抗体,因此机体对该类毒素无免疫性,中毒可反复发生。

(3)有明显的季节性和地区性

真菌生长繁殖及产生毒素需要一定的温度和湿度,因此中毒往往有明显的季节性和地区性。例如,我国南方气候湿润,温度适中,是真菌性食物中毒的常发地区。

(4)真菌毒素性质稳定

采用一般的烹调方法很难破坏和除去污染食物中的真菌毒素。在检测过程中时常发生被真菌毒素污染的食品中检测不出产毒菌株的现象,这是因为真菌毒株在适宜的条件下产生毒素,当条件改变(如食品经过储藏和加工)产毒菌株死亡,但毒素相对稳定,不易破坏所致。

#### 3.3.4.2　真菌毒素的分类

引起真菌性食物中毒的主要诱因是污染食品中产生了真菌毒素。真菌毒素是某些丝状真菌产生的具有生物毒性的次级代谢产物,一般分为霉菌毒素和蕈类毒素。霉菌可以产生有毒代谢物,常见的产毒霉菌主要包括曲霉属(如黄曲霉、杂色曲霉、赭曲霉等)、青霉属(如展开青霉、桔青霉、黄绿青霉等)、镰刀霉属(单端孢霉烯族化合物、玉米赤霉烯酮、丁烯酸内酯等)、交链孢霉属等;有毒蕈类在形状上与食用菌相似,俗称野生蘑菇,人们一旦误食就会引起严重的中毒症状。蕈类的毒性主要是由其含有的毒素所致,包括毒肽(主要为肝脏毒性,毒性强、作用缓慢)、毒伞肽(肝肾毒性,毒性强)、毒蝇碱(作用类似于乙酰胆碱)、光盖伞素(引起幻觉和精神症状)、鹿花毒素(导致红细胞破坏)等毒素单独或联合作用所致,引起复杂的临床表现。

### 3.3.5 霉变甘蔗中毒

#### 3.3.5.1 病原学

霉变甘蔗是受真菌污染所致,其中毒的病原菌是节菱孢霉(arthrinium),其产生的毒素为耐热的 3-硝基丙酸(3-nitropropionic acid,3-NPA)。占检出霉菌总数的 26% 左右,长期贮藏的变质甘蔗是节菱孢霉发育、繁殖、产毒的良好培养基。节菱孢霉最适宜的产毒条件是 15~18℃,pH 为 5.5,培养基含糖量 2%~10%。节菱孢霉产生 3-硝基丙酸(3-NPA),其产毒株占 50%(48.8%)左右,3-NPA 是引起甘蔗中毒的主要物质。3-NPA 的排泄较慢,具有很强的嗜神经性,主要损害中枢神经,也累及消化系统。食后短时间内可发病,毒力强而稳定,加热和消毒剂处理后毒力不减,且没有免疫性,一旦发生神经系统损害,恢复的程度与中毒轻重、毒素含量多少及个体差异,能否及早诊断,洗胃减少毒素吸收等有关,一般难以完全恢复。

霉变甘蔗中毒在我国流行已有 44 年的历史,首次报告是 1972 年 3 月发生于河南郑州的一起食用变质甘蔗中毒,共计 36 人中毒,重症 27 人,死亡 3 人,病死率为 8.33%,霉变甘蔗中毒多发生于北方地区,如河北、河南省最多,其次是山东、辽宁、山西、内蒙古、陕西等地。发病季节多在 2~4 月份,因甘蔗主要是秋季收获,从南方运往北方,需长时间储存、运输,在这个过程中极易被霉菌污染,如果是还未完全成熟的甘蔗,因其含糖量(约为 7.76%)和渗透压低,则更利于霉菌的生长。运到北方后,遇到寒冷天气而受冻,待初春气温回暖,也到了细菌、霉菌等微生物生长繁殖的理想时期,甘蔗中的霉菌就会大量产毒。一般节菱孢霉污染甘蔗后在 2~3 周内即可产生毒素。发病年龄多为 3~10 岁儿童,且重症病人和死亡者多为儿童。但也有大年龄组发病和死亡者。发病特点多为散发。

霉变甘蔗质地较软,颜色比正常甘蔗深,一般呈浅棕色,闻起来有霉坏味或酒糟味、呛辣味,截面和尖端有白色絮状或绒毛状霉菌菌丝体,组织结构发糟发糠,若切成薄片在显微镜下观察,便可见到有大量真菌菌丝的侵染。

#### 3.3.5.2 中毒表现

霉变甘蔗中毒的潜伏期较短,中毒表现潜伏期多在 10 min 至 17 h,一般为 2~8 h,而最短仅十几分钟即可发病。症状出现越早,提示病情越重,愈后越不良。中毒症状最初表现为一时性的消化道功能紊乱,如恶心、呕吐、腹痛、腹泻等,随后出现神经系统症状如头晕、头痛、复视或幻视、眩晕至不能睁眼或无法站立。24 h 后恢复健康,不留后遗症。较重者呕吐频繁剧烈,有黑便、血尿及神智恍惚、阵发性抽搐、两眼球偏向一侧凝视(大多向上)、瞳孔散大、手呈鸡爪状、四肢强直、牙关紧闭、出汗流涎、意识丧失,进而昏迷不醒。其他如体温,心肺、肝、眼底检查,血、尿、大便常规化验,脑脊液化验均未见异常。严重者可在 1~3 d 内死于呼吸衰竭,病死率一般在 10% 以下,高者达 50%~100%。重症及死亡者多为儿童。重症幸存者中则多留有严重的神经系统后遗症,如痉挛性瘫痪、语言障碍、吞咽困难、眼睛同向偏视、身体蜷曲状、四肢强直等,少有恢复而导致终身残疾。

对于霉变甘蔗中毒,目前尚无有效的治疗方法,一旦发现中毒,应尽快送医院救治,进行洗胃、灌肠、导泻以促进排除未吸收的毒物。后续治疗以吸氧、脱水剂、脑细胞营养药、维生素 C、输液、利尿等以减少毒素的吸收,保护脑、肝肾功能为主,控制抽搐发作及防止并发症。恢复期可给予脑复康、抗癫痫药及加强肢体功能锻炼等。

3.3.5.3　预防措施

①甘蔗成熟后再收割,收割后防冻。

②贮存及运输过程中要防冻、防伤,防止霉菌污染繁殖;贮存期不宜太长,而且要定期对甘蔗进行检查,发现霉变甘蔗立即销毁。

③加强食品卫生监督检查,严禁出售霉变甘蔗,亦不能将霉变甘蔗加工成鲜蔗汁出售。

④食品卫生监督机构、甘蔗经营者和广大消费者应会辨认变质甘蔗。变质甘蔗外观无光泽,质软,结构疏松,表面可无霉点,颜色比正常甘蔗略深,呈浅棕色或褐色(正常为乳白色),可嗅见霉味或酒糟味。样品切成薄片在显微镜下观察,正常的甘蔗细胞结构清晰,无异物;变质甘蔗则细胞结构模糊。

⑤宣传变质甘蔗中毒的有关知识,使广大消费者提高警惕,以减少或杜绝甘蔗中毒。

### 3.3.6　有毒动物食物中毒

误食有毒动植物或食入因加工、烹调、贮存方法不当而未除去有毒成分的动物食品引起的中毒。自然界中有毒的动物所含的有毒成分复杂,常见的动物食物中毒主要有河豚中毒、含高组胺鱼类中毒等。

3.3.6.1　河豚食物中毒

河豚(globfish)是暖水性海洋底栖鱼类,我国各大海区均有分布。河豚是一种味道鲜美但含有剧毒物质的鱼类,引起中毒的主要物质是河豚毒素(tetrodotoxin,TTX)。TTX系无色针状结晶,无嗅,微溶于水。该毒素理化性质稳定,一般加热烧煮、日晒、盐腌均不被破坏;对低pH稳定,但在pH为7以上易于降解;100℃、24 h或120℃加热20～30 min才可使其完全破坏。TTX主要作用于神经系统,抑制神经细胞对钠离子的通透性,从而阻断神经冲动的传导,使神经末梢和神经中枢发生麻痹,同时引起外周血管扩张,血压下降,最后出现呼吸中枢和血管运动中枢麻痹。

河豚的含毒情况比较复杂,其毒力强弱随鱼体部位、品种、季节、性别及生长水域等因素而异。概括地说,在鱼体中以卵、卵巢、肝、皮的毒力最强,肾、肠、眼、鳃、脑髓、血液等次之,肌肉和睾丸毒力较小。春季为雌鱼的卵巢发育期,卵巢毒性最强,再加上肝脏毒性也在春季最强,所以春季最易发生河豚中毒,夏、秋季雌鱼产卵后,卵巢即退化而令其毒性减弱。多数养殖的新鲜洗净的鱼肉可视为无毒。

河豚中毒主要发生在日本、东南亚各国和我国。多为误食,也有因喜食河豚但未将其毒素除净而引起中毒。

(1)中毒表现

TTX极易从胃肠道吸收,也可从口腔黏膜吸收,因此,中毒的特点是发病急速而剧烈,潜伏期很短,短至10～30 min,长至3～6 h发病。发病急,来势凶猛。初有恶心、呕吐、腹痛等胃肠症状,口渴、唇、舌、指尖等发麻,随后发展到感觉消失,四肢麻痹,共济失调,全身瘫痪,可有语言不清、瞳孔散大和体温下降。重症因呼吸衰竭而死。病死率40%～60%。

(2)预防措施

预防河豚中毒应从渔业产销上严加控制,同时也应向群众反复深入宣传:①凡在渔业生产中捕得的河豚均应送交水产收购部门并送指定单位处理,新鲜河豚不得进入市场或混进其他水产品中。②经批准加工河豚的单位,必须严格按照规定由专业人员进行"三去"加工,即去内脏、去皮、去头;洗净血污,再盐腌晒干。剖割下来的内脏、皮、头及经营中剔出的变质河豚等应妥善处理,不得随意丢弃。③产销加工单位在存放、调运河豚等过程中必须妥善保管,严防流失。④加强卫生宣教,提高消费者对河豚识别能力及对 TTX 的认识能力,防止误食。

### 3.3.6.2 鱼类引起的组胺中毒

高组胺鱼类中毒是由于食用含有一定数量组胺(histamine)的某些鱼类而引起的过敏性食物中毒。组胺是组氨酸的分解产物,因而鱼类组胺的产生与其含组氨酸多少有关。青皮红肉的鱼类(如鲐鱼、鲣鱼、鲭鱼、金枪鱼、沙丁鱼、秋刀鱼、竹荚鱼等)肌肉中含血红蛋白较多,因此组氨酸含量也较高。当受到富含组氨酸脱羧酶的细菌如组胺无色杆菌、埃希氏大肠杆菌、葡萄球菌、链球菌等污染,并在适宜的环境条件下,产生脱羧酶,使组氨酸被脱羧而产生组胺。环境温度在 10~37℃特别是 15~20℃下、鱼体含盐 3%~5%、pH 为弱酸性条件下易于产生组胺。成人摄入组胺超过 100 mg(相当于每千克体重 1.5 mg)就有中毒的可能。若鱼组胺量为 1.6~3.2 mg/g 计算,食用 50~100 g 鱼肉即可中毒。日常以鱼类组胺含量<100 mg 作为评价能否食用的卫生指标。

中毒的机制是组胺可刺激心血管系统和神经系统,促使毛细血管扩张充血和支气管收缩,使血浆大量进入组织,血液浓缩、血压下降,引起反射性的心率加快,刺激平滑肌使之发生痉挛。

(1)中毒表现

组胺中毒特点为发病快,症状轻,恢复快。潜伏期一般为 0.5~1 h,短者只有 5 min,主要表现为面部、胸部及全身皮肤潮红、刺痛、灼烧感,眼结膜充血,并伴有头痛、头晕、心动加速、胸闷、呼吸急速、血压下降,有时可有荨麻疹,个别出现哮喘。体温正常。一般多在 1~2 d 恢复健康。预后良好,未见死亡。

(2)预防措施

①防止鱼类腐败变质。在鱼类生产、储运和销售等各环节进行冷冻冷藏,保持鱼体新鲜,并减少污染途径。鱼类腌制加工时对体形较厚者应劈开背部,以利于盐分渗入,用盐量不应低于 25%。

②加强对青皮红肉鱼类中组胺含量的监测。凡含量超过 100 mg/100 g 者不得上市销售,同批鱼货应改作盐腌加工,使组胺含量降至安全量以下时才可以上市。

③做好群众的宣传工作。消费者购买青皮红肉鱼类时要注意其鲜度质量,并及时烹调。烹调时加醋烧煮和油炸等可使组胺减少(可使组胺含量下降 2/3 左右)。

### 3.3.6.3 有毒贝类中毒

有毒贝类中毒系由于食用某些贝类如贻贝、蛤贝、螺类、牡蛎等引起,中毒特点为神经麻痹,故称为麻痹性贝类中毒(paralytic shellfish poisoning)。

贝类之所以有毒与海水中的藻类有关。海洋浮游生物中的双鞭毛藻类(di-noflagellts)有多种含有剧毒,当某些本来无毒而一贯供食用的贝类摄食了有毒藻类后,即被毒化。已毒化了的贝体,本身并不中毒,也无生态和外形上的变化,但当人们食用以后,毒素可迅速从贝肉中释放出来,呈现毒性作用。被毒化的贝类所带毒素统称麻痹性贝毒(PSP),其中包括多种毒素。较重要的一种是石房蛤毒素(saxitoxin,STX),为分子质量较小的非蛋白质毒素。纯 STX 为白色,易溶于水,耐热,80℃、1 h毒性无变化,100℃、30min毒性减少1/2;对酸稳定,对碱不稳定,胃肠道易吸收。石房蛤毒素为神经毒,主要的毒性作用为阻断神经传导。对人的经口致死量0.5~0.9 mg。

贝类中毒的发生,往往与"赤潮"有关,赤潮发生时,海中毒藻密度增加,贝类被毒化。中毒多发生于沿海国家和地区,我国的浙江、福建、广东等地均曾多次发生,导致中毒的贝类有蚶子、花蛤、香螺、织纹螺等常食用的贝类。由于贝类的毒素主要积聚于内脏,因此有的国家规定贝类要去除内脏才能出售,或规定仅留下白色肌肉供食用。

(1)中毒表现

贝类中含有的毒素不同,中毒表现也各异,一般有以下3种类型:

①神经型  即麻痹性贝类中毒,引发中毒的贝类有胎贝、扇贝、蛤仔、东风螺等,它们的有毒成分主要是蛤蚌毒素。潜伏期5 min至4 h,一般为0.5~3 h。早期有唇、舌、手指麻木感,进而四肢末端和颈部麻痹,直至运动麻痹、步态蹒跚,并伴有发音障碍、流涎、头痛、口渴、恶心、呕吐等,严重者因呼吸麻痹而死亡。

②肝型  引起中毒的贝类有蛤仔、巨牡蛎等,有毒部分为肝脏。潜伏期12 h至7 d,一般24~48 h。初期有胃部不适、恶心、呕吐、腹痛、疲倦,亦可有微热,类似轻度感冒。皮肤还常常可见粟粒大小的出血斑,红色或暗红色,多见于肩胛部、胸部、上臂、下肢等。重者甚至发生急性肝萎缩、意识障碍或昏睡状态,预后不良,多有死亡发生。

③日光性皮炎型  由于吃了泥螺而引起,潜伏期1~14 d,一般3 d。初起面部和四肢的暴露部位出现红肿,并有灼热、疼痛、发痒、发胀、麻木等感觉。后期可出现瘀血斑、水疱或血疱,破后引发感染。可伴有发热、头痛、食欲不振。

(2)预防措施

①建立疫性报告及定期监测制度  监测、预报海藻生长情况。有毒贝类中毒的发生与"赤潮"有关,因此许多国家规定在藻类繁殖季节的5~10月份,对生长贝类的水样进行定期检查,当发现海藻密度大于$2×10^4$ mg/mL时,即发出可能造成贝类中毒的报告,甚至禁止该海域贝类的捕捞和销售。根据赤潮发生地域和时期的规律性对海贝类产品中的PSP含量进行监测,贝类从不带毒到突然带毒,或从持续带低毒到普遍升高,都是危险的信号。

②对作为商品供应的贝肉规定PSP限量  美国FDA规定,新鲜、冷冻和生产罐头食品的贝类中,石房蛤毒素最高允许限量不超过80 μg/100 g,可作借鉴。

③做好卫生宣传  针对PSP耐热、水溶及在贝体内脏部分积聚较多等特点,指导群众安全的食用方法。如食前清洗漂养,去除内脏,食用时采取水煮捞肉弃汤等方法,使摄入的毒素降至最低程度。

#### 3.3.6.4  其他动物性食物中毒

(1)雪卡鱼中毒

雪卡鱼中毒泛指食用热带和亚热带海域珊瑚礁周围的鱼类而引起的中毒(ichthyosarco-toxism)现象。雪卡鱼中毒广泛分布于热带地区。雪卡鱼栖息于热带和亚热带海域珊瑚礁附近,因食用有毒藻类而被毒化,目前有超过400多种的鱼被认为是雪卡鱼,其种类随海域不同而有所不同,实际含毒的有数十种,其中包括几种经济价值较重要的海洋鱼类如梭鱼、黑鲈和真鲷等。但在外观上与相应的无毒鱼无法区别。

雪卡鱼中毒的毒素称雪卡毒素（ciguatoxin），雪卡中毒主要影响人类的胃肠道和神经系统。中毒的症状有恶心、呕吐、口干、腹痉挛、腹泻、头痛、虚脱、寒战，口腔有食金属味和广泛肌肉痛等，重症可发展到不能行走。症状可持续几小时到几周，甚至数月。在症状出现的几天后可有死亡发生。

由雪卡鱼中毒症状的广泛性也可看出雪卡中毒可能是由几种不同来源的毒素所造成的。目前已从雪卡鱼中分离到至少有 4 种毒性物质。它们的分子量和化学性质都不同，其中包括雪卡毒素（Ciguatoxin）、刺尾鱼毒素（Maitotoxin）和鹦嘴鱼毒素（Scaritoxin），但是还没有弄清这些化合物的结构。雪卡毒素对小鼠的 $LD_{50}$ 为 $0.45\ \mu g/kg$ 体重，毒性比河豚毒素强 20 倍。刺尾鱼毒素对小鼠的 $LD_{50}$ 为 $0.17\ \mu g/kg$ 体重。同一种群中体形较大者通常毒性更强，说明雪卡毒素在鱼体中有累积效应，可导致累积性中毒。由于加热和冷冻均不能破坏雪卡鱼的毒性，因此，预防雪卡鱼中毒主要以不食用含毒鱼类和软体动物为主。目前对雪卡鱼毒素的预防尚缺乏行之有效的方法。

（2）动物甲状腺中毒

动物甲状腺中毒一般皆因牲畜屠宰时未摘除甲状腺而使其混在喉颈等部碎肉中被人误食所致。

甲状腺所分泌的激素为甲状腺素，其毒理作用是使组织细胞的氧化率突然提高，分解代谢加速，产热量增加，过量甲状腺素扰乱了人体正常的内分泌活动，使各系统、器官间的平衡失调，则出现类似甲状腺功能亢进的症状。

误食甲状腺中毒一般多在食后 12～21 h 出现症状，如头晕、头痛、烦躁、乏力、抽搐、震颤、脱皮、脱发、多汗、心悸等。部分患者于发病后 3～4 d 出现局部或全身出血性丘疹、皮肤发痒，间有水泡、皮疹，水泡消退后普遍脱皮。少数人下肢和面部浮肿、肝区痛，手指震颤。严重者发高热、心动过速，从多汗转为汗闭、脱水。个别患者全身脱皮或手足掌侧脱皮，也可导致慢性病复发和流产等。病程短者仅 3～5 d。长者可达月余。有些人较长期遗有头晕、头痛、无力、脉快等症状。

甲状腺素的理化性质非常稳定，在 600℃ 以上的高温时才能被破坏，一般的烹调方法不可能做到去毒无害。因此，预防甲状腺中毒的方法，主要是在屠宰牲畜时严格摘除甲状腺，以免误食。

（3）鱼胆中毒

鱼胆中毒是食用鱼胆而引起的一种急性中毒。我国民间有以鱼胆治疗眼病或作为"凉药"的传统习惯，但因服用量、服用方法不当而发生中毒者也不少。所用鱼胆多取自青、草、鳙、鲢、鲤等淡水鱼。因胆汁毒素不易被热和乙醇（酒精）所破坏。因此，不论生吞、熟食或用酒送服，超过 2.5 g，就可中毒，甚至导致死亡。

鱼胆的胆汁中含胆汁毒素，此毒素不能被热和乙醇所破坏，能严重损伤人体的肝、肾，使肝脏变性、坏死，肾脏肾小管受损、集合管阻塞、肾小球滤过减少，尿液排出受阻，在短时间内即导致肝、肾功能衰竭，也能损伤脑细胞和心肌，造成神经系统和心血管系统的病变。

据资料报道，服用鱼重 0.5 kg 左右的鱼胆 4 或 5 个就能引起不同程度的中毒；服用鱼重 2.5 kg 左右的青鱼胆 2 个或鱼重 5 kg 以上的青鱼胆 1 个，就有中毒致死的危险。

鱼胆中毒潜伏期一般为 2～7 h，最短 0.5 h，最长约 14 h。初期恶心、呕吐、腹痛、腹泻，随之出现黄疸、肝肿大、肝功能变化；尿少或无尿，肾功能衰竭。中毒严重者死亡。肾脏损害表现常发生在食用鱼胆 3 d 以后。

由于鱼胆毒性大,无论什么烹调方法(蒸、煮、冲酒等)都不能去毒,预防鱼胆中毒的唯一方法是不要滥用鱼胆治病,必需使用时,应遵医嘱,并严格控制剂量。

### 3.3.7 有毒植物食物中毒

有毒植物食物中毒是指食入植物性中毒食品引起的食物中毒。植物中含有各种不同的有毒植物,稍有不慎,就会引起中毒。特别是一些有毒植物的外形和我们日常食用的蔬菜、香料等非常相似,有的野生果子外形极其鲜艳,而内部却含有毒质,很容易被人们,尤其是儿童当作普通蔬菜或水果采食。因此,应当正确地辨别哪些植物有毒,做好安全防毒工作,避免发生中毒事故。

#### 3.3.7.1 毒蕈中毒

蕈类又称菇类,属于真菌植物,子实体通常肉眼可见。毒蕈是指食后可引起食物中毒的蕈类。我国目前已鉴定的蕈类中,可食用蕈 300 种,有毒蕈类约 100 种。对人生命有威胁的有 20 多种,其中含有剧毒可致死的约有 10 种:褐鳞环柄菇、肉褐鳞环柄菇、白毒伞、鳞柄白毒伞、毒伞、秋生盔孢伞、鹿花菌、包脚黑褶伞、毒粉褶菌、残托斑毒伞等。

毒蕈中所含有的有毒成分很复杂,一种毒蕈可含有几种毒素,而一种毒素又可存在于数种毒蕈之中。毒蕈中毒多发生于高温多雨的夏秋季节,往往由于个人采摘野生鲜蘑菇,又缺乏识别有毒与无毒蘑菇的经验,将毒蘑菇误认为无毒蘑菇食用。

(1)毒蕈毒素与中毒表现

毒蕈种类繁多,其有毒成分和中毒症状各不相同。因此,根据所含有毒成分的临床表现,一般可分为以下几个类型。

①胃肠毒型 误食含有胃肠毒素的毒蕈所引起,常以胃肠炎症状为主。中毒的潜伏期比较短,一般 0.5~6 h。主要症状为剧烈的腹痛、腹泻、恶心、呕吐,体温不高。病程短,一般经过适当对症处理可迅速恢复,病程 2~3 d,死亡率低。引起此型中毒的毒蕈代表为黑伞蕈属和乳菇属的某些蕈种,毒素可能为类树脂物质(resinlike)。

②神经、精神型 误食毒蝇伞、豹斑毒伞等毒蕈所引起。导致此型中毒的毒蕈中含有引起神经精神症状的毒素。此型中毒潜伏期为 1~6 h。临床表现除有胃肠症状外,尚有副交感神经兴奋症状,如多汗、流涎、流泪、大汗、瞳孔缩小、脉搏缓慢等,少数病情严重者可有出现谵妄、精神错乱、幻视、幻听、狂笑、动作不稳、意识障碍等症状,亦可有瞳孔散大、心跳过速、血压升高、体温上升等症状。如果误食牛肝蕈属中的某些毒蕈中毒时,还有特有的"小人国幻觉",患者可见一尺高,穿着鲜艳的小人在眼前跑动。经及时治疗后症状可迅速缓解,病程一般 1~2 d,死亡率低。引起此类型中毒的毒素主要有:

毒蝇碱(muscatin):为一种生物碱,溶于酒精和水,不溶于乙醚。存在于毒蝇伞蕈、丝盖伞蕈属、杯伞蕈属及豹斑毒伞蕈等中。这几种蕈在我国北方许多省市均有生长。

蜡子树酸(ibotenicacid)及其衍生物:毒蝇伞蕈属的一些毒蕈含有此类物质。这种毒素可引起幻觉症状,色觉和位置觉错乱,视觉模糊。

光盖伞素(psilocybin,裸盖菇素)及脱磷酸光盖伞素(psilocin):存在于裸盖菇属及花褶伞属蕈类,一般食入 1~3 g 干蕈即可引起中毒。这种毒素可引起幻觉、听觉和味觉改变,发声异常,烦躁不安。

幻觉原(hallucinogens):主要存在于橘黄裸伞蕈中,我国黑龙江、福建、广西、云南等均有此蕈生长。摄入此蕈 15 min 即出现幻觉,表现为视力不清,感觉房间变小,颜色奇异,手舞足蹈等,数小时后可恢复。

③溶血型 误食鹿花蕈等引起。其毒素为鹿花毒素(gyromitrin),属甲基联胺化合物,有强烈的溶血作用,可使红细胞遭到破坏。可出现贫血、黄疸、血尿、肝脏肿大,严重的有生命危险。此毒素具有挥发性,对碱不稳定,可溶于热水。此类中毒潜伏期一般 6～12 h,多于胃肠炎症状后出现溶血性黄疸、肝脾肿大,少数病人出现蛋白尿。有时溶血后有肾脏损害。严重中毒病例可因肝、肾功能受损和心衰而死亡。

④脏器损害型 误食毒伞、白毒伞、鳞柄毒伞等所引起。有毒成分主要为毒肽类(phallo-toxins)和毒伞肽类(a-manitoxins),存在于毒伞蕈属、褐鳞小伞蕈及秋生盔孢伞蕈中。此类毒素剧毒,对人致死量为 0.1 mg/kg 体重,可使体内大部分器官发生细胞变性。含此毒素的新鲜蘑菇 50 g 即可使成人致死,几乎无一例外。发生中毒如不及时抢救死亡率很高,可达 50%～60%,其中毒伞蕈属中毒可达 90%。

⑤光过敏性皮炎型 误食胶陀螺菌引起。中毒时身体裸露部位如颜面出现肿胀、疼痛,特别是嘴唇肿胀、外翻,形如猪嘴唇。还有指尖疼痛、指甲根部出血等。

(2)预防

①广泛宣传毒蕈中毒的危险性,有组织地采集蕈类。在采菇时应由有经验的人指导,不采不认识或未吃过的蘑菇,特别是要教育儿童尤为重要。

②提高鉴别毒蕈的能力,熟悉和掌握各种毒蕈的形态特征和内部结构,再根据当地群众的经验来鉴别有毒蕈类,防止误食中毒。

③有毒野生菇(菌)类常具备以下特征:色泽鲜艳度高;伞形等菇(菌)表面呈鱼鳞状;菇柄上有环状突起物;菇柄底部有不规则突起物;野生菇(菌)采下或受损,其受损部流出乳汁。

### 3.3.7.2 含氰苷类食物中毒

许多植物中都含有氰苷,含氰苷类食物有苦杏仁、桃仁、李子仁、枇杷仁、樱桃仁、亚麻仁及木薯等,其中以苦杏仁及木薯中毒最常见。在木薯、亚麻仁中含有的氰苷为亚麻苦苷(linamarin),苦杏仁、桃仁、李子仁、枇杷仁、樱桃仁中含有的氰苷为苦杏仁苷(amygdalin),二者的毒性作用及中毒表现相似。

苦杏仁苷引起中毒的原因是由于苦杏仁苷在酶或酸作用下水解释放出具有挥发性的氢氰酸。苦杏仁苷溶于水,食入果仁后,其所含有的苦杏仁苷在口、食道、胃和肠中遇水,经本身所含有的苦杏仁酶水解释放出氢氰酸,迅速被胃肠黏膜吸收进入血液。氰离子可抑制体内许多酶的活性,其中细胞色素氧化酶最敏感,它可与线粒体中的细胞色素氧化酶的三价铁离子结合,形成细胞色素氧化酶-氰复合物,从而使细胞的呼吸受抑制,组织窒息,导致死亡。同时,氢氰酸还能作用于呼吸中枢和血管运动中枢,使之麻痹,最后导致死亡。苦杏仁苷为剧毒,氢氰酸的最低致死口服剂量为每千克体重 0.5～3.5 mg。小孩吃 6 粒苦杏仁,大人吃 10 粒就能引起中毒;小孩吃 10～20 粒,大人吃 40～60 粒即可致死。

亚麻苦苷水解后也释放出氢氰酸,但亚麻苦苷不能在酸性的胃中水解,而要在小肠中进行水解。因此,木薯中毒病情发展较缓慢。

苦杏仁中毒多发生于杏熟时期,多见于儿童因不了解苦杏仁毒性,生吃苦杏仁;或不经医生处方自用苦杏仁治疗小儿咳嗽而引起中毒。

木薯中毒原因主要是木薯产区(特别是新产区)群众,不了解木薯的毒性,食用未经合理加工处理的木薯或生食木薯造成。

(1)中毒表现

苦杏仁中毒者的体温一般正常,中毒的潜伏期为 0.5～12 h,病程为数小时或 1～2 d。主要症状为口中苦涩、流涎、头晕、头痛、恶心、呕吐、心悸、四肢无力等。重者胸闷、呼吸困难,呼吸时有时可嗅到苦杏仁味。严重者意识不清、呼吸微弱、昏迷、四肢冰冷,常发生尖叫。继之意识丧失、瞳孔散大、对光反射消失、牙关紧闭、全身阵发性痉挛,最后因呼吸麻痹和心跳停止而死亡。此外,亦有引起多发性神经炎的。

木薯中毒的潜伏期稍长些,一般 6～9 h。临床症状与苦杏仁中毒的表现相似。

(2)预防措施

①加强宣传教育工作,尤其是向儿童宣传苦杏仁中毒的知识,不吃苦杏仁、李子仁、桃仁等。

②合理的加工及食用方法。氰甙有较好的水溶性,水浸可除去含氰甙食物的大部分毒性。类似杏仁的核仁类食物在食用前均需较长时间的浸泡和晾晒,充分加热,使其失去毒性。

不生食木薯且食用木薯前必须去皮(木薯所含氰甙 90%存于皮内),洗涤切片后加大量水于敞锅中煮熟,换水再煮一次或用水浸泡 16 h 以上弃去汤、水后食用。尽管如此,木薯中仍含有一定量的氰化物。因此,不能空腹吃木薯且一次不能吃太多,老、幼、体弱者及孕妇均不宜食用。

③用苦杏仁作药物治疗小儿咳嗽时,不能自行下药,要遵医嘱,且必须经过去毒处理后方可食用。

④推广含氰甙低的木薯品种。

### 3.3.7.3 发芽马铃薯中毒

马铃薯(*Solanum tuberosum*)俗称土豆或洋山芋,含有龙葵素(solanine),也称茄碱。龙葵素是一种难溶于水而溶于薯汁的生物碱。马铃薯的龙葵素含量随品种和季节不同而有所不同,一般不超过 0.01%,在成熟的马铃薯块茎中,龙葵素含量极微,含量一般每千克新鲜组织 20～100 mg,主要集中在芽眼、表皮和绿色部分,正常食用不会引起中毒。但在未成熟的马铃薯块茎中,或在存放不当表皮发绿、发芽的马铃薯块茎的绿皮部位、芽及芽孔周围,龙葵素含量较高,可达 0.06%,有时甚至高达 0.43%,食用时未妥善处理就会中毒。而一般人只要食进 200～400 mg 龙葵素就会引起中毒。

龙葵素对胃肠道黏膜有较强的刺激作用,对呼吸中枢有麻痹作用,并能引起脑水肿、充血。此外对红细胞有溶血作用。

中毒原因主要是由于马铃薯贮存不当导致发芽或变青时,其中龙葵素大量增加,烹调时未能将其除去或破坏,食后发生食物中毒。尤其是春末夏初季节多发。

(1)中毒表现

潜伏期一般 1～12 h。先有咽喉抓痒感及烧灼感,上腹部烧灼感或疼痛,其后出现胃肠炎症状。此外可有头晕、头痛、瞳孔散大、耳鸣等症状,严重者出现抽搐。可因呼吸麻痹而死亡。

（2）预防措施

改善马铃薯的贮存条件：马铃薯宜贮存于无直射阳光照射、通风、干燥的阴凉处，防止发芽、变绿。近年来采用辐照处理马铃薯对抑制发芽获得满意的效果。

对已发芽的马铃薯食用时应去皮、去芽、挖去芽周围组织，经充分加热后食用。因龙葵素遇醋易分解，故烹调时放些食醋，可加速龙葵素的破坏。对发芽多者或皮肉变黑绿者不能食用。

### 3.3.8　化学性食物中毒

化学性食物中毒是指食用了被化学性有毒物质污染的食品引起的中毒。引起食源性化学性中毒的常见原因有 4 个，即被有毒化学物质污染的食品；误将有毒化学物质当作食品、食品添加剂或营养强化剂加入食品中食用的；食用添加非食品级或禁止使用的食品添加剂、食品营养强化剂以及超量滥用食品添加剂的食品；食用食品成分或营养素发生了变化的食品等。污染食品的化学性有毒物质主要包括有毒金属、非金属及其化合物、化学农药及亚硝酸盐等其他化学物质。化学性食物中毒的特点是：潜伏期短，发病快；中毒程度较为严重，病程较长，发病率和死亡率高；季节性和地区性不突出，偶然性较明显。

#### 3.3.8.1　亚硝酸盐中毒

（1）中毒原因

亚硝酸盐食物中毒近年来时有发生，归纳起来主要有以下几方面原因：

①亚硝酸盐的外观及口感与食盐相似，易被当作食盐加入食品中而导致中毒。此类中毒多发生于建筑工地。

②大量食用不新鲜的蔬菜（特别是叶菜类蔬菜）而引起的亚硝酸盐中毒。许多蔬菜中（如菠菜、小白菜、甜菜叶、萝卜叶、韭菜等）都含有较多的硝酸盐，特别是土壤中大量施用氮肥及除草剂或缺乏钼肥时，蔬菜中硝酸盐的含量更高。如果蔬菜储存温度较高，时间过久，特别是发生腐烂时，则菜内的硝酸盐可在硝酸盐还原菌（如大肠杆菌、沙门菌、产气荚膜杆菌、枯草杆菌等）的作用下转化为亚硝酸盐，大量食用后则可引起中毒。

③煮熟的蔬菜置不洁的容器中放置在较高的温度下且存放时间过长时也会使其中的亚硝酸盐含量升高。

④腌制不久的蔬菜中含有大量的亚硝酸盐（特别是食盐浓度低于 15％时），食后易引起食物中毒。一般蔬菜腌制 2～4 d 时，亚硝酸盐含量即升高；7～8 d 时，亚硝酸盐含量最高；变质腌菜中亚硝酸盐含量更高，如变质腌萝卜叶中可高达 2 296 mg/100 g。

⑤有些地区的井水中含有较多的硝酸盐及亚硝酸盐，一般称为苦井水。如用这种水烹调食物并在不卫生的条件下存放过久，由于细菌的作用，使硝酸盐转变成亚硝酸盐，导致食物中亚硝酸盐的含量增高而引起中毒；如果用隔夜的温锅水煮粥，也可造成中毒。

⑥肉类食品加工时，常用硝酸盐和亚硝酸盐作为发色剂，使用过量时亦可引起中毒。

⑦在某些疾病状态下如胃肠道功能紊乱、儿童营养不良、贫血、肠道寄生虫病及胃酸浓度降低时，可使胃肠道内硝酸盐还原菌大量繁殖。此时如果大量食用含硝酸盐较高的蔬菜，可在体内形成大量亚硝酸盐，从而引起亚硝酸盐中毒。这种中毒称肠源性青紫症。

（2）中毒表现

亚硝酸盐为强氧化剂，经消化道吸收进入血液后，可使血液中的低铁血红蛋白氧化成高铁血红蛋白,从而失去携带氧的功能,造成组织缺氧,产生一系列相应的中毒症状。亚硝酸盐的中毒剂量为 $0.3\sim0.5$ g,致死量为 $1\sim3$ g。亚硝酸盐中毒潜伏期的长短与摄入的亚硝酸盐量和中毒的原因有关。由于误食纯亚硝酸盐而引起的中毒一般在食后 10 min 左右发病,而大量食用含亚硝酸盐蔬菜或其他原因引起的中毒多在食后 $1\sim3$ h 发病,潜伏期也可长达 20 h。中毒的主要症状有:由于组织缺氧引起的紫绀现象,如口唇、舌尖、指(趾)甲及全身皮肤青紫;并有头晕、头痛、乏力、心率加快、恶心、呕吐、腹痛、腹泻等症状,严重者昏迷、惊厥、大小便失禁,常死于呼吸衰竭。

(3)预防措施

①加强管理。妥善保管亚硝酸盐,包装或存放亚硝酸盐的容器应有醒目标志,防止误食。对亚硝酸盐要有专人保管,专用容器存放,健全领发登记手续等。

②不食用变质蔬菜。各种蔬菜以鲜食为主如需贮藏时要注意贮存条件并避免存放过久及腐烂变质;食剩的蔬菜不宜在较高温度下存放长时间后再食用;盐腌的蔬菜应腌透后再食用(至少腌 20 d 以上),腌菜时选用新鲜蔬菜。

③改良水质,注意饮水安全。对饮水中硝酸盐含量较高的地区要进行水质处理,必须使用苦井水时,勿用于煮粥,烹调后的熟食品在室温下存放尽量不过夜。不喝反复烧开的开水。

④严格执行食品添加剂的卫生管理,控制作为食品添加剂的亚硝酸盐的使用范围、使用剂量及食品中的残留量。

⑤改善土壤环境。如合理的施用钼肥,可降低蔬菜及粮食中硝酸盐的含量。

### 3.3.8.2 锌中毒

锌是人体必需微量元素,保证锌的营养素供给量对于促进人体的生长发育和维持健康具有重要意义。正常人体内含锌量 $2\sim2.5$ g。但锌过量摄入人体内也会导致中毒。锌的供给量和中毒剂量相距很近,即安全带很窄,如人的锌供给量为 $10\sim20$ mg/d,而中毒量为 $80\sim400$ mg。锌中毒(zinc poisoning)主要由于应用镀锌的器皿制备或储存酸性饮料,此时酸性溶液可分解出较多的锌以致中毒。其他原因为误服药用的氧化锌(常用为收敛剂)或硫酸锌(常用于治疗结膜炎)或大面积创面吸收氧化锌(常为轻度收敛或防腐的扑粉)等。误用锌盐后出现口、咽及消化道糜烂,唇及声门肿胀,腹痛,泻、吐以及水和电解质紊乱。重者可见血压升高、气促、瞳孔散大、休克、抽搐等危象。吸入大量锌蒸气可引起急性金属烟雾热。慢性锌中毒极少见。

(1)中毒原因

锌中毒(Zinc poisoning)常与以下原因有关:

①空气、水源、食品被锌污染以及电子设备的辐射均可造成锌过量进入人体。

②临床误治,若大量口服、外用锌制剂或长期使用锌剂治疗,都可以引起锌中毒。

③意外口服氧化锌溶液,其腐蚀性强,出现急性锌中毒。

④吸入氧化锌烟雾引起的锌中毒,多见于铸造厂工人。

⑤长期过量摄取含锌食物,会造成体内锌蓄积,造成慢性食物中毒。

(2)中毒表现

①大量服用锌制剂等引起的中毒,临床表现为腹痛、呕吐、腹泻、消化道出血、厌食、倦怠、

昏睡等。

②服用氧化锌溶液中毒,临床表现为出现急性腹痛、流涎、唇肿胀、喉头水肿、呕吐、便血、脉搏增快、血压下降。严重者由于胃肠穿孔引起腹膜炎,甚至休克而死亡。

③吸入氧化锌烟雾中毒,临床表现为患者工作后口中有甜味、口渴、咽痒、食欲不振、疲乏无力、胸部发紧、有时干咳。工作后3~6 h发病,先发冷后寒战,继后高热,同时伴有头痛、耳鸣、乏力、四肢酸痛,有时恶心、呕吐、腹痛,脉搏、呼吸增快,肺部可听到干性啰音。发作时血糖暂时上升,白细胞增多,淋巴细胞增多;尿中有叶啉、尿胆素。体温下降时可出现大汗,症状逐渐消退,2~3 d后才好转。经排锌治疗2周后可痊愈。

④慢性锌中毒临床表现为顽固性贫血,食欲下降,合并有血清脂肪酸及淀粉酶增高。同时可影响胆固醇代谢,形成高胆固醇血症,并使高密度脂蛋白降低20%~25%,最终导致动脉粥样硬化、高血压、冠心病等。

(3)预防

①不要用镀锌容器盛煮酸性食品,因盛放较久而引起锌中毒。如镀锌桶盛放酸梅汤等清凉饮料,饮用后即可引起中毒,也有因食用镀锌容器盛装的醋而引起中毒者,另外用镀锌器皿煮制海棠、苹果、山里红等,食后亦可引起中毒。

②妥善管理好锌制剂,科学合理地服用锌制剂,避免大剂量长期摄入锌制剂引起食物中毒。特别要避免服用氧化性强的氧化锌溶液。

③改革工艺,如平面及直线电焊可用无光电焊。气割要在通风的环境中进行,装设局部排烟设备,并戴送风式面罩或头盔。

④注意个人卫生,保护皮肤,防止可溶性锌盐污染皮肤。

⑤锌矿铸烧、精炼过程装备吸尘回收设备,防止烟尘和有害气体逸散。

### 3.3.8.3 砷化合物中毒

砷广泛分布于自然界中,几乎所有的土壤中都存在砷。砷元素本身毒性很小,但砷的化合物则具有显著毒性。砷化合物在工农业生产及医药上用途很广,特别是在农业上作为杀虫剂而被广泛应用。常见的砷化合物有三氧化二砷、砷酸钙、亚砷酸钙、砷酸铅、砷酸钠、亚砷酸钠等。一般来说,三价砷化合物的毒性大于5价砷化合物,亚砷酸化合物的毒性大于砷酸化合物。砷化合物中毒,最常见的是三氧化二砷。三氧化二砷俗称砒霜、白砒或信石,为白色粉末,无臭无味,较易溶于水。三氧化二砷经口服10~50 mg即可中毒,60~300 mg即可致死,除个体敏感性外,三氧化二砷的颗粒大小对经口毒性有明显影响,粒度越细、毒性越大。敏感者1 mg可中毒,20 mg致死;亦有可耐受较高剂量者。三价砷的无机化合物是细胞原浆毒物,此类砷化合物被吸收至体内后,可与细胞酶蛋白的巯基结合,从而抑制酶的活性,使细胞代谢发生障碍,造成细胞死亡;也可使神经细胞代谢障碍,引起神经系统功能紊乱,麻痹血管运动中枢并直接作用于毛细血管,导致毛细血管扩张、麻痹和渗出性增高,使胃肠黏膜和其他脏器出现充血和出血,甚至全身出血,并可引起肝细胞变性、心脏脂肪变、脑水肿等。此外,三价砷对消化道呈现直接的腐蚀作用,引起口腔、咽喉、食道、胃的溃疡、糜烂及出血等,进入肠道可导致腹泻。

（1）引起砷化合物中毒的主要原因

①由于误食引起砷化合物中毒是常见的中毒原因。因纯的三氧化二砷外观与食盐、淀粉、碱面、小苏打等很相似，因此易造成误食而中毒；或误食含砷农药拌过的种子引起中毒。

②盛放过砷化合物的容器、用具或运输工具等又用来盛放、加工或运送食物而造成食品的砷污染而引起中毒。

③滥用含砷杀虫剂（如砷酸钙、砷酸铅等）喷洒果树和蔬菜，造成水果、蔬菜中残留量过高。

④食品加工时所使用的加工助剂（如无机酸、盐、碱等）或添加剂中砷含量过高。

（2）中毒表现

砷化合物中毒的潜伏期为数十分钟至数小时，平均 $1\sim2$ h 出现症状。口服急性砷中毒早期常见消化道症状，如口及咽喉部发干、痛、烧灼、紧缩感，声嘶、恶心、呕吐、咽下困难、剧烈腹痛及腹泻等，同时还可见眼睑水肿、皮肤显著发红、头痛、头晕、烦躁不安等，症状加重时可出现严重脱水、电解质失衡、腓肠肌痉挛、体温下降、四肢发冷、血压下降，甚至休克。重症患者可出现神经系统症状，有剧烈头痛、头昏、烦躁不安、惊厥、昏迷等，如抢救不及时可因呼吸衰竭于发病 $1\sim2$ d 死亡。砷化合物中毒会造成肾脏损害，可出现尿闭、尿蛋白、血尿、尿中毒，还可造成肝脏、心肌损害，砷化合物中毒还可严重地引起皮肤黏膜的损伤。

（3）预防措施

①严格砷化物的管理。砷化物应有专库储存，严密加锁，并由专人管理；储存库要远离食堂、水井、住房；在盛装砷化物的包装上必须做"有毒"标记。

②严禁砷化物与粮食及其他食品混放、混装、混运；盛放或处理砷化物的器具不能用于盛放或处理食品。

③严禁食用拌过农药的粮种及含砷农药中毒死亡的家禽，并对其进行妥善处理。

④使用含砷化合物的农药防治果树、蔬菜害虫时，要确定安全施用期，以减少水果蔬菜中的残留量。有的国家规定用含砷杀虫剂喷雾的苹果中残留砷不得超过 1.4 mg/kg。

⑤食品企业和食堂严禁使用含砷杀虫剂及灭鼠剂。

⑥加强食品添加剂的卫生管理。食品生产过程中使用的各种添加剂及加工助剂（酸、碱等）含砷量不能超过国家标准。

### 3.3.8.4 其他化学性食物中毒

（1）甲醇中毒

甲醇又称木醇、木酒精，为无色、透明、略有乙醇味的液体，是工业酒精的主要成分之一。甲醇经呼吸道和消化道吸收，皮肤也可部分吸收。分布于脑脊液、血、胆汁和尿中且含量极高，骨髓和脂肪组织中最低。甲醇在体内氧化和排泄均缓慢，故有明显蓄积作用。甲醇的主要毒性机理为：

①对神经系统有麻醉作用；

②甲醇经脱氢酶作用，代谢转化为甲醛、甲酸，抑制某些氧化酶系统，致需氧代谢障碍，体内乳酸及其他有机酸积聚，引起酸中毒；

③由于甲醇及其代谢物甲醛、甲酸在眼房水和眼组织内含量较高，致视网膜代谢障碍，易引起视网膜细胞、视神经损害及视神经脱髓鞘。

急性中毒主要见于大量吸入甲醇蒸气或误作乙醇饮入所致。潜伏期 8~36 h。中毒早期呈酒醉状态,出现头昏、头痛、乏力、视力模糊和失眠。严重时谵妄、意识模糊、昏迷等,甚至死亡。双眼可有疼痛、复视,甚至失明。慢性中毒可出现视力减退、视野缺损、视神经萎缩,以及伴有神经衰弱综合征和植物神经功能紊乱等。

预防措施:生产过程中尽量使用乙醇代替甲醇;加强密闭、通风排毒设施,佩戴防护口罩和手套;加强管理,防止误服。

(2)食品添加剂过量食用或使用不当引起的食物中毒

食品添加剂是指为改善食品品质和色、香、味,以及为防腐和加工工艺的需要而加入食物中的化学合成或者天然物质。随着食品工业的迅速发展,食品添加剂的品种和产量不断增加,尤其是复合食品添加剂,已成为食品工业化生产不可缺少的原辅材料之一。但食品添加剂如果不恰当使用,可直接影响食品的卫生质量,甚至可能造成食物中毒。

中毒原因:食品中使用了未经国家批准使用或禁用的添加剂品种。食品中添加剂超出了规定使用剂量和使用范围。食用工业级添加剂替代食品级添加剂。

预防措施:使用的食品添加剂经食品毒理学安全性评价证明,在其使用限量内长期使用对人体安全无害;使用的食品添加剂不影响食品自身的感官性状和理化指标,对营养成分无破坏作用;食品添加剂在使用中应有明确的检验方法;使用食品添加剂不得以掩盖食品腐败变质和掺杂掺假、伪造为目的;不得经营和使用无卫生许可证、无产品检验合格证及污染变质的食品添加剂;严格按照国家标准批准使用食品添加剂。

(3)油脂酸败食物中毒

油脂贮存不当,会发生酸败。食用酸败油脂或用其制作含油脂高的食品均会引起中毒;含油脂高的食品如糕点、饼干、油炸方便面、油炸小食品等,贮存时间过长,其中的油脂酸败,食用这种油脂酸败的食品亦可引起食物中毒。

油脂酸败食物中毒的发生主要是油脂酸败后产生的低级脂肪酸、醛、酮及过氧化物等引起。这些有害物质或对胃肠道有刺激作用,中毒后出现胃肠炎症状如恶心、呕吐、腹痛、腹泻等;或具有神经毒,出现头痛、头晕、无力、周身酸痛、发热等全身症状。病程 1~4 d。

预防油脂酸败食物中毒可采用以下措施:加强油脂和含油脂高的食品的保管,改善贮存条件,避免酸败;长期贮存的油脂宜用密封、隔氧、避光的容器,在较低温度下贮存并避免油脂接触金属离子如铁、铜、锰等;在油脂中加入抗氧化剂,防止酸败发生;禁止销售与食用酸败油脂;严禁用酸败油脂加工制作食品。

## ❓ 思考题

1.什么是食源性疾病?引起食源性疾病的因素有哪些?

2.食物过敏的流行特征包括哪些?常见的过敏性疾病有哪些?

3.分析旋毛虫食物中毒的原因及其如何预防?

4.分析亚硝酸盐食物中毒的原因及其如何预防?

5.发芽马铃薯中毒的发病机制是什么?

6.生吃或食用未经彻底煮熟的肉类可能会引起哪些食肉感染?

## 参考文献

[1] 王硕. 食品安全学. 北京:科学出版社,2016.

[2] 侯红漫. 食品安全学. 北京:中国轻工业出版社,2014.

[3] 纵伟. 食品卫生学. 北京:中国轻工业出版社,2011.

[4] 付萍. 食物过敏与营养健康. 环境卫生学杂志,2004,31(2):111-115.

[5] 包丽娟. 国内外微生物源食源性疾病监测及其防控进展. 食品安全质量检测学报,2016,7(7):2990-2994.

[6] 雷世鑫. 我国食源性寄生虫感染特点及防控探讨. 中国农村卫生事业管理,2016,36(3):352-354.

[7] 卢开华. 2010—2014 年我国食物中毒情况浅析. 高校后勤研究,2016(2):48-50.

[8] Savage,J.,Sicherer,S.,& Wood,R. The natural history of food allergy. Journal of Allergy & Clinical Immunology in Practice,2016,4(2).

[9] Burks A W,Tang M,Sicherer S,Muraro A,Eigenmann P A,Ebisawa M,Fiocchi A,Chiang W,Beyer K,Wood R. ICON. Food allergy. J Allergy Clin Immunol,2012.

[10] Koopmans M,Verhoef L,Duizer E,Aidara-Kane A,Sprong H,Opsteegh M,Langelaar M,Threfall J,Scheutz F. Food-borne diseases-the challenges of 20 years ago still persist while new ones continue to emerge. Int J Food Microbiol,2010,139(1):3-15.

[11] Shao D,Shi Z,Wei J,Ma Z. A brief review of foodborne zoonoses in China. Epidemiol Infect,2011,139(10):1497-1504.

[12] Elisa Langiano,Maria Ferrara,Liana Lanni,Viviana Viscardi,Angela Marie. Abbatecola,Elisabetta De Vito. Food safety at home:knowledge and practices of consumers. J Public Health,2012,20:47-57.

本章编写人:辜雪冬

## 第4章　　食品安全评价

### 内容提要

本章包括两部分：食品安全性毒理学评价和食品安全风险分析。食品安全性毒理学评价内容包括10个方面：急性经口毒性试验，遗传毒性试验，28 d经口毒性试验，90 d经口毒性试验，致畸试验，生殖毒性试验和生殖发育毒性试验，毒物动力学试验，慢性毒性试验，致癌试验及慢性毒性和致癌合并试验。对不同受试物选择毒性试验需要遵循相应的原则。食品安全风险分析包括风险评估、风险交流、风险管理三个部分。其中风险评估是风险分析体系的核心和基础。风险评估由四个部分组成：危害识别、危害特征描述、暴露评估和风险特征描述。食品安全标准的制定要以风险评估为基础。

食品是人类生存和发展的物质基础，食品与人们的生活密切相关。因此，食品的安全性对人类健康的影响就显得至关重要。由于食品安全具有相对性，是指在可以接受的危险度下不会对健康造成损害。所以，食品安全性的毒理学评价及风险评估就显得十分必要。

## 4.1　食品安全性毒理学评价

我国1994年颁布实施《食品安全性毒理学评价程序》（GB15193.1—1994），2003年进行了修订，2014年修订为食品安全国家标准。《食品安全性毒理学评价程序》是检验机构进行毒理学试验的主要标准依据，适用于评价食品生产、加工、保藏、运输和销售过程中所涉及的可能对健康造成危害的化学、生物和物理因素的安全性，检验对象包括食品及其原料、食品添加剂、新食品原料、辐照食品、食品相关产品（用于食品的包装材料、容器、洗涤剂、消毒剂和用于食品经营的工具、设备）以及食品污染物。

### 4.1.1　食品安全性毒理学评价程序的内容

传统的食品安全性毒理学评价程序包括四个阶段的内容，最新的标准则删去了四个阶段的划分，其内容包括以下10个方面：

①急性经口毒性试验。

②遗传毒性试验。

a.遗传毒性试验内容。细菌回复突变试验、哺乳动物红细胞微核试验、哺乳动物骨髓细胞染色体畸变试验、小鼠精原细胞或精母细胞染色体畸变试验、体外哺乳类细胞 HGPRT 基因突变试验、体外哺乳类细胞 TK 基因突变试验、体外哺乳类细胞染色体畸变试验、啮齿类动物显性致死试验、体外哺乳类细胞 DNA 损伤修复(非程序性 DNA 合成)试验、果蝇伴性隐性致死试验。

b.遗传毒性试验组合。一般应遵循原核细胞与真核细胞、体内试验与体外试验相结合的原则。根据受试物的特点和试验目的,推荐下列遗传毒性试验组合:

组合一:细菌回复突变试验;哺乳动物红细胞微核试验或哺乳动物骨髓细胞染色体畸变试验;小鼠精原细胞或精母细胞染色体畸变试验或啮齿类动物显性致死试验。

组合二:细菌回复突变试验;哺乳动物红细胞微核试验或哺乳动物骨髓细胞染色体畸变试验;体外哺乳类细胞染色体畸变试验或体外哺乳类细胞 TK 基因突变试验。

其他备选遗传毒性试验:果蝇伴性隐性致死试验、体外哺乳类细胞 DNA 损伤修复(非程序性 DNA 合成)试验、体外哺乳类细胞 HGPRT 基因突变试验。

③28 d 经口毒性试验。

④90 d 经口毒性试验。

⑤致畸试验。

⑥生殖毒性试验和生殖发育毒性试验。

⑦毒物动力学试验。

⑧慢性毒性试验。

⑨致癌试验。

⑩慢性毒性和致癌合并试验。

## 4.1.2 对不同受试物选择毒性试验的原则

根据我国《食品安全性毒理学评价程序》规定,对不同受试物选择毒性试验时遵循以下原则:

(1)凡属我国首创的物质,特别是化学结构提示有潜在慢性毒性、遗传毒性或致癌性或该受试物产量大、使用范围广、人体摄入量大,应进行系统的毒性试验,包括急性经口毒性试验、遗传毒性试验、90 d 经口毒性试验、致畸试验、生殖发育毒性试验、毒物动力学试验、慢性毒性试验和致癌试验(或慢性毒性和致癌合并试验)。

(2)凡属与已知物质(指经过安全性评价并允许使用者)的化学结构基本相同的衍生物或类似物,或在部分国家和地区有安全食用历史的物质,则可先进行急性经口毒性试验、遗传毒性试验、90 d 经口毒性试验和致畸试验,根据试验结果判定是否需进行毒物动力学试验、生殖毒性试验、慢性毒性试验和致癌试验等。

(3)凡属已知的或在多个国家有食用历史的物质,同时申请单位又有资料证明申报受试物的质量规格与国外产品一致,则可先进行急性经口毒性试验、遗传毒性试验和 28 d 经口毒性试验,根据试验结果判断是否进行进一步的毒性试验。

(4)食品添加剂、新食品原料、食品相关产品、农药残留和兽药残留的安全性毒理学评价试验的选择。

①食品添加剂。

a.香料:

凡属世界卫生组织(WHO)已建议批准使用或已制定日容许摄入量者,以及香料生产者协会(FEMA)、欧洲理事会(COE)和国际香料工业组织(IOFI)四个国际组织中的两个或两个以上允许使用的,一般不需要进行试验。

凡属资料不全或只有一个国际组织批准的先进行急性毒性试验和遗传毒性试验组合中的一项,经初步评价后,再决定是否需进行进一步试验。

凡属尚无资料可查、国际组织未允许使用的,先进行急性毒性试验、遗传毒性试验和 28 d 经口毒性试验,经初步评价后,决定是否需进行进一步试验。

凡属用动、植物可食部分提取的单一高纯度天然香料,如其化学结构及有关资料并未提示具有不安全性的,一般不要求进行毒性试验。

b. 酶制剂:

由具有长期安全食用历史的传统动物和植物可食部分生产的酶制剂,世界卫生组织已公布日容许摄入量或不需规定日容许摄入量者或多个国家批准使用的,在提供相关证明材料的基础上,一般不要求进行毒理学试验。

对于其他来源的酶制剂,凡属毒理学资料比较完整,世界卫生组织已公布日容许摄入量或不需规定日容许摄入量者或多个国家批准使用,如果质量规格与国际质量规格标准一致,则要求进行急性经口毒性试验和遗传毒性试验。如果质量规格标准不一致,则需增加 28 d 经口毒性试验,根据试验结果考虑是否进行其他相关毒理学试验。

对其他来源的酶制剂,凡属新品种的,需要先进行急性经口毒性试验、遗传毒性试验、90 d 经口毒性试验和致畸试验,经初步评价后,决定是否需进行进一步试验。凡属一个国家批准使用,世界卫生组织未公布日容许摄入量或资料不完整的,进行急性经口毒性试验、遗传毒性试验和 28 d 经口毒性试验,根据试验结果判定是否需要进一步的试验。

通过转基因方法生产的酶制剂按照国家对转基因管理的有关规定执行。

c. 其他食品添加剂:

凡属毒理学资料比较完整,世界卫生组织已公布日容许摄入量或不需规定日容许摄入量者或多个国家批准使用,如果质量规格与国际质量规格标准一致,则要求进行急性经口毒性试验和遗传毒性试验。如果质量规格标准不一致,则需增加 28 d 经口毒性试验,根据试验结果考虑是否进行其他相关毒理学试验。

凡属一个国家批准使用,世界卫生组织未公布日容许摄入量或资料不完整的,则可先进行急性经口毒性试验、遗传毒性试验、28 d 经口毒性试验和致畸试验,根据试验结果判定是否需要进一步的试验。

对于由动、植物或微生物制取的单一组分、高纯度的食品添加剂,凡属新品种的,需要先进行急性经口毒性试验、遗传毒性试验、90 d 经口毒性试验和致畸试验,经初步评价后,决定是否需进行进一步试验。凡属国外有一个国际组织或国家已批准使用的,则进行急性经口毒性试验、遗传毒性试验和 28 d 经口毒性试验,经初步评价后,决定是否需进行进一步试验。

②新食品原料　按照《新食品原料申报与受理规定》(国卫食品发〔2013〕23 号)进行评价。

③食品相关产品　按照《食品相关产品新品种申报与受理规定》(卫监督发〔2011〕49 号)进行评价。

④农药残留　按照 GB15670 进行评价。

⑤兽药残留　按照《兽药临床前毒理学评价试验指导原则》(中华人民共和国农业部公告第 1247 号)进行评价。

### 4.1.3 食品安全性毒理学评价试验的目的和结果判定

(1)毒理学试验的目的

①急性毒性试验 了解受试物的急性毒性强度、性质和可能的靶器官,测定 $LD_{50}$,为进一步进行毒性试验的剂量和毒性观察指标的选择提供依据,并根据 $LD_{50}$ 进行急性毒性剂量分级。

②遗传毒性试验 了解受试物的遗传毒性以及筛查受试物的潜在致癌作用和细胞致突变性。

③28 d经口毒性试验 在急性毒性试验的基础上,进一步了解受试物毒作用性质、剂量-反应关系和可能的靶器官,得到 28 d 经口未观察到有害作用剂量,初步评价受试物的安全性,并为下一步较长期毒性和慢性毒性试验剂量、观察指标、毒性终点的选择提供依据。

④90 d经口毒性试验 观察受试物以不同剂量水平经较长期喂养后对实验动物的毒作用性质、剂量-反应关系和靶器官,得到 90 d 经口未观察到有害作用剂量,为慢性毒性试验剂量选择和初步制定人群安全接触限量标准提供科学依据。

⑤致畸试验 了解受试物是否具有致畸作用和发育毒性,并可得到致畸作用和发育毒性的未观察到有害作用剂量。

⑥生殖毒性试验和生殖发育毒性试验 了解受试物对实验动物繁殖及对子代的发育毒性,如性腺功能、发情周期、交配行为、妊娠、分娩、哺乳和断乳以及子代的生长发育等。得到受试物的未观察到有害作用剂量水平,为初步制定人群安全接触限量标准提供科学依据。

⑦毒物动力学试验 了解受试物在体内的吸收、分布和排泄速度等相关信息;为选择慢性毒性试验的合适实验动物种(species)、系(strain)提供依据;了解代谢产物的形成情况。

⑧慢性毒性试验和致癌试验 了解经长期接触受试物后出现的毒性作用以及致癌作用;确定未观察到有害作用剂量,为受试物能否应用于食品的最终评价和制定健康指导值提供依据。

(2)各项毒理学试验结果的判定

①急性毒性试验 如 $LD_{50}$ 小于人的推荐(可能)摄入量的 100 倍,则一般应放弃该受试物用于食品,不再继续进行其他毒理学试验。

②遗传毒性试验 如遗传毒性试验组合中两项或以上试验阳性,则表示该受试物很可能具有遗传毒性和致癌作用,一般应放弃该受试物应用于食品。

如遗传毒性试验组合中一项试验为阳性,则再选两项备选试验(至少一项为体内试验)。如再选的试验均为阴性,则可继续进行下一步的毒性试验;如其中有一项试验阳性,则应放弃该受试物应用于食品。

如三项试验均为阴性,则可继续进行下一步的毒性试验。

③28 d经口毒性试验 对只需要进行急性毒性、遗传毒性和 28 d 经口毒性试验的受试物,若试验未发现有明显毒性作用,综合其他各项试验结果可做出初步评价;若试验中发现有明显毒性作用,尤其是有剂量-反应关系时,则考虑进行进一步的毒性试验。

④90 d经口毒性试验 根据试验所得的未观察到有害作用剂量进行评价,原则是:

未观察到有害作用剂量小于或等于人的推荐(可能)摄入量的 100 倍表示毒性较强,应放弃该受试物用于食品;

未观察到有害作用剂量大于 100 倍而小于 300 倍者,应进行慢性毒性试验;

未观察到有害作用剂量大于或等于 300 倍者则不必进行慢性毒性试验,可进行安全性评价。

(3)致畸试验

根据试验结果评价受试物是不是实验动物的致畸物。若致畸试验结果阳性则不再继续进行生殖毒性试验和生殖发育毒性试验。在致畸试验中观察到的其他发育毒性,应结合 28 d 和(或)90 d 经口毒性试验结果进行评价。

(4)生殖毒性试验和生殖发育毒性试验

根据试验所得的未观察到有害作用剂量进行评价,原则是:

①未观察到有害作用剂量小于或等于人的推荐(可能)摄入量的 100 倍表示毒性较强,应放弃该受试物用于食品。

②未观察到有害作用剂量大于 100 倍而小于 300 倍者,应进行慢性毒性试验。

③未观察到有害作用剂量大于或等于 300 倍者则不必进行慢性毒性试验,可进行安全性评价。

(5)慢性毒性和致癌试验

①根据慢性毒性试验所得的未观察到有害作用剂量进行评价的原则是:

未观察到有害作用剂量小于或等于人的推荐(可能)摄入量的 50 倍者,表示毒性较强,应放弃该受试物用于食品。

未观察到有害作用剂量大于 50 倍而小于 100 倍者,经安全性评价后,决定该受试物可否用于食品。

未观察到有害作用剂量大于或等于 100 倍者,则可考虑允许使用于食品。

②根据致癌试验所得的肿瘤发生率、潜伏期和多发性等进行致癌试验结果判定的原则是:凡符合下列情况之一,可认为致癌试验结果阳性。若存在剂量-反应关系,则判断阳性更可靠:

肿瘤只发生在试验组动物,对照组中无肿瘤发生。

试验组与对照组动物均发生肿瘤,但试验组发生率高。

试验组动物中多发性肿瘤明显,对照组中无多发性肿瘤,或只是少数动物有多发性肿瘤。

试验组与对照组动物肿瘤发生率虽无明显差异,但试验组中发生时间较早。

(6)其他

若受试物掺入饲料的最大加入量(原则上最高不超过饲料的 10%)或液体受试物经浓缩后仍达不到未观察到有害作用剂量为人的推荐(可能)摄入量的规定倍数时,综合其他的毒性试验结果和实际食用或饮用量进行安全性评价。

### 4.1.4 进行食品安全性评价时需要考虑的因素

(1)试验指标的统计学意义、生物学意义和毒理学意义

对实验中某些指标的异常改变,应根据试验组与对照组指标是否有统计学差异、其有无剂量反应关系、同类指标横向比较、两种性别的一致性及与本实验室的历史性对照值范围等,综合考虑指标差异有无生物学意义,并进一步判断是否具毒理学意义。此外,如在受试物组发现某种在对照组没有发生的肿瘤,即使与对照组比较无统计学意义,仍要给予关注。

(2)人的推荐(可能)摄入量较大的受试物

应考虑给予受试物量过大时,可能影响营养素摄入量及其生物利用率,从而导致某些毒理

学表现,而非受试物的毒性作用所致。

（3）时间-毒性效应关系

对由受试物引起实验动物的毒性效应进行分析评价时,要考虑在同一剂量水平下毒性效应随时间的变化情况。

（4）特殊人群和易感人群

对孕妇、乳母或儿童食用的食品,应特别注意其胚胎毒性或生殖发育毒性、神经毒性和免疫毒性等。

（5）人群资料

由于存在着动物与人之间的物种差异,在评价食品的安全性时,应尽可能收集人群接触受试物后的反应资料,如职业性接触和意外事故接触等。在确保安全的条件下,可以考虑遵照有关规定进行人体试食试验,并且志愿受试者的毒物动力学或代谢资料对于将动物试验结果推论到人具有很重要的意义。

（6）动物毒性试验和体外试验资料

本标准所列的各项动物毒性试验和体外试验系统是目前管理(法规)毒理学评价水平下所得到的最重要的资料,也是进行安全性评价的主要依据,在试验得到阳性结果,而且结果的判定涉及受试物能否应用于食品时,需要考虑结果的重复性和剂量-反应关系。

（7）不确定系数

即安全系数。将动物毒性试验结果外推到人时,鉴于动物与人的物种和个体之间的生物学差异,不确定系数通常为100,但可根据受试物的原料来源、理化性质、毒性大小、代谢特点、蓄积性、接触的人群范围、食品中的使用量和人的可能摄入量、使用范围及功能等因素来综合考虑其安全系数的大小。

（8）毒物动力学试验的资料

毒物动力学试验是对化学物质进行毒理学评价的一个重要方面,因为不同化学物质、剂量大小,在毒物动力学或代谢方面的差别往往对毒性作用影响很大。在毒性试验中,原则上应尽量使用与人具有相同毒物动力学或代谢模式的动物种系来进行试验。研究受试物在实验动物和人体内吸收、分布、排泄和生物转化方面的差别,对于将动物试验结果外推到人和降低不确定性具有重要意义。

（9）综合评价

在进行综合评价时,应全面考虑受试物的理化性质、结构、毒性大小、代谢特点、蓄积性、接触的人群范围、食品中的使用量与使用范围、人的推荐(可能)摄入量等因素,对于已在食品中应用了相当长时间的物质,对接触人群进行流行病学调查具有重大意义,但往往难以获得剂量-反应关系方面的可靠资料;对于新的受试物质,则只能依靠动物试验和其他试验研究资料。然而,即使有了完整和详尽的动物试验资料和一部分人类接触的流行病学研究资料,由于人类的种族和个体差异,也很难做出能保证每个人都安全的评价。所谓绝对的食品安全实际上是不存在的。在受试物可能对人体健康造成的危害以及其可能的有益作用之间进行权衡,以食用安全为前提,安全性评价的依据不仅仅是安全性毒理学试验的结果,而且与当时的科学水平、技术条件以及社会经济、文化因素有关。因此,随着时间的推移、社会经济的发展、科学技术的进步,有必要对已通过评价的受试物进行重新评价。

## 4.2 食品安全风险分析

### 4.2.1 风险分析概述

20世纪80年代末,风险分析的概念开始出现在食品安全领域。1991年联合国粮农组织(FAO)/世界卫生组织(WHO)召开的"食品标准、食物中的化学物质及食品贸易会议"建议食品法典委员会(CAC)在制定政策时,以适当的科学原则为基础并遵循风险评估原理。第19届、第20届CAC大会同意采纳上述会议的程序,提出在CAC框架下,各分委员会及其专家咨询机构应在各自的化学物质安全性评估中应用风险分析方法。后来,FAO/WHO在1995—1999年又连续召开了有关"风险分析在食品标准中的应用""风险管理与食品安全"以及"风险信息交流在食品标准和安全问题上的作用"的专家咨询会议,提出了风险分析的定义、框架及3个要素的应用原则和应用模式,从而基本构建了一套完整的风险分析理论体系。自此以后,风险分析作为食品安全领域的一项重要技术在全球范围内不断得到应用、推广和发展。

(1)风险分析的相关基本概念

风险分析是一个发展中的理论体系,与之有关的一些概念及其定义也在不断地修改和完善。根据CAC工作程序手册,与食品安全风险分析的相关基本概念包括:

危害(hazard):食品中或食品本身可能导致一种健康不良效果的生物、化学或者物理因素。

风险(risk):由食品危害产生的不良效果的可能性及强度。

风险分析(risk analysis):指对可能存在的危害的预测,并在此基础上采取的规避或降低危害影响的措施,是由风险评估、风险管理和风险交流3部分共同构成的一个评价过程。

风险评估(risk assessment):是一个识别存在的不确定性,以及对暴露于危险因素的特定情况下,对人类或环境产生不良影响的可能性和严重程度的评估过程。

危害特征描述(hazard characterization):对与食品中可能存在的生物、化学和物理因素有关的健康不良效果的性质的定性和/或定量评价。对化学因素应进行剂量-反应评估,对生物或物理因素,如数据可得到时,应进行剂量-反应评估。

剂量-反应评估(dose-response assessment):确定某种化学、生物或物理因素的暴露水平(剂量)与相应的健康不良效果的严重程度和/或发生频度(反应)之间的关系。

风险描述(risk characterization):根据危害识别、危害描述和暴露评估,对某一给定人群的已知或潜在健康不良效果的发生可能性和严重程度进行定性和/或定量的估计,其中包括伴随的不确定性。

(2)风险分析的基本内容

风险分析包括风险评估、风险管理和风险交流三个主要部分,其中风险评估是风险分析体系的核心和基础。风险评估由四个部分组成:危害识别、危害特征描述、暴露评估和风险特征描述。风险评估体现了风险性分析的科学性,风险管理注重管理决策的实用性,风险交流则强调在风险分析过程中的信息互动。3者的关系如图4-1所示。

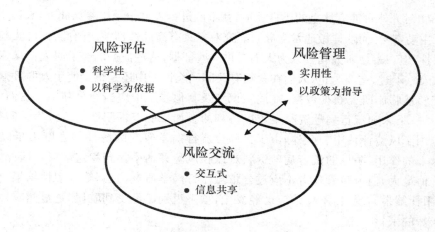

图 4-1 食品安全风险分析各部分之间的关系

（3）风险分析原则应用的意义

国际食品法典工作中应用"风险分析"原则的重要意义体现在：

①建立了一整套科学系统的食源性危害的评估、管理理论，为制订国际上统一协调的食品安全标准体系奠定了基础。

②将科研机构、政府、消费者、生产企业以及媒体和其他有关的各方有机地结合在一起，共同促进食品安全体系的完善和发展。

③有效地防止保护本国贸易利益的非关税贸易壁垒，促进公平的食品贸易。

④有助于确定不同国家食品管理措施是否具有等同性，促进国际间食品贸易的发展。

## 4.2.2 风险评估

### 4.2.2.1 食物中化学物的风险评估

化学物的风险评估涉及的对象包括有意加入的化学物（如食品添加剂、农药、饲料添加剂、兽药及其他农业化学物）、食品中无意进入的污染物以及天然存在的化学物（如植物毒素、藻类毒素、真菌毒素），但微生物中细菌毒素不包括在内。

（1）危害识别

危害识别又称危害鉴定。危害识别是风险评估的第一步，主要是识别有害作用，即对食品中的某种生物性、化学性或物理性因素可能对健康产生不利作用的确定，属于定性评估的范畴。危害识别时，往往由于资料不足，常采用证据加权的方法进行危害认定。此方法需要对来源于适当的数据库、经同行专家评审的文献及诸如企业界未发表的研究报告的科学资料进行充分地评议。不同研究的重要程度顺序如下：流行病学研究、动物毒理学研究、体外试验以及定量结构与活性关系研究。目前的研究主要以动物和体外试验资料为依据，流行病学资料虽然价值大，但由于研究费用昂贵，现今能够提供的数据较少。

①流行病学研究 流行病学研究包括实验研究和观察性研究，前者如临床试验或者干预研究，后者如病例对照-研究和队列研究。人群实验研究的优点是能够较好地控制混杂因素，并且说服力强，但是由于存在伦理道德、经济方面和实验条件的限制，用人群进行有害作用的实验研究经常是不可行的，甚至是不必要的。如果产生一种健康效应如癌症需要很长时间或

者已知化学物对人体可能有严重的不良反应,就不能进行人群干预试验。此外,人群实验研究还需要受试者主动参与,而这样做通常会导致研究对象具有高度选择性。因此,人群实验研究存在很多的局限性,但观察性研究则可以为人们提供一些证据,这些证据能够说明人群暴露于食物有害因素的风险。不过,迄今为止,人们在食物有关的风险评估中还是很少使用人群研究。

如果能够从临床研究获得数据,在危害识别及其他步骤中应当充分利用。然而,对于大多数化学物来说,临床和流行病学资料是难以得到的。如果能获得阳性的流行病学研究数据,应当把它们应用于风险评估中。此外,由于大部分流行病学研究的统计学力度不足以发现人群中低暴露水平的作用,阴性的流行病学资料难以在风险评估中得到肯定解释。因此,流行病学资料虽然价值最大,但风险管理者不应过分依赖流行病学研究,直到等到阳性结果出现才制定决策,因为阳性结果出现时,不良效应已经发生,危害识别已经受到耽误,这显然有悖于预防医学防患于未然的宗旨。

②动物实验研究 虽然用动物代替人体进行危害鉴定并非是一种理想的方法,但目前仍然认为动物实验是现有方法中最好的一种。由于用于风险评估的绝大多数毒理学数据来自动物实验,这就要求这些动物实验必须遵循国际上广泛接受的标准化试验程序。国际上的一些机构如联合国经济合作发展组织(OECD)、美国环境保护局(EPA)等曾经制定了化学品的危险评价程序,我国也以国家标准形式制定并修订了《食品安全性毒理学评价程序和方法》。无论采用哪种程序,所有试验必须按照良好实验室规范(GLP)和标准化质量保证/质量控制(QA/QC)方案实施。

长期(慢性)动物试验数据至关重要,涉及的毒理学效应终点包括致癌性、生殖/发育毒性、神经毒性、免疫毒性等。短期(急性)毒理学试验资料也是有用的,因为化学物的毒性分级是以急性毒性获得的$LD_{50}$数值大小为依据。由于短期试验快速且费用不高,因此,用它来探测化学物质是否具有潜在致癌性,引导支持动物试验或流行病学调查的结果是非常有价值的。

动物试验应当有助于毒理学作用范围的确定。动物毒理学试验的设计可以找出观察到有害作用的最低剂量(LOAEL)、未观察到有害作用剂量(NOAEL)或者阈剂量。对于人体必需微量元素,如铜、锌、铁,应该收集需要量与毒性之间关系的资料。

③体外试验 体外试验方法被广泛地应用于化学物的筛选和分级,涉及的食品化学物不仅包括用于食品制备的天然成分,也包括暴露后在体内产生的化学物以及批准使用的化学物,如食品添加剂、残留物、补充剂以及来源于食品、包装的化学物和污染物。虽然体外试验资料对于计算每日允许摄入量(ADI)没有直接的意义,但是通过体外实验可以获取关于毒性机制的重要信息,这对充分评估风险是非常有利的。体外试验必须遵循良好实验室规范或其他广泛接受的程序,具有适当的、可靠的验证系统。验证实验主要是对新的实验方法提供客观的评价信息,确定用于特定目的的实验程序或检验方法的可靠性和意义,也就是要确定实验方法在实验室之间是稳定的和可转移的,同时也能证明获得的用于制定决策的实验资料是可信的。通常是在实验室间采用盲法实验,按照预先确定的操作规范,以评估此实验对于特定目的是否有用和可靠。

利用适当的体外毒理学实验系统除了可以提高对食物相关化学物所致危害的预测能力外,也有助于了解化学物的毒理学作用机制。通过体外实验技术的不断开发和应用,体外试验系统可以成为更有针对性地评估化学物风险的基础。

④对致癌物质的识别与分类 危害物的识别中,最难的问题是对致癌物质如何确定。五

百多万种现存的化合物中,真正做过动物试验、有数据者不超过一万种;约有一千多种会引起某种动物致癌,而其中有确证会引起人类癌症的,还不到三十种。其致癌的分类法是根据各种动物试验以及流行病学观察的结果来评估。因为物种之间代谢功能相差甚大,有的化学物只对某种动物有致癌性,对其他动物并不致癌。如果利用多种不同动物进行多次试验中,其结果皆可出现致癌症,但没有流行病学证据,或只有相当有限的临床观察者,我们将之归类为"有充分证据的可疑致癌物"。有鉴于不能采用人类做试验,以及缺乏流行病学的数据,将这些已充分证明会导致动物致癌的物质,视同"有可能导致人类癌症"。

(2)危害特征描述

危害特征描述的主要内容是研究剂量-反应关系,主要是将产生的效应进行量化,以便使这一阶段获得的剂量-反应关系能够与可能的暴露相比较。食品添加剂、农药、兽药和污染物在食品中的含量一般很低,通常为微量(mg/kg 或 μg/kg),甚至更少(ng/kg 或 pg/kg),但为了能观察到毒性反应,动物毒理学试验的剂量往往很高。为了与人体摄入水平相比较,需要把高剂量条件下的动物试验数据经过处理外推到低得多的人体实际可能暴露剂量,因此,对剂量-反应关系的研究也就成为危害特征描述的核心之所在。在无阈值剂量的假设之下,这种由高至低的外推是必要的也是可行的。

①剂量-反应关系的评估 剂量-反应关系的评估就是确定化学物的摄入量与不良健康效应的强度与频率,包括剂量-效应关系和剂量-反应关系。剂量-效应关系是指不同剂量的外源性化学物与其在个体或群体中所表现的效应量(大小)的关系,剂量-反应关系是指不同剂量的外源性化学物与其在群体中所引起效应的质(发生率)之间的关系。

通常动物模型可以很好地预测对人类毒性的结果,但在高剂量到低剂量的外推过程中,由于种属差异,靶器官对化学物的敏感性和选择性可能由于毒代动力学或毒效动力学因素上质和量的差异而不同,这样,危害的性质在从动物到人的外推中或许会随剂量的改变而改变或完全消失。如果动物与人体的反应在本质上不一致,则所选的剂量-反应模型可能有误。即使同一剂量时,人体与动物的毒物代谢动力学作用也可能有所不同;如果剂量不同,代谢方式存在不同的可能性更大。如化学物质的吸收过程。因此,毒理学家必须考虑在将高剂量的不良作用外推到低剂量时,这些和其他与剂量有关的变化存在哪些潜在影响。存在主动转运,在高剂量时,转运途径可能饱和,如果高剂量时心输出量降低,化学物的组织分布和清除率下降,这些都会影响活性物质的吸收。高剂量的化学物还可能通过代谢酶饱和、抑制终产物或耗竭必需辅助因子等对代谢过程造成抑制。此外,在高剂量时也可能出现与正常情况或低剂量水平不同的代谢途径,而该途径产生的有毒代谢产物在正常或低剂量时一般不会产生。因此,在将高剂量的不良作用外推到低剂量时,研究者必须考虑这些和其他与剂量有关的变化可能存在的不同或潜在影响。

②遗传毒性和非遗传毒性致癌物 在传统上,毒理学家对化学物的不良效应存在阈剂量的认识比较认同,但遗传毒性致癌物除外。在 20 世纪 40 年代,当时便已认识到癌症的发生有可能源于某一种体细胞的突变。在理论上,少数几个分子,甚至一个分子都有可能诱发人体或动物的突变而最终演变为肿瘤。因此,在理论上通过这种作用机制的致癌物没有安全剂量可言。

近年来,已逐步能够区别各种致癌物,并确定有一类非遗传毒性致癌物,即本身不能诱发突变,但是它可作用于被其他致癌物或某些物理化学因素启动的细胞的致癌中的后期过程。遗传毒性致癌物可被定义为能间接或直接地引起靶细胞遗传改变的化学物,其主要作用靶点是遗传物质,而非遗传毒性致癌物作用于非遗传位点,主要是促进靶细胞增殖和/或持续性的靶位点功能亢进/衰竭。目前国际上已建立了一套致突变实验,包括体内试验和体外试验相结合的一组试验。虽然每一种致突变实验本身都存在局限性,有由于多个实验的组合,在区别致癌物属于遗传毒性和非遗传毒性上还是有用的。

世界上许多国家的食品安全管理机构认定遗传毒性和非遗传毒性致癌物之间存在差异。某些非遗传毒性致癌物存在剂量阈值,而遗传毒性致癌物不存在剂量阈值。以非肿瘤和非遗传毒性肿瘤为终点的毒性作用具有阈剂量。不引起任何毒性的最高剂量,一般用作阈剂量。在原则上,非遗传毒性致癌物可以用阈值方法进行管理,但需要提供致癌作用机制的科学资料。

③阈值法和非阈值法  将动物试验获得的未观察到有害作用水平(NOAEL)或观察到有害作用最低水平(LOAEL)值除以合适的安全系数可得到安全阈值水平,即每日允许摄入量(ADI)。假定某化学物对人体与试验动物的有害作用存在合理可比的阈剂量值,则 ADI 值可提供这样的信息:如果人体摄入该化学物的量低于 ADI 值,则对人体健康产生不良作用的可能性可忽视不计。但是,人体和实验动物存在种属差异,或许人的敏感性更高,遗传特性的差异更大,并且膳食习惯更为不同。鉴于此,国际上采用安全系数克服此类不确定性,并也可同时弥补人群中个体差异带来的变异。通常对长期动物试验资料的安全系数为 100,包括来自种属的 10 倍差异和来自人群个体间的 10 倍差异。当一个化学物的科学数据有限或制定暂行每日允许摄入量时,原则上可采用更大的安全系数,因为理论上存在某些个体,其敏感程度可能超出常规安全系数的范围。也正因为可能存在极端情况,即使采用安全系数,也不能保证每一个个体的绝对安全。不同国家的卫生机构有时采用不同的安全系数,有些卫生机构可按效应强度和可逆性调整 ADI 值。ADI 值的差异构成了一个重要的风险管理问题,这应当引起重视。

对于遗传毒性致癌物,一般不能采用 NOAEL 除以安全系数的方法来制定允许摄入量,因为即使在最低摄入量时,仍然有致癌风险。但致癌物零阈值的概念在现实管理中是难以实现的,因为致癌物越来越多,其中一些是难以避免或无法将其完全消除,或者还没有可替代的化学物,因此,零阈值的概念不得不演变为可接受风险的概念。对遗传毒性致癌物的管理办法有两种:禁止生产和使用这类化学物;或对化学物制定一个极低而可忽略不计、对健康影响甚微或者社会能够接受的风险水平,即非阈值法。

(3)暴露评估

暴露评估或称摄入量评估是风险评估的重要部分,WHO 在 1997 年将其定义为:对通过食物或其他途径而可能摄入人体内的生物性、化学性、物理性成分进行定性和/或定量评价。根据 Ree 和 Tennant 所述,评估化学物摄入量时有 4 个指导原则,即:评估应当与所要达到的目的相一致;评估应包括对精确度的评价;应明确阐明所提出的假设;应当考虑到那些受化学物影响与一般人不同的关键人群。

所食用的食物中含有多种不同的化学物,有些是人们所期望的,有些是人们所不期望的。这些化学物在膳食中含量过高(如农药残留、真菌毒素等)或过低(如必需微营养素)都可能对健康有害。在暴露评估过程中,需要两种基础资料:一是化学物在食物中的存在水平;二是含有某种化学物食物的消费量。获得以上数据后,尚需要利用代表膳食暴露情况的模型来进行暴露估计。

①食物中化学物的含量　在目前暴露评估采用的许多方法中,通常不考虑食物中化学物含量的差异。一般只选择一种浓度来代表化学物的平均水平,或者定义不很明确的典型浓度,很少使用明确的上限百分位数。食品添加剂的含量可以从制造商那里获得,而食品污染物(包括农药和兽药残留)的含量则要通过敏感和可靠的分析方法对代表性食品进行分析获得。

为了获得食品中化学物的含量,首先需要确定采样方案。根据研究目的,至少存在两种不同的采样方法:代表性采样和目标采样。代表性采样的目的是为了了解食品中化学物含量的代表状况,这种采样方法事先并不知道食品中化学物的含量。采样时,可以根据不同种类或品牌的生产和消费数量(种类)或市场份额(品牌)来进行分层。目标采样是依据成本效益原则,采集那些化学物含量可能较高的样本。当怀疑一个生产批次超出目标水平或法定范围时,执法机构和食品管理机构以及生产上就会采用这种采样方法。同样地,HACCP系统主要在关键控制点进行样本采集。实际上,许多残留物或污染物的检测程序是将两种采样方法联合使用,或者将采样重点放在残留量可能升高的可疑地点或季节。

②摄入量评估　对于食品化学物,如食品添加剂、农药和兽药残留以及污染物等的膳食摄入量估计需要有关食品消费量和这些食物中相关化学物浓度的资料。食品添加剂、农药和兽药残留的膳食摄入量可根据规定的使用范围和使用量来估计,最简单的估计方式是以最高使用量计算摄入量。食物的消费数据可以来自食物供应资料、家庭调查、个体膳食调查、总膳食研究。个体膳食调查的方法包括食物记录、24 h回顾、食物频率法、膳食史法等。为估计人群的膳食暴露情况,FAO/WHO建议采用总膳食研究。总膳食研究可采用市场菜篮子法、单种食物法或双份饭法。

此外,以生物学标志物为基础的方法可用于估计食物化学物的暴露。大多数情况下,生物学标志物可能是食物化学物本身或其代谢产物。通常以尿液和血液为检测样本,但也可选择其他体液,如乳汁、毛发、脂肪组织、口腔拭子、呼出气和粪便。

③暴露评估模型　暴露评估是将食物消费量数据与食品中化学物的浓度数据进行整合,其通用公式如下:

$$膳食暴露 = \frac{\sum(食品中化学物浓度 \times 食品消费量)}{体重(kg)}$$

当获得食物消费数据和化学物浓度数据时,一般可采用以下3种方法中的一种来合并或整合数据进行暴露估计:点估计、简单分布以及概率分析。点估计是指评估中将食物消费量设为一个固定值,再乘以固定的残留量/浓度,然后将所有摄入量相加的一种方法。简单分布是指将残留量/浓度变量设为一个固定值与食物摄入量分布进行整合的一种方法,由于此方法考虑了食物消费模式的变异,因此其结果比点估计更有意义。概率分析法是根据分布特点来描述变量的变异性和/或不确定性,它分析每一变量的所有可能数值,并根据发生概率来权重每种可能模型的结果。对化学物膳食暴露的概率分析是利用模型中食物消费量和残留量/浓度数据的分布,并使用描述暴露过程的数学模型中每一输入分布的随机数据来模拟膳食暴露。

④暴露量评估准则　由于暴露评估所需进行的工作项目极多,若无可依循的准则常导致评估结果有极大的差异。完整的暴露量应包括以下六大项工作:单一化学危害物或混合物的基本特性;污染源;暴露路径及对环境的影响;通过测量或估计的危害物浓度;暴露人群情况;整体暴露分析。

(4)风险特征描述

风险特征描述是在危害识别、危害特征描述和暴露评估的基础上,对特定人群发生已知的或潜在的不良健康效应的可能性和严重程度进行定性和(或)定量估计,包括对随之产生的不确定性的描述。

①有阈值的化学危害物  FAO/WHO 食品添加剂联合专家委员会(JECFA)和 FAO/WHO 农药残留联席会议(JMPR)对有阈值的化学危害物设置健康指导值(HBGV)。健康指导值是 JECFA 和 JMPR 针对食品以及饮用水中的物质所提出的经口(急性或慢性)暴露范围的定量描述值,该值不会引起可觉察的健康风险,包括 ADI、每日可耐受摄入量(TDI)、暂定每日最大耐受摄入量(PMTDI)、暂定每周耐受摄入量(PTWI)、暂定每月耐受摄入量(PTMI)等。对这类物质的风险特征描述是将估计的或计算出的人体暴露水平($EXPOSURE_{human}$)与 HBGV 进行比较。

如果 $EXPOSURE_{huma} < HBGV$,该危害物不会产生可觉察的风险或其风险可以接受;

如果 $EXPOSURE_{human} > HBGV$,该危害物的风险超过了可以接受的限度,应当采取适当的风险管理措施。

在数据不能满足对有阈值效应的物质建立健康指导值的情况下,JECFA 和 JMPR 会对动物观察到的毒效应剂量与估计的人体膳食暴露水平之间的暴露限值(MOE)进行评价。MOE 是指临界效应的未观察到不良作用水平或基准剂量下限值与理论的、预期的或估计的暴露剂量或浓度的比值。

②无阈值的化学危害物  传统观点认为既有遗传毒性又有致癌性的物质没有阈值剂量,在任何暴露水平都有不同程度的风险。因此,对于那些遗传毒性致癌物质(如某些污染物),JECFA 并未设定其健康指导值。对遗传毒性致癌物质进行风险特征描述建议的类型包括以下方法:①推荐的暴露量应在合理可行的前提下尽可能低(ALARA);②对不同暴露水平的风险进行定量;③将产生相似危害的化合物根据对其估计的风险大小进行分级。方法③包括MOE 法,这种方法可以提供建议,以告知风险管理者人群暴露量与可在实验动物或人体产生可测量效应的预期剂量的接近程度。除此之外,通过比较不同物质的 MOEs,有助于风险管理者按优先顺序采取风险管理行动。

4.2.2.2  食物中生物性因素的风险评估

与食品安全有关的生物性危害包括致病性细菌、病毒、蠕虫、原生动物、藻类和它们产生的某些毒素。目前全球食品安全最显著的危害是致病性细菌,研究数据也主要是针对细菌的风险评估。就生物因素而言,由于现今尚未有一套较为统一的科学的风险评估方法,因此一般认为,食品中的生物危害应该完全消除或者降低到一个可接受的水平,CAC 认为危害分析和关键控制点(HACCP)体系是迄今为止控制食源性危害最经济有效的手段。在制定一个具体的HACCP 计划时,必须明确识别生产工序中所有可能发生的危害,并消除或减少这样的危害到可接受水平,这是生产安全食品的关键所在。不过,确定哪一个可能的危害是"实质性的"并且应当得到控制,这需要将涉及以风险评估为基础的危害评估。危害评估的结果将得出一个应当在 HACCP 计划中详细说明的显著危害的清单。

微生物危害一般通过两种机理导致人类疾病。第一种作用模式是产生能够起作用的毒素,这些毒素既可引起短期轻微的症状,也可引起长期的或危及生命的严重中毒后果。第二种作用模式是,摄入能够感染宿主的活病原体而产生病理反应。在前一种情况下,很容易确定一个阈值,这使某种生物危害物的定量风险评估成为可能。但对于后一种情况,由于微生物病原体可以繁殖,也可以死亡,其生物学作用复杂,因此要进行生物性危害的定量评估也就相对困难。主要的困难体现在:①危害识别时,缺乏可靠或完整的流行病学数据,无法分离和鉴定新的病原体。②在危害特征描述中,宿主对病原菌的易感性有高度差异、病原菌侵袭力的变化范围大、病原菌菌株间的毒力差别大、病原菌的致病力易受因频繁突变产生的遗传变异的影响、食品或人体消化系统的其他细菌的拮抗作用可能影响致病力、食品本身会改变细菌的感染力和/或影响宿主,这些都增加了剂量-反应关系研究的难度;③在暴露评估步骤中,与化学因素不同,食品中的细菌性病原体会发生动态变化,主要受以下因素影响:细菌性病原体的生态学;食品的加工、包装和贮存;制备过程如烹调可能使细菌灭活;以及消费者的文化因素等。

由于存在以上限制,早期的微生物风险评估主要停留在定性阶段。但近年来,随着预测微生物学及其数学模型研究的进步,微生物定量风险评估的研究和应用也取得了较大进展。国际上比较有影响力的食源性致病菌定量风险评估案例有:FAO/WHO公布的鸡蛋和肉鸡沙门菌风险评估、生食牡蛎创伤弧菌风险评估、国际贸易暖水虾中传播霍乱的 O1 和 O139 群霍乱弧菌风险评估、即食食品单核细胞增生李斯特菌风险评估,美国农业部食品安全监督服务局(FSIS)公布的带壳鸡蛋和蛋制品肠炎沙门菌的风险评估,美国 FDA 公布的生食牡蛎致病性副溶血性弧菌公共卫生影响的定量风险评估、几种即食食品食源性单核细胞增生李斯特菌公共卫生相对风险的定量评估,FDA 协同 FSIS 公布的水产品中李斯特菌的风险评估等。此外,国际上还有建立阪崎肠杆菌、弯曲菌属、蜡样芽孢杆菌等致病菌的定量风险评估模型的相关研究报道。

### 4.2.3　风险管理

风险管理是依据风险评估的结果,同时考虑社会、经济等方面的有关因素,对各种管理措施方案进行权衡、选择,然后实施的过程,其产生的结果包括制定食品安全标准、准则和其他建议性措施。

(1)风险管理的目标和措施

风险管理的目标:通过选择和实施适当的措施,尽可能有效地控制食品风险,从而保证公众健康。

风险管理的措施主要包括:制定最高限量;制定食品标签标准;实施公众教育计划;通过使用替代品或改善农业或生产规范以减少某些化学物质的使用等。

(2)风险管理的内容

风险管理可以分为 4 个部分:风险评价、风险管理选择评估、执行管理决定以及监控和审查。

①风险评价　基本内容包括确认食品安全问题、描述风险概况、对危害的风险评估和风险管理的优先性进行排序、为进行风险评估制定风险评估政策、决定进行风险评估以及风险评估结果的审议。

②风险管理选择评估　包括确定现有的管理选项、选择最佳的管理方案(包括考虑一个合适的安全标准)以及最终的管理决定。

③执行管理决定　通过对各种方案的选择做出了最终的管理决定后,必须按照管理决定

实施。保护人体健康应当是首先考虑的因素,同时可适当考虑其他因素(如经济费用、效益、技术可行性、对风险的认知程度等),可以进行费用-效益分析;及时启动风险预警机制。

④监控和审查 对实施措施的有效性进行评估,以及在必要时对风险管理和风险评估进行审查,以确保食品安全目标的实现。

(3)风险管理的一般原则

①风险管理应当遵循一个具有结构化的方法,即包括风险评价、风险管理选择评估、执行管理决定以及监控和审查。在某些情况下并非所有这些情况都必须包括在风险管理中。

②在风险管理决策中应当首先考虑保护人体健康。对风险的可接受水平应主要根据对人体健康的考虑决定,同时应避免风险水平上随意性的和不合理的差别。在某些风险管理情况下,尤其是决定将采取的措施时,应适当考虑其他因素(如经济费用、效益、技术可行性和社会习俗)。这些考虑不应是随意性的,而应当保持清楚和明确。

③风险管理的决策和执行应当透明。风险管理应当包含风险管理过程(包括决策)所有方面的鉴定和系统文件,从而保证决策和执行的理由对所有有关团体是透明的。

④风险评估政策的决定应当作为风险管理的一个特殊的组成部分。风险评估政策是为价值判断和政策选择制定准则,这些准则将在风险评估的特定决定点上应用,因此最好在风险评估之前,与风险评估人员共同制定。从某种意义上来讲,决定风险评估政策往往成为进行风险分析实际工作的第一步。

⑤风险管理应当通过保持风险管理与风险评估二者功能的分离,确保风险评估过程的科学完整性,减少风险评估和风险管理之间的利益冲突。但是应当意识到,风险分析是一个循环反复的过程,风险管理人员和风险评估人员之间的相互作用在实际应用中是至关重要的。

⑥风险管理决策应当考虑风险评估结果的不确定性。如有可能,风险的估计应包括将不确定性量化,并且以易于理解的形式提交给风险管理人员,以便他们在决策时能充分考虑不确定性的范围。如果风险的估计很不确定,风险管理决策将更加保守;决策者不能以科学上的不确定性和变异性作为不针对某种食品风险采取行动的借口。

⑦在风险管理过程的所有方面,都应当包括与消费者和其他有关团体进行清楚的相互交流。在所有有关团体之间进行持续地相互交流是风险管理过程的一个组成部分。风险情况交流不仅仅是信息的传播,而更重要的功能是将有效进行风险管理至关重要的信息和意见并入决策的过程。

⑧风险管理应当是一个考虑在风险管理决策的评价和审查过程中所有新产生资料的持续过程。在应用风险管理决策后,为确定其在实现食品安全目标方面的有效性,应对决定进行定期评价。为进行有效地审查,监控和其他活动是必须的。

目前,国际上公认的风险评估政策包括:①依赖动物模型确立潜在的人体效应。②采用体重进行种间比较。③假设动物和人的吸收大致相同。④采用100倍的安全系数来调整种间和种内可能存在的易感性差异,在特定的情况下允许偏差的存在。⑤对发现属于遗传毒性致癌物的食品添加剂、兽药和农药,不制定ADI值。对这些物质,不进行定量的风险评估。实际上,对具有遗传毒性的食品添加剂、兽药和农药残留还没有认可的可接受的风险水平。⑥允许污染物达到"尽可能低的"水平。⑦在等待提交要求的资料期间,对食品添加剂和兽药残留可制定暂定的ADI值。但需要指出的是,农药残留联席会议(JMPR)并没有将这一政策用于农药残留ADI值的制定。

## 4.2.4 风险交流

风险交流是指风险评估者、风险管理者及社会相关团体公众之间各个方面的信息交流,包括信息传递机制、信息内容、交流的及时性、所使用的资料、信息的使用和获得、交流的目的、可靠性和意义。

随着公众对食品安全的关注日益增强,国际间贸易的竞争日益激烈,对风险交流提出了更多的要求,要求无论是科学工作者、管理者还是公众等有关各方进行相互对话,用清楚、全面的词句解释食品中各种危害所带来的风险的严重性和程度,使公众感到可靠和值得信任。这要求风险交流者认识和克服目前知识中的不足以及风险评估中的不确定性所带来的障碍。

(1)风险交流在风险分析中的作用

风险交流是风险分析的重要组成部分,通过风险交流所提供的对所有相关信息和数据方法的综合考虑,为风险评估过程中应用某项决策及相应的政策措施提供指导。在明确和应用这一领域的政策时,风险管理者和风险评估者之间,以及他们与其他有关各方之间保持公开的交流,是非常重要的。

在正式的进行风险评估前,有关各方须收集适当的信息来描绘一个"风险的概况"。它描述食品安全问题及其来源,确定与各种风险管理决定有关的危害因素。这通常包括一系列初步的风险评估工作,而这些工作有赖于有效的风险交流。通过风险交流将某些解决食品安全问题的措施上升为国家标准,从而为我国标准的制定提供可靠的科学依据。

风险描述是将食品安全性风险评估的信息向风险管理者和其他有关各方进行交流的最初途径。因此,在风险描述中,定量评估应该有关风险的性质以及证据充分的资料支持。在定量的风险评估方面,交流存在一定程度的内在困难,这包括既要保证清楚地解释风险描述中内在科学的不确定性,又要保证对被交流者不能用难懂的科学术语和技术行话。风险评估者、风险管理者和其他各方的交流,都应该采用适合的目标人群的语言和概念。

风险交流有利于风险管理者在风险分析过程中确定和权衡所选择的政策和做出的决定。所有有关各方之间相互交流也有助于保证透明度、促进一致性,并提高风险管理水平。在可行的和合理的范畴内,有关各方应参与确定管理措施、制定选择时采用的标准和提供实施与评估措施的相关资料。当达成最终的风险管理决定时,使有关各方清楚地了解决策的基础是十分重要的。

在确定风险管理措施时,风险管理者通常需要考虑在风险评估中除科学因素外的其他因素,这对国家政府一级管理者来说,是特别重要的。就有关社会、经济、宗教、道德和其他问题进行相互交流是必不可少的,这样就使得这些问题能够得到公开地讨论和解决。

起草有关风险性的宣传材料是风险交流过程的一个重要步骤,也是一个需要认真考虑和专门从事的工作,同样也应当得到重视。良好的风险交流和适当的风险信息,不是减少矛盾和不信任的唯一途径,但不恰当的风险交流和信息肯定会增加矛盾和不信任。

(2)风险交流的目的

风险交流的根本目标是用清晰、易懂的术语向具体的交流对象提供有意义的、相关的和准确的信息,这也许不能解决各方存在的所有分歧,但可有助于更好地理解各种分歧,也可以更广泛地理解和接受风险管理的决定。有效的风险交流应该具有建议和维护义务以及相互信任的目标,使之推进风险管理措施在所有各方之间达到更高程度的和谐一致,并得到各方的支持。

风险信息交流的目的在于：①通过所有的参与者,在风险分析过程中提高对所研究的特定问题的认识和理解；②在达成和执行风险管理决定时增加一致化和透明度；③为理解建议的或执行中的风险管理决定提供坚实的基础；④改善风险分析过程中的整体效果和效率；⑤制定和实施作为风险管理选项的有效的信息和教育计划；⑥培养公众对于食品供应安全性的信任和信心；⑦加强所有参与者的工作关系和相互尊重；⑧在风险信息交流过程中,促进所有有关团体的适当参与；⑨就有关团体对于与食品及相关问题的风险的知识、态度、估价、实践、理解进行信息交流。

（3）风险交流的要素

风险交流的要素包括：风险的性质,利益的性质,风险评估的不确定性,风险管理的选择。

①风险的性质　包括危害的特征和重要性；风险的大小和严重程度；情况的紧迫性；风险的变化趋势；危害暴露的可能性；暴露的分布；能够构成显著风险的暴露量；风险人群的特点和规模；最高风险人群。

②利益的性质　包括与每种风险有关的实际或预期利益；收受者和收益方式；风险和利益的平衡点；利益的大小和重要性；所受影响人群的全部利益。

③风险评估的不确定性　包括评估风险的方法、每种不确定性的重要性、所得资料的缺点和不准确度、统计所依据的假设、估计对假设变化的敏感度和风险评估结论的变化对风险管理的影响。

④风险管理的选择　包括控制或管理风险的行动、个人可采取的降低其风险的行动、选择特定的风险管理选项的理由、特定措施的有效性、特定措施的利益、风险管理的费用和费用的出处以及执行风险管理措施后仍然存在的风险。

（4）风险交流的原则

①认识交流对象　在制作风险交流的信息资料时,应该分析交流对象,了解他们的动机和观点。除了总的知道交流对象是谁外,更需要把他们分组对待,甚至于把他们作为个体,来了解他们的情况,并与他们保持一条开放的交流渠道。倾听所有有关各方的意见是风险交流的一个重要组成部分。

②科学专家的参与　作为风险评估者,科学家必须有能力解释风险评估的概念和过程。他们要能够解释其评估的结论和科学数据以及评估所基于的假设和主观判断,以使风险管理者和其他有关各方能清楚地了解其所处风险。而且,他们还必须能够清楚地表达出他们知道什么,不知道什么,并且解释风险评估过程的不确定性。反过来说,风险管理者也必须能够解释风险管理决定是怎样做出的。

③建立交流的专门技能　成功的风险交流需要有向所有有关各方传达易理解的有用信息的专门技能。风险管理者和技术专家可能没有时间或技能去完成复杂的交流任务,比如对各种各样的交流对象(公众、企业、媒体等)的需求做出答复,并且撰写有效信息资料。所以,具有风险交流技能的人员应该尽早地参与进来。这种技能可以靠培训和实践获得。

④确保信息来源可靠　来源可靠的信息比来源不可靠的信息更可能影响公众对风险的看法。对某一对象,根据危害的性质以及文化、社会和经济状况和其他因素的不同,来源的可靠也会有变化。如果从多种来源的消息是一致的,那么其可靠性就得到加强。决定来源可靠性的因素包括被承认的能力或技能、可信任度、公证性以及无偏性。消息的及时传递及其重要的。因为许多争论都集中于这个问题,即"为什么不早点告诉我们"而不是风险本身。对信息

的遗漏、歪曲和出于自身利益的声明从长远来看,都会损害可靠性。

⑤分担责任　国家、地区和地方政府机构都对风险交流负有根本的责任。公众期望政府在管理公众健康的风险方面起领导作用。当风险管理的决定是采取强制或非强制的自愿控制措施时更是这样。如果是自愿控制,交流时应解释为什么不采取行动是最佳措施。为了了解公众所关注的问题,并且确保风险管理的决定已经以适当的方式回答了这些问题,政府需要确定公众对风险知道些什么,以及公众对各种风险管理措施的看法。

媒体在交流过程中扮演一个必不可少的角色,因而也分担这些责任。在交流过程中,涉及人类健康的紧急事件,特别是有潜在严重健康后果的风险,如食源性疾病,就不能等同于非紧急的食品安全问题。企业对风险交流也负有责任,尤其是其产品或加工过程所产生的风险。即使参与风险交流的各方(如政府、企业、媒体)的各自作用不同,但都对交流的结果负有共同的责任。因为管理措施必须以科学为基础,因此,所有参与风险交流的各方,都应了解风险评估的基本原则和支持数据以及做出风险管理决定的政策依据。

⑥区分"科学"和"价值判断"　在考虑风险管理措施时,有必要将"事实"与"价值"分开。在实际中,及时报道所了解的事实以及在建议的或实施中的风险管理决定中包含的不确定性是十分有用的。风险交流者有责任说明所了解的事实,以及这种认识的局限性,而"价值判断"包含在"可接受的风险水平"这个概念中。为此,风险交流者应该能够对公众说明可接受的风险水平的理由。许多人将"安全的食品"理解为零风险的食品,但众所周知零风险通常是不可能达到的。在实际中,"安全的食品"通常意味着食品是"足够安全的"。解释清楚这一点,是风险交流的一个重要功能。

⑦确保透明度　为了使公众接受风险分析过程及其结果,要求这个过程必须是透明的。除因为合法原因需保密(如专利信息或数据),风险分析中的透明度必须体现在其过程的公开性和可供有关各方审议两方面。在风险管理者,公众和有关各方之间进行的有效的双向交流是风险管理的一个必不可少的组成部分,也是确保透明度的关键。

⑧正确认识风险　要正确认识风险,一种方法是研究形成风险的工艺或加工过程,另一种方法是将所讨论的风险与其他相似的更熟悉的风险相比较。一般来说,风险比较只在下列情况下采用:

Ⅰ:两个(或所有)风险评估是同样合理的;Ⅱ:两个(或所有)风险评估都与特定对象有关;Ⅲ:在所有风险评估中,不确定性的程度是相似的;Ⅳ:对象所关注的问题得到认可并着手解决;Ⅴ:有关物质、产品或活动本身都是直接可比的,包括直觉和非直觉暴露的概念。

(5)风险交流的责任

①政府　不管采用什么方法来管理危害公众健康的风险,政府都对风险交流负有根本的责任。当风险管理的职责放在使有关各方充分了解和交流信息的职责上时,政府的决策就有义务保证,参与风险分析的有关各方有效地交流信息。同时风险管理者还有义务了解和回答公众关注的危害健康的风险问题。

在风险信息时,政府应该尽力采用一致的和透明的方法。进行交流的方法应根据不同问题和不同对象而有所不同。这在处理不同特定人群对某一风险有着不同看法时最为明显。这些认识上的差异可能取决于经济、社会和文化上的不同,应该得到承认和尊重。只有其所产生的结果(即有效地控制风险)才是最重要的。用不同方法产生相同结果是可以接受的。

通常政府有责任进行公共健康教育,并向卫生界传达有关信息。在这些工作中,风险交流能够将重要的信息传递给特定对象,如孕妇和老年人。

②企业界  企业有责任保证其生产的食品的质量和安全。同时,企业也同政府一样,有责任将风险信息传递给消费者。企业全面参与风险分析工作,对做出有效的决定是十分必要的,并且可为风险评估和管理提供一个主要的信息来源。企业和政府间经常性的信息交流通常涉及在制定标准或批准新技术、新成分或新标签的过程中的各种交流。在这方面,食品标签已经、并通常用于传递有关食物成分以及如何安全食用的信息。将标签作为交流手段,使之成为风险管理的一种方法。

风险管理的一个目标是确定最低的、合理的和可接受的风险,这就要求对食品加工和处理过程中一些特定信息有一定了解,而企业对这些信息具有最好的认识,这对风险管理和风险评估者拟定有关文件和方案时将发挥至关重要的作用。

③消费者和消费者组织  在公众看来,广泛而公开地参与国内的风险分析工作,是切实保护公众健康的一个必要因素。在风险分析过程的早期,公众或消费者组织的参与有助于确保消费者关注的问题得到重视和解决,并使公众更好地理解风险评估过程,以及如何做出风险管理决定,而且这也能够进一步为由风险评估产生的风险管理决定提供支持。消费者和消费者组织有责任向风险管理者表达他们对健康风险的关注和观点。消费者组织应经常和企业政府一起工作,以确保消费者关注的风险信息得到很好的传播。

④学术界和研究机构  学术界和研究机构的人员,以他们对于健康和食品安全的科学专业知识,以及识别危害的能力,在风险分析过程中发挥重要作用。媒体或其他有关各方可能会请他们评论政府的决定。通常,他们在公众和媒体心目中具有很高的可信度,同时也可作为不受其他影响的信息来源。通过研究消费者对风险的认识或如何与消费者进行交流,以及评估交流的有效性,这些科研工作者也可有助于风险管理者寻求对风险交流方法和策略的建议。

⑤媒体  媒体在风险交流中显然也起到非常关键的作用。公众得到的有关食品的健康风险信息大部分是通过媒体获得的。各种大众媒体针对不同事件、不同场合以及不同媒体发挥着各式各样的作用。媒体可以仅仅是传播信息,但也可制造或说明信息。媒体并不局限于从官方获得信息,它们的信息常常反映出公众和社会其他部门所关注的问题。这使得风险管理者可以从媒体中了解到以前未认识到的公众关注的问题。所以媒体能够并且确实促进了风险交流工作。

(6)风险交流的障碍

目前,进行有效的风险情况交流还存在以下 3 方面的障碍:①信息获取障碍。进行风险分析所需要的重要信息并不总是能轻易地从掌握这些信息的人(组织)手中获得。有时,企业或其他私人可能有某一风险的专门信息,但是,出于保护其竞争地位的需要或其他商业目的,他们不愿与政府机构分享这些信息。另一方面,政府机构也可能由于各种各样的原因,不愿公开讨论他们所掌握的食品所处的风险。无论是风险管理者,还是其他有关方面,在任何情况下,如果无法获得风险的关键资料,将使在危害识别和风险管理中的交流工作更加困难。另外,消费者组织和发展中国家在风险分析过程中的参与程度不够,也是信息获取障碍的一个因素。②由于经费缺乏,目前 CAC 对许多问题无法进行充分地讨论,工作的透明度和效率有所降低,另外,在制定有关标准时,考虑所谓非科学的"合理因素"造成了风险情况交流中的障碍。③由于公众对风险的理解、感受性的不同以及对科学过程缺乏了解,加之信息来源的可信度不同和新闻报道的某些特点,以及社会特征(包括语言、文化、宗教等因素)的不同,造成进行风险情况交流时的障碍。

因此,为了进行有效的风险情况交流,有必要建立一个系统化的方法,包括搜集背景和其他必要的信息、准备和汇编有关风险的通知、进行传播发布、对风险情况交流的效果进行审查和评价。另外,对于不同类型的食品风险问题,应当采取不同的风险情况交流方式。

(7)风险交流的策略

在风险分析的全过程中,为切实保障风险管理的策略能有效地把危害公众健康的各种食源性风险降到最低限度,信息交流始终扮演着一个极其重要的角色。在这个过程中,许多交流都是在风险管理者和风险评估者之间进行重复的意见交换。两个关键步骤——危害识别与风险管理措施的选择均要求在所有有关各方之间进行风险交流,以帮助增加管理决定的透明度和提高人们对结论的接受水平。

风险交流发生在许多不同种情况下,研究和经验都表明应有不同的风险交流策略来适应不同的情况。虽然有许多相似之处,但是,处理食品安全的紧急事件和与公众进行食品技术的风险和利益的对话,以及交流那些针对慢性和低的食品风险的信息所需要的策略之间在许多方面都不同。

①有效风险交流的一般要求  有效的风险交流的许多要求,特别是那些涉及公众的要求,可以按以下风险交流过程的系统方法进行排序分组。首先,收集背景资料和需要的信息;接着制作、编辑、传播并发布信息;最后,对其效果进行审核和评估。背景信息包括了解风险以及相应的不确定性的科学依据;通过风险调查、访问和重点人群讨论等方式,了解公众对风险的看法;找出人们需要的风险信息是什么;关注那些人们认为比风险本身更为重要的相关问题。预期到不同的人对风险的理解会不同。传播和发布的要求:通过可理解的方式来描述风险、利益的信息和控制措施,接受公众并将其作为合法的参与者;分担公众所关心的问题,而不是认为这些问题不合理或不重要而置之不理。将对公众所关心的问题像统计资料一样受到重视;诚实、坦率并且公开地讨论所有的问题;在解释风险评估推导出的统计数据时,应在摆出这些数字之前,先说明风险的评估过程;综合并利用其他来源可靠的信息;满足媒体的需要。审核和评估的要求:评估风险信息资料和交流渠道的有效性;注重监测、管理以及减小风险的行动;周密计划并评估所做的努力。

②风险分析过程中交流的具体方针  政府所建立的食品安全信息办公室,用来进行日常食品安全咨询服务,必要时也可作为突发事件管理中心。同时食品安全委员会对食品安全做出评估并向政府官员提供建议。该委员会可由微生物专家、医学专家、毒理学家以及涉及公共卫生和具有食品管理经验的其他科学家、消费者组织和企业的代表组成。委员会的讨论结果和建议可以通过官方公告或行政通知,以及大众媒体使公众知晓,委员会也可为参加法典会议的国家代表团提供意见。

企业应该更加积极地行动起来,如果消费者在食品处理、储藏或其他操作方面的行为可能会有助于控制食源性疾病的爆发,那么,企业应清楚地告诉消费者应采取什么措施。这种交流应该基于对消费者认识程度的现实评估。有关如何安全地处理、制备和储存食品的指导意见应采用清楚、毫不含糊的语言,必要时,可利用图形和图像。

审慎地使用标签是一项风险管理、风险交流的策略,而它的有效性还需要进一步研究。标签已经广泛地用于向消费者传达某类消息如在:食品成分、营养价值、重量、食用方法,以及关于某种健康问题的警示。但是,标签不能代表对消费者的教育。在评估使用食品标签在风险交流中的作用时,重要的是看公众所关注的问题是否有标示和说明。

由于地方政府与当地群众密切接触,因此,通常更有可能被看作是值得信赖和可靠的风险信息来源。所以地方官员应当作为重要的角色参加风险交流活动。将食品安全信息纳入初级卫生保健工作中,这也应该包括利用适当的传媒系统如:大众媒体、表演、招贴画、小册子、录像等,传播重要的风险交流消息。

有必要对风险交流工作和计划进行定期和系统的评估,以确定其有效性,并在必要时进行修正。如果要有效评估就必须明确说明交流的目的,包括交流所覆盖的风险人群比例、是否采取了正确的降低风险措施以及突发事件解决的程度。为了调整和完善不断进行的交流活动,吸取正反两方面的风险交流经验和教训是很重要的。只有在交流的全过程中进行系统地评估,才能加强交流过程。

### 4.2.5 食品安全标准制定原则

食品安全标准是食品卫生法律体系中重要的、特殊的技术性规范性文件,在实施食品卫生监督管理、保证食品卫生法律、规范及规章的顺利执行、维护食品安全等方面具有重要的参考作用和实用价值。

(1)食品安全标准制定的基本原则

CAC 将有关风险分析方法的内容列入《法典程序手册》中,包括"与食品安全有关的风险分析术语"以及"CAC 一般决策中有关食品安全风险评估的原则声明"等,指出法典有关健康、安全的决策都要以风险评估为基础,依照特定步骤以公开的形式进行,尽可能应用定量资料描述出风险的特征,并将之与风险管理的功能相区分。《法典程序手册》还敦促各国采用统一的制标原则;促进有关食品安全措施的协调一致。世界贸易组织(WTO)的卫生和植物卫生措施协定(SPS 协定)第 5 条亦明确规定:各成员国应保证其卫生与植物卫生措施的制定以对人类、动物或植物的生命或健康所进行的、适合有关情况的风险评估为基础,同时考虑有关国际组织制定的风险评估技术。"以上文件和协定中的引述都确定了危险风险评估在协调各国食品安全标准、法规中的法律地位。同时,WTO 的基于科学、透明度和协调一致等原则同样都要求在制定标准的过程中运用风险评估。

鉴于风险分析在食品标准的制定以及食品安全管理中进行决策的重要性,FAO/WHO于 1995—1999 年分别召开了 3 次有关风险分析的国际专家咨询会,即"风险分析在食品标准中的应用""风险管理与食品安全",以及"风险信息交流在食品标准和安全问题上的作用";其目的主要是鼓励各成员国在制定本国的卫生和植物卫生措施以及参与制定国际食品法典标准中应用这些原则,从而达到协调一致和减少贸易争端的目的。

综上所述,无论是食品法典(CAC)标准或是国家标准的制定都必须基于风险评估的结果,这也正体现了食品安全标准制定的基本原则。

(2)风险评估原则在我国食品安全标准制定中的应用

我国自 20 世纪 50 年代卫生部门制定第一项酱油中砷限量规定至今,在我国食品安全标准的制定过程中便一直贯穿着"风险评估"的原则。到目前已开展的与"风险评估"相关的工作包括:

①建立《食品安全性毒理学评价程序》 食品安全性毒理学评价程序是对食品中化学性健康危害物质进行危害鉴定与危害特征描述的基本方法。因此,建立《食品安全性毒理学评价程

序》是开展风险评估的基础性工作。20世纪70年代,中国医学科学院首先开始系统建立该程序的工作,原卫计委卫生监督检验所作为学科牵头单位负责组织研制我国的《食品安全性毒理学评价程序标准》,并于1994年由卫计委批准发布了该标准。2000年后该标准又被修改更新,修改后的《食品安全性毒理学评价程序》(GB 15193.1—2003)包括了进行危害鉴定与危害特征描述的多项方法,并且对实验研究进行了严格的规范。2014年该标准再次更新为"食品安全国家标准食品安全性毒理学评价程序》(GB 15193.1—2014)。《食品安全性毒理学评价程序》的制定与实施为我国更好地开展风险评估提供了技术支持。

②在全国范围内开展中国居民营养状况调查与总膳食调查 在卫计委组织下,我国于1959年、1982年、1992年和2002年先后在全国范围内开展了四次中国居民营养状况调查,为准确地进行我国食品中健康危害物的膳食暴露量评估提供了系统的食物消费量数据。此外,在1990年和1992年卫计委又先后开展了两次中国总膳食研究,研究不仅全面地评价了我国居民膳食中主要健康危害物的膳食暴露量,而且还对食品安全标准的保护效果进行了专项评估,该项工作为修订和完善我国食品安全标准提供了极具参考价值的科学依据。

③建立我国的食品污染物监测网 食品中各种污染物及其污染量的监测数据是制定和实施食品安全标准的重要依据,而全国性的、系统性的、连续性的食品污染物及其污染量资料对于国家食品安全标准的制定和完善则更有意义。原中国预防医学科学院营养与食品卫生研究所在20世纪80年代接受WHO/FAO委托建立全球污染物监测点的同时,便开始了全国食品污染物的监测工作。2000年,在卫计委的支持下,中国疾病预防控制中心营养与食品安全所又在此基础上建立了更为完善的全国食品污染物监测网络,目前该网扩展到了全国32个省、直辖市和自治区。食品中污染物监测数据不仅有助于了解我国食品污染状况和发展趋势,同时,也可以为风险评估工作提供了大量参考数据。

④食品中化学危害物的风险评估 自20世纪70年代开始,卫计委先后组织开展了食品中铅、砷、镉、汞、铬、硒、黄曲霉毒素 $B_1$、铝、残留农药以及部分塑料食品包装材料树脂及成型品浸出物等的风险评估。其中,一部分是利用FAO/WHO联合食品添加剂专家委员会等国际权威机构的数据完成了我国居民的人群流行病学调查与膳食暴露量评估,一部分(如铬等)则是由我国卫计委所属科研机构完成了风险评估四个阶段的工作。

(3)未来的发展

虽然我国在标准制定过程中已应用了风险评估的科学原则,但由于人力、物力的限制,我国风险评估专项基础研究还不够,通过调查和监测等方式获得的风险评估数据还十分有限,风险评估技术也有待进一步提高。这些因素的存在影响了我国食品安全标准的科学性和可操作性。

由于我国食品安全标准在科学基础方面与发达国家还存在一定差距,将来还需要进一步加强风险评估能力的建设,逐步扩大食品污染物监测网络的监测范围和监测内容,并继续开展总膳研究等膳食暴露相关评估工作,为安全标准的制定提供更多的数据。对于新出现的各类污染因素和食品安全的热点问题,应及时采用风险评估技术开展针对性研究,通过各种途径充分获取食品中污染物数据及居民膳食消费数据,然后依据膳食摄入量决定是否需要制定或修订相关安全标准。

## ❓ 思考题

1. 食品安全性毒理学评价程序的内容包括哪些方面?
2. 对不同受试物选择毒性试验时遵循哪些原则?
3. 风险分析主要由哪几部分组成? 各部分之间的关系是什么?
4. 什么是风险评估? 风险评估由哪几个部分组成?
5. 暴露评估的摄入量评估中食物的消费数据可通过哪些方法获得?
6. 生物性危害定量评估的主要困难体现在哪些方面?
7. 风险管理的主要内容及一般原则是什么?
8. 什么是风险交流? 风险交流的内容和原则是什么?

## ▶ 参考文献

[1] 欧洲食品安全:食物和膳食中化学物的风险评估. 肖颖,李勇译. 北京:北京医科大学出版社,2005.

[2] 吴永宁. 现代食品安全科学. 北京:化学工业出版社,2003.

[3] 李勇主. 营养与食品卫生学. 北京:北京大学出版社,2005.

[4] 杜蕾. 食品安全相关的风险分析的概念和基本内容. 上海食品药品监管情报研究,2006,83:35-39.

[5] 陈君石. 风险评估与食品安全. 中国食品卫生杂志,2003,15(1):3-6.

[6] 张志强,李晓瑜. "风险评估"及其在我国食品卫生标准研制中的应用. 中国卫生监督杂志. 2008,15(1):24-28.

[7] 樊永祥,李晓瑜. 中国食品卫生标准体系现状与面临的挑战. 中国食品卫生杂志,2007,19(6):505-508.

[8] 陈艳,刘秀梅. 食源性致病菌定量风险评估的实例. 中国食品卫生杂志,2008,20(4):336-340.

[9] 王峥,邓小玲. 食源性致病菌微生物风险评估的概况及进展. 国外医学卫生学分册,2009,36(5):276-280.

[10] 石阶平. 食品安全风险评估. 北京:中国农业大学出版社,2010.

[11] WHO. Application of Risk Analysis to Food Standards Issues. Report of the Joint FAO/WHO Expert Consultation. 1995. http://www. who. int/foodsafety/publications/micro/march1995/en/

[12] 李朝伟,陈青川. 食品风险分析. 检验检疫科学,2011(1):58-59.

[13] 张胜帮,李大春,卢立修,等. 食品风险分析及其防范措施. 食品科学,2003(8):145-147.

[14] 孟庆松,王键. 论进口食品风险管理. 检验检疫科学,2003(4):10-13.

[15] 罗祎,陈冬东,唐英章,等. 论食品安全暴露评估模拟模型. 食品科技,2007(2):21-24.

[16] Food Safety in Europe (FOSIE):risk assessment of chemicals in food and diet: overall introduction. Food Chem Toxicol. 2002,40(2-3):141-144.

[17] WHO. The Agreement on the Application of Sanitary and Phytosanitary Measures.

Uruguay round agreement. http://www.wto.org/english/docs_e/legal_e/15sps_01_e.htm

[18] EPA. Risk Assessment Guidance for Superfund (RAGS) Part A. Waste and Cleanup Risk Assessment. http://www.epa.gov/oswer/riskassessment/ragsa/

[19] 罗季阳,李经津,陈志锋,等. 进出口食品安全风险管理机制研究. 食品工业科技,2011,32(4):327-329.

本章编写人:柳春红

# 第5章 各类食品的安全与卫生

## 内容提要

> 本章主要介绍了粮谷类食品、豆类食品、果蔬类食品、肉类食品、乳类食品、蛋类食品、水产品、食用油脂、酒类以及无公害食品、绿色食品、有机食品的污染源、污染途径,以及相应的预防控制措施。

食品从农田到餐桌的各环节都可能受到不同污染物的污染,出现各种安全卫生问题,威胁人体健康。因此,研究和掌握各类食品的安全卫生问题,有利于采取适当的卫生管理措施,确保食品安全。

## 5.1 粮谷类食品的安全与卫生

粮谷类食品是膳食的重要组成部分,是我国居民的主食。谷物主要包括原粮和成品粮。原粮一般指未经加工的粮食统称,如稻谷、小麦、大麦、玉米、青稞和莜麦等;成品粮主要指将原粮经过加工脱去皮壳或磨成粉状以后,符合一定标准的成品粮食统称,如面粉、大米、小米、玉米面等。

### 5.1.1 粮谷类食品的安全性问题

(1)有毒植物种籽的污染

禾本科的粮食作物籽粒是人类粮食的主要来源,它们不含有毒成分,可安全食用。但自然界还存在一些有毒的植物种子,容易误食。

①毒麦 毒麦属于黑麦属的禾本科,一年生草本植物,是混生在麦田中的一种恶性杂草,其繁殖力和抗逆性很强。成熟籽粒极易脱落,通常有 10%～20% 落于田间。由于其种子含有黑麦草碱、毒麦碱等多种生物碱,能麻痹人体中枢神经系统,人畜食用含有 4% 以上的毒麦面粉即可引起中毒。

②麦角 麦角来源于麦角菌科麦角菌属的麦角菌,寄生在植物上所形成的菌核。麦角中含有麦角毒碱、麦角胺和麦角新碱等多种有毒生物碱,当人们食用混杂有大量麦角谷物或面粉所做的食品后,可发生麦角中毒。长期摄入低剂量的麦角也可对人体产生慢性损伤。麦角毒性很稳定,焙烤加工对其毒性影响较小。此外,若禾本科植物种子籽粒中掺杂其他有毒植物种子时,当食用面粉类制品后也可产生食物中毒现象,例如麦仙翁籽、槐籽、毛果洋茉莉籽等均能引起人体肠胃道疾病。

（2）霉菌与霉菌毒素的污染

谷物中富含蛋白质、脂肪、碳水化合物等营养成分,这些营养物质为粮食中微生物的生长、繁殖提供了物质基础。粮食中的微生物主要分布在谷物表面,附着于表皮或颖壳上,有的侵入谷粒内部,分布在皮层、胚乳和胚芽中。粮食上的微生物主要有细菌、酵母菌和霉菌三大种类。其中霉菌对粮食的危害最为严重,细菌次之,酵母较为轻微。

霉菌在自然界分布很广,世界各国由于经纬度、地形、季节、日照、温度、湿度、贮存等的不同,粮食被霉菌污染的情况存在差异。对粮食作物危害最大的是霉菌毒素。据联合国粮农组织（FAO）资料,世界上每年约有 25% 的谷物受到霉菌毒素不同程度的污染。在我国小麦、稻谷和玉米三大粮食作物中,主要的霉菌毒素是黄曲霉毒素和镰刀菌毒素,其次是赭曲霉毒素 A和杂色曲霉毒素。此外,粮食中常见的橘青霉、产黄青霉、黄绿青霉和岛青霉等也能在粮食贮藏中产生毒素,如黄变米中毒就是由以上几种真菌产生的毒素引起。

（3）农药残留的污染

我国目前常用的农药包括有机磷、氨基甲酸酯类、拟除虫菊酯类等品种,过去常用的农药包括有机氯、有机汞、有机砷等品种。粮谷类食品可通过施用农药和从被农药污染的环境吸收农药等途径受到直接或间接污染。

有机磷农药是目前使用量最大的一类杀虫剂,由于其性质不稳定,在食品中的残留可通过淘洗、加工、烹调等方法使其下降。氨基甲酸酯类农药被广泛用作杀虫剂、杀菌剂和除草剂,拟除虫菊酯类农药常用作杀虫剂和除螨剂,由于二者的理化性质不稳定易于分解,采用合理的施药方法后,在粮食上残留量较低,对人畜毒性也相对较小。有机氯农药对粮食的污染在 20 世纪 80 年代以前较为严重,我国自 1983 年禁止生产和进口以后,在主要食品的 DDT、六六六的残留检出量不断下降。有机汞农药是防治水稻稻瘟病及麦类赤霉病的高效有毒杀虫剂。由于汞的残留毒性很大,我国在 20 世纪 70 年代已禁止使用和生产。有机砷农药主要用于防治水稻纹枯病,由于砷元素可长期残留在土壤中,目前已禁用。除草剂品种较多,不论喷洒或土壤处理,均有部分被植物吸收,并在植物体内积累,对粮食造成污染。但除草剂通常在农作物的生长早期使用,且在土壤中易被微生物分解,粮食中的残留量相对较低。

（4）影响粮谷类食品安全性的其他因素

①污水灌溉的污染　中国是水资源相对匮乏的国家,水资源短缺和污染问题尤为突出。对污水的再生利用是减轻水体污染、改善生态环境、解决缺水问题的有效途径之一,这也是我国许多地方特别是北方地区采用污水灌溉的原因。污水中的多种有害有机成分经过生物、化学以及物理处理,可以减轻甚至消除,而以金属毒物为主的无机有害成分可使农作物受到污染,尤其工业废水不经处理或处理不彻底灌溉农田,易使土壤遭到严重污染。土壤污染造成有害物质在农作物中积累,并通过食物链进入人体,引发各种疾病危害人体健康。

②仓储害虫的污染　仓储害虫为贮藏期间粮食及其产品的害虫和害螨的统称。仓储害虫在原粮、半成品粮中均能生长,若仓库温度、湿度较高,适于虫卵孵化繁殖。谷粒被害虫蛀食后,碎粮增多;此外,虫粪、虫尸和害虫分泌物、排泄物也能污染粮食,或促使粮食霉变。我国的仓储害虫有 50 多种,其中甲虫损害米、麦、豆类;蛾类损害稻谷;螨类损害麦、面粉、花生等。

③意外污染和掺伪　粮食意外污染是指粮食因运输工具未清洗消毒或清洗消毒不彻底而被污染,或使用盛放过有毒物质的旧包装物的污染,以及贮存库位、库房不专用被有毒有害物

质污染,灭鼠药等药物保管不当的污染。此外,还包括加工粮食制品时误用了非食品添加剂等。谷类食品允许使用的食品添加剂种类较多,如作为面制品的含铝添加剂所引起的金属残留问题不容忽视。粮食熏蒸剂的使用不合理也是导致粮食污染的重要因素之一。

粮食掺假是指为了掩盖劣质粮食或以低质粮冒充高质粮或掺入砂子或使用增白剂等。如在大米中掺入霉变米、陈米;在面粉中掺入滑石粉、石膏、吊白块(次硫酸氢钠甲醛)等。尤其在粮食类食品中掺入非法使用的吊白块等工业增白剂,在全国多个地区都有报道。吊白块漂白食品后会有甲醛残留,可损害肝、肾以及中枢神经系统,影响机体的代谢功能。

### 5.1.2 粮谷类食品的安全卫生管理

(1)控制粮谷类的水分和贮藏条件

粮谷类食品具有季节生产、周年供应的特点,因而仓储过程对保持粮食的原有质量,减少贮藏损失至关重要。造成粮食贮藏及加工期间变质的主要因素有霉菌、昆虫、酶等。尤其在贮藏期间若水分含量过高,粮食呼吸代谢活动就会增强且发热,而霉菌、仓虫等也易生长繁殖,造成粮食霉变。因此应将粮食的水分含量控制在安全水分线(12%~14%)以下。其次,要尽量降低粮食贮藏的温度和湿度,以减少粮食发霉和变质的危险性。还要定期监测粮食的水分含量和温度,以及对粮仓定期清扫和消毒,严格执行粮库的卫生管理工作。

(2)防止农药和有害金属污染

谷类在种植过程中要合理使用农药,确定用药品种、用药剂量、施药方式及残留量标准。在使用熏蒸剂、杀虫剂、杀菌剂等防治各种贮粮害虫时,也应注意其使用剂量和残留量。要定期检测农田、粮食的金属毒物水平。此外,农田灌溉用水必须符合标准,工业废水和生活污水必须经处理达标后才能使用。

(3)防止有毒种子及无机夹杂物污染

加强选种、田间管理及收获后的清理可减少有毒种子的污染。我国相关标准规定,按重量计毒麦不得大于0.1%,麦角不得大于0.01%。在粮食加工过程中安装过筛、吸铁、风车筛选等设备可有效除去无机夹杂物,有条件时可逐步推广无夹杂物、无污染物的小包装粮。

(4)做好运输、包装、销售的卫生管理

粮食在运输时,铁路、交通、粮食部门要严格执行安全运输的各项规章制度。运粮应有清洁卫生的专用车辆以防止意外污染。粮谷类食品的包装必须专用,并在包装上标明"食品包装用"字样,包装袋口应缝牢固,防止撒漏。在销售过程中应防虫、防鼠、防潮、防霉变等,不符合要求的粮食禁止加工销售。

(5)加强依法监管

在粮谷类食品的生产加工过程中除了执行 GMP、HACCP 规程以外,还要使产品符合我国的相关安全卫生标准,主要有:《粮食》(GB2715)、《淀粉制品》(GB2713)、《食品中农药最大残留限量》(GB2763)等。

# 5.2 豆类食品的安全与卫生

我国豆类品种较多.分为大豆类(包括黄豆、黑豆、青豆)和其他豆类(包括绿豆、赤豆、蚕豆、豌豆等)。豆类食品是以豆类为原料经加工制成的食品,分非发酵性豆制品和发酵性豆制品两大类。非发酵性豆制品包括豆腐类、豆腐干类、腐竹、豆奶及豆粉等。发酵豆制品主要包括腐乳类和豆豉。大豆是我国以及世界上种植面积最大、加工制品最多、食用最广、营养价值较高的品种,是我国居民优质蛋白质的重要来源。

## 5.2.1 豆类食品的安全性问题

(1)豆类中常见的天然有毒有害物质

豆类营养价值丰富,但本身含有的一些抗营养因子降低了大豆及其他豆类的生物利用率。如果烹调加工合理,可有效去除这些抗营养因子。但是由于加热温度不够或时间不足,使这些有害成分不能彻底破坏,容易引起人体发生中毒。

①蛋白酶抑制剂 豆类中含有能抑制人体某些蛋白质水解酶活性的物质,称为蛋白酶抑制剂。目前发现的蛋白酶抑制剂有7~10种,主要存在于大豆中。它们可以对胰蛋白酶、糜蛋白酶、胃蛋白酶等的活性起抑制作用,尤其对胰蛋白酶的抑制作用最为明显。研究表明,蛋白酶抑制剂的有害作用不仅能通过抑制蛋白酶活性以降低食物蛋白质的消化吸收,导致机体发生胃肠道的不良反应,还可通过负反馈作用刺激胰腺,使其分泌能力增强,导致内源性蛋白质、氨基酸的损失增加,对动物的正常生长起抑制作用。

②植物红细胞凝集素 豆类的种子中普遍含有一种能使红细胞凝集的蛋白质,称为植物红细胞凝集素。凝集素的毒性主要表现在它可与小肠细胞表面的特定部位结合,对肠细胞的正常功能产生不利影响,尤其是影响肠黏膜细胞对营养物质的吸收,导致生长受到抑制,严重时可发生死亡。不同豆类凝集素的毒性大小存在差异,大豆中凝集素的毒性较小;而菜豆中的凝集素毒性较大,但不同品种间也存在差异性。

③脂肪氧化酶 目前在大豆中已发现近30种酶,其中脂肪氧化酶是较为突出的有害酶类。它能将大豆中的亚油酸和亚麻酸氧化分解,产生醛、酮、醇、环氧化物等物质,不仅产生豆腥味,还可产生有害物质,导致大豆营养价值下降。

④致甲状腺肿素 致甲状腺肿素是硫氰酸酯、异硫氰酸酯、恶唑烷硫酮等物质的总称。在大豆中致甲状腺肿素的前体物质是硫代葡萄糖苷。单个硫代葡萄糖苷无毒,但在硫代葡萄糖苷酶的作用下会产生致甲状腺肿大的一系列小分子物质。致甲状腺肿素是通过优先与血液中的碘结合,使甲状腺素合成所需碘的来源不足,而导致甲状腺代偿性增生肿大。

⑤苷类 豆类中含有多种苷类,主要是氰苷和皂苷。在豇豆、菜豆、豌豆等多种豆类中均发现有氰苷,水解时可产生氢氰酸,后者对人畜有严重毒性作用。大豆和四季豆主要含有皂苷,是类固醇或三萜类化合物的低聚配糖体的统称。苷苷能够破坏红细胞,具有溶血毒性。

⑥抗微量元素因子 像其他植物性食物一样,大豆中也含有多种有机酸,如植酸、草酸、柠檬酸等。这些有机酸能与铜、锌、铁、镁等矿物元素螯合,使这些营养成分不能被有效利用。

(2)霉菌及霉菌毒素的污染

豆类在田间生长、收获、贮存过程中的各环节都可能受到霉菌污染,豆类中常见的霉菌有曲霉、青霉、毛霉、根霉以及镰刀菌等。当环境温度较高、湿度较大时,霉菌易在豆中生长繁殖,不仅改变豆类的感官特性,降低其营养价值,还可能产生相应的霉菌毒素,对人体健康产生危害。

（3）影响豆类食品安全性的其他因素

豆类可通过直接的施用农药或从被污染的环境吸收农药，以及贮存、运输、销售过程中由于防护不当等原因受到农药的污染。若采用未经处理或处理不彻底的工业废水或生活污水灌溉农田，可以导致豆类受到有毒金属、酚类和氰化物等的污染。此外，豆类在生长、收割以及加工中可能会受到有毒植物种子、泥土、沙石等的污染，不仅影响感官品质，还能对人体的牙齿、胃肠道造成损伤。

目前豆制品的掺假问题也较为严重。如为了缩短豆芽的生长周期，在豆芽生长过程中加入农药、化肥等催发；在豆制品中添加非食用色素；在豆腐生产中使用工业石膏点制等，这些都可产生多种污染物，当人食用后会对机体带来潜在危害。

### 5.2.2 豆类食品的安全卫生管理

（1）原料的种植及处理

豆类原料种植时对各种污染的控制与谷类食品原料相同。原料使用前应仔细筛选，去除霉变、虫蚀等变质部分及混有的夹杂物和其他有害物质，要将大豆种子的水分含量降至12%以下。

（2）钝化抗营养因子

豆类经过加工以后可对抗营养因子起到不同程度的钝化作用。如采用常压蒸汽加热30 min可破坏生大豆中的蛋白酶抑制剂；采用95℃以上加热15 min，再用乙醇处理后减压蒸发可以钝化脂肪氧化酶；大豆通过加工成豆制品以后，可以有效去除植物红细胞凝集素、致甲状腺肿素、甙类、植酸等抗营养因子。

（3）做好豆类食品的生产、贮存和运输管理

豆类食品的生产车间建造及设施应符合卫生要求，生产过程中，注意个人卫生。使用的管道、容器、用具、包装材料及涂料不得使用对人体有害的材料，经常保持清洁。生产管道、容器、用具（如豆腐屉、豆包布）等，使用前应清洗消毒，如用热碱水洗净后，再通入蒸汽或直接煮沸消毒，做到生熟分开。发酵豆制品所使用的菌种应定期鉴定，防止污染和变异产毒。成品贮存应有防腐措施，逐步做到低温冷藏，还应注意与贮存有关的害虫；运输应严密遮盖，逐步做到专车送货，提倡小包装。销售直接入口食品应设有防蝇、防尘的专用间或设施。

（4）加强安全监管

豆类食品生产时不得使用变质或未去除有害物质的原料、辅料，生产加工用水应符合《生活饮用水卫生标准》（GB5749），使用食品添加剂应符合《食品添加剂使用卫生标准》（GB2760）。此外，产品还要符合我国的相关安全卫生标准，如《大豆》（GB1352）、《面筋制品》（GB2711）、《豆制品》（GB2712）等。

## 5.3 蔬菜、水果类食品的安全与卫生

蔬菜、水果营养价值较高，不仅可为人体提供丰富的维生素和矿物质，而且还可提供具有特殊生物学作用的植物化学物，如植物固醇、单萜类、硫化物、多酚等。然而，蔬菜、水果的可食用部分多为根、茎、叶、花、果实等，在其生长过程中直接暴露在环境中，易受到多种有害物质的污染。

### 5.3.1　蔬菜、水果类食品的安全性问题

（1）蔬菜、水果中常见的天然有毒有害物质

蔬菜、水果中含有大量的维生素、矿物质、膳食纤维等营养成分，但少量品种也含有一些天然毒素，若食用不当会引起中毒。

①蔬菜中的亚硝酸盐　蔬菜在生长期间，若过量施用氮肥，易受到硝酸盐的污染，尤其叶菜类蔬菜容易累积硝酸盐。当蔬菜采收后在不适当环境中存放，尤其腐烂时或煮熟后放置过久，易导致亚硝酸盐含量明显升高。当机体摄入亚硝酸盐含量较高的蔬菜时，可使人体出现中毒症状。

②十字花科蔬菜中的有毒成分　十字花科植物中常见的蔬菜包括油菜、甘蓝、芥菜，萝卜等，它们均含有芥子油甙，后者可对人体的生长产生抑制作用和致甲状腺肿大。由于油菜和甘蓝不仅可供人类食用，部分还可作为牲畜饲料。近年来，国内外也有家畜食用油菜、甘蓝榨油后的菜籽饼引起中毒的报道。

③鲜黄花菜中的有毒成分　黄花菜又叫金针菜，是多年生草本植物，通常为干制品。鲜黄花菜含有一种叫秋水仙碱的化学物质，它本身并无毒，但进入机体被氧化后可产生剧毒物质二秋水仙碱。人体若一次摄入 50～100 g 的鲜黄花菜即可引起中毒。

④白果中的有毒成分　白果又名银杏，是我国特产，在其肉质外种皮、种仁和胚中均含有白果二酚、白果酚等有毒物质，尤其白果二酚毒性较大。当人体食用过量或生食白果，以及直接接触种皮层和种仁后均可引起中毒。

（2）细菌污染

新鲜蔬菜、水果的体表易受到微生物污染，主要来自环境中的土壤。尤其可被土壤中的产芽孢菌群、棒状杆菌及一些其他土壤微生物污染。若土壤采用粪便施肥还可能含有沙门氏菌等致病微生物。其次用未经处理的污水灌溉农田也可造成微生物污染。此外，在收获、搬运、销售过程中，操作人员的手也是导致蔬菜、水果受到微生物污染的主要因素之一。

（3）霉菌及霉菌毒素污染

多数水果由于其酸度较高，细菌难以生长，但易受到霉菌及霉菌毒素污染。如在变质果汁中以青霉属最为常见，其次是曲霉属。二者均可产生展青霉素，该毒素具有细胞毒性作用。

（4）寄生虫污染

生食蔬菜、水果是感染寄生虫的主要途径。生菜类受到的主要污染来源是含有寄生虫卵而未经无害化处理的人畜粪便、生活污水及土壤；当蔬菜、水果食用前清洗不净或加热不彻底，食用后就易使机体感染肠道寄生虫病。

（5）农药残留污染

随着栽培技术的不断进步，蔬菜、水果的生长周期已日趋缩短，但随着环境污染的加剧，蔬菜、水果的病虫害却不断加重，使得绝大部分蔬菜、水果都需要多次施药后才能成熟上市。同时由于农药销售渠道混乱，监管不力，以及农民缺乏科学使用农药的方法或受经济利益的驱动，乱用或滥用农药的情况十分普遍，结果导致蔬菜、水果中农药残留增多，在诸多食品中受农药污染最为严重，它的直接危害是导致食物中毒。

（6）其他污染

工业"三废"也是污染蔬菜的重要因素，若不经处理直接灌溉菜地，毒物可通过蔬菜进入人体产生危害。通常重金属造成的污染一般很难彻底清除。不同类别蔬菜对重金属的富集能力存在差异，一般规律是叶菜＞根茎＞瓜茄类＞豆类。此外，放射性物质、多环芳烃类化合物、包装材料等也可能对蔬菜、水果造成污染，从而影响人体健康。

### 5.3.2　蔬菜、水果类食品的安全卫生管理

（1）防止腐败变质

蔬菜、水果含水量较高，组织脆弱，极易受损被细菌或霉菌污染而发生腐败变质。在种植期间加强田间管理是防止蔬菜、水果发生腐败变质的重要措施。收获后要剔除有外伤的蔬菜、水果，保持其外形完整，采用低温贮藏、及时食用。低温贮藏是延缓衰老，保持新鲜度，防止微生物繁殖的关键因素。对水果也可采用防霉剂，杀灭和抑制产毒霉菌。

（2）防止寄生虫污染

对人畜粪便采用无害化处理可有效防止寄生虫的污染，采用沼气池处理法不仅能有效杀灭寄生虫卵和肠道致病菌，而且还可提高肥效。生活污水灌溉前应经沉淀处理以去除寄生虫卵，避免污水与蔬菜直接接触，禁止使用未经处理的生活污水进行灌溉。水果和生食蔬菜在食用前应清洗干净，必要时应消毒。

（3）控制农药残留

预防农药污染，确保食用者安全，要切实执行预防为主、综合防治的方针。不仅要选用抗病品种、合理轮作、加强田间管理，最大限度减少病虫害的发生；而且要采用各种有效的非化学方法综合防治病虫害。若使用农药必须严格按照我国农药使用的相关规定执行，不得任意扩大农药使用品种、剂量、次数以及缩短安全间隔期。

（4）控制有害化学物质污染

采用工业废水进行灌溉或经过无害化处理，水质应符合国家工业废水排放标准后才能使用。在污染区内应选择对有毒金属富集能力弱的蔬菜品种进行栽培，可以有效减轻污染；也可将蔬菜、水果生产基地转移到郊区或偏远农村。减少硝酸盐和亚硝酸盐污染的主要措施是进行合理的田间管理及采后低温贮藏。

（5）加强安全监管

要严格执行蔬菜、水果的相关卫生标准，如《果蔬汁类及其饮料》（GB/T 31121）、《酱腌菜》（GB 2714）、《饮料》（GB 7101）等。

# 5.4　肉类食品的安全与卫生

### 5.4.1　畜、禽肉及肉制品的安全与卫生

肉是指供人类食用，或已被判定为安全的、适合人类食用的畜禽的所有部分，包括畜禽胴体、分割肉和食用副产品，主要由肌肉组织、脂肪组织、结缔组织以及骨骼组成。胴体又称为白条肉，是指放血、脱毛、剥皮或带皮、去头蹄（或爪）、去内脏后的动物躯体。食用副产品是指畜

禽屠宰、加工后,所得内脏、脂、血液、骨、皮、头、蹄(或爪)、尾等可食用的产品。肉类含有人体所需的多种营养成分,食用价值较高。但肉类也易受到致病菌和寄生虫的污染发生腐败变质,是导致人体发生食物中毒的重要原因。

(1)原料肉的安全卫生问题

①肉的腐败变质  宰后的肉从新鲜到腐败变质要经过僵直、成熟、自溶和腐败四个变化。刚屠宰的肉呈中性或弱碱性(pH 7.0～7.4),由于肉中糖原和含磷有机化合物在组织蛋白酶作用下分解为乳酸和游离磷酸,使肉 pH 下降(pH 5.4～6.7),pH 在 5.4 时达到肌凝蛋白等电点,使肌凝蛋白发生凝固,导致肌纤维硬化出现僵直。此时的肉风味较差,不适宜用作加工原料。僵直后,肉中糖原继续分解产生乳酸,使 pH 持续下降,组织蛋白酶将肌肉中的蛋白质分解为肽、氨基酸等;同时 ATP 分解产生次黄嘌呤核苷酸,此时肌肉组织逐渐变软并具有一定弹性,产生芳香味,肉的横切面有肉汁流出,在肉表面形成干膜,此过程称为肉的成熟。肉的成熟过程可以改进其品质。

宰后的肉若在不合理条件下贮藏,如温度较高,可以使肉中组织蛋白酶活性增强,导致肉中蛋白质发生强烈分解。除产生多种氨基酸外,还产生硫化氢、硫醇等物质,但氨的含量极微。若硫化氢、硫醇与血红蛋白结合,在肌肉表层和深层可形成暗绿色的硫化血红蛋白,并伴有肌纤维松弛的现象,此过程称为肉的自溶。肉发生自溶后为微生物入侵、繁殖创造了条件,微生物产生的酶不仅使肌肉中的蛋白质分解为氨基酸,而且还使氨基酸经过脱氨、脱羧等反应,进一步分解为胺、氨、硫化氢、吲哚、硫醇以及有机酸等具有强烈刺激性气味的物质,使肉完全失去食用价值,这个过程称为肉的腐败变质。通常肉发生腐败变质时,其含有的脂肪和糖类也同时受到微生物的分解作用,产生各种低级产物,但脂肪等的变化相对于蛋白质的变化影响相对较小。

②人畜共患传染病  人畜共患传染病是指在脊椎动物与人类之间自然传播感染的疫病。病原体包括细菌、病毒、真菌、原生动物和内外寄生虫等,可通过直接接触或以节肢动物、啮齿动物为媒介以及病原污染的空气、水等传播。目前,全世界已证实的人畜共患传染病有 200 多种,已在多个国家流行。我国常见的人畜共患传染病包括炭疽、结核病、布鲁氏菌病、狂犬病、口蹄疫以及旋毛虫病等。人若食用了患有人畜共患传染病的动物组织,可出现由这些病原体引起的传染病和寄生虫病。

③农药和兽药残留的污染  畜禽饲料中农残可通过食物链在畜禽的肉、内脏中残留;畜禽在养殖期间使用的药物也可能在畜禽的肌肉、内脏等组织中残留。若长期食用农、兽药残留超标的食品将对健康产生危害。

④掺假  肉类的掺假主要表现在增重和掩盖劣质,目的是为了牟利。通常是在猪、牛等屠宰前进行强制灌水,形成"注水肉"。在"注水肉"中,可能添加了阿托品、明胶、色素和防腐剂等,也可能注入污水,带入重金属、农药残留、病原微生物等有毒有害物质,使肉品失去营养价值,易腐败变质。因此,"注水肉"对人体健康的危害不容忽视。

(2)肉制品加工中的安全性问题

①原料肉的预处理  原料肉的预处理包括清洗、切分、斩拌、腌制等,在这些过程中可能引起产品质量问题的原因有:清洗不干净留下污秽或病原物入侵;从屠宰分割后未得到即时冷却处理,微生物污染,导致肉的新鲜度降低;腌制时间过长,温度过高,引起肉品变质。

②辅料 肉制品生产的辅料包括各种调味料、香辛料和食品添加剂。对人体健康有一定不良影响的,如硝酸盐、亚硝酸盐、焦糖色素、姜黄色素等。再者就是辅料的变质或混入杂物,也可带来潜在的安全隐患。

③热处理 易引起产品质量问题的原因有:热处理的温度、时间、蒸汽压力不足而导致的加热不均、杀菌不彻底,容易在后期引起食品的腐败变质,缩短食品货架期;烟熏、烘烤时间过长,燃料燃烧不完全,或产品被烧焦或炭化,使肉中聚集大量的多环芳烃类、杂环胺类化合物,带来潜在的致癌风险。

④生产加工卫生 生产车间的环境卫生及布局不合理会造成原料、产品的污染;加工人员自身有传染性疾病如甲肝、结核等,或不注意清洁操作、器械消毒等,会将自身或外界的病原物带入肉制品中,造成病原微生物大量繁殖,影响食品安全。

此外,包装材料或容器中有害物质如塑料包装中的残余单体如苯乙烯等,可通过与食品接触而迁移到食品中;包装的密封性能不好以及在包装过程中由于不洁操作引起的二次污染。贮存的温度、湿度控制不好,易导致微生物在产品中大量繁殖,导致肉品的腐败变质;运输时包装破损将使产品受到污染。

### 5.4.2 畜、禽肉类食品的安全卫生管理

(1)生产场所的卫生要求

根据我国《畜禽屠宰加工卫生规范》的规定,肉类联合加工厂、屠宰厂、肉制品厂应建在地势较高,干燥,水源充足,交通方便,无有害气体、灰沙及其他污染源,便于排放污水的地区;不得建在居民稠密的地区。厂区应划分为生产区和非生产区,活畜禽、废弃物运送与成品出厂不得共用一个大门,场内不得共用一个通道。生产区各车间的布局与设施应满足生产工艺流程和卫生要求,车间清洁区与非清洁区应分隔。屠宰车间、分割车间的建筑面积与建筑设施应与生产规模相适应。车间内各加工区应按生产工艺流程划分明确,人流、物流互不干扰,并符合工艺、卫生及检疫检验要求。屠宰企业应设有待宰圈(区)、隔离间、急宰间、实验(化验)室、官方兽医室、化学品存放间和无害化处理间。屠宰企业的厂区应设有畜禽和产品运输车辆和工具清洗、消毒的专门区域。对于没有设立无害化处理间的屠宰企业,应委托具有资质的专业无害化处理场实施无害化处理。应分别设立专门的可食用和非食用副产品加工处理间,食用副产品加工车间的面积应与屠宰加工能力相适应,设施设备应符合卫生要求,工艺布局应做到不同加工处理区分隔,避免交叉污染。

(2)宰前检验和管理

待宰动物必须来自非疫区,健康良好,并有产地兽医卫生检验合格证书。动物到达屠宰场后,须经充分休息,在临宰前停食不停水静养 12～14 h,再用温水冲洗动物体表以除去污物,防止屠宰中污染肉品。宰前检验是指屠宰动物通过宰前临床检查,初步确定其健康状况,尤其是能够发现许多在宰后难以发现的人畜共患传染病,从而做到及早发现,及时处置,减少损失。通过宰前检验挑选出符合屠宰标准的动物,送进待宰圈等候宰杀。同时剔出有病的动物分开屠宰。患有严重传染病或恶性传染病的动物禁止屠宰,采用不放血的方法捕杀后予以销毁。

(3)屠宰加工卫生

畜禽屠宰工艺分为致昏、放血、剥皮或脱毛、开膛与净膛、胴体修整、冷却等。在屠宰过程

中,可食用组织易被来自体表、呼吸道、鬃毛或羽毛、呼吸道、消化道、加工用具、烫池水中(大型屠宰企业已采用蒸汽烫毛可有效降低该环节的微生物污染)的微生物污染。因此,应注意卫生操作,宰杀口要小,严禁在地面剥皮。宰杀后尽早开膛,防止拉破肠管。屠宰加工后的肉必须经冲洗后修整干净,做到胴体和内脏无毛、无粪便污染物、无伤痕病变。必须去除甲状腺、肾上腺和病变淋巴腺。肉尸与内脏统一编号,以便发现问题后及时查处。肉的剔骨和分割应在较低温度下进行,分割车间温度控制在12℃以下。只有经过检验合格、充分冷却后的肉才能出厂。

(4)宰后检验和处理

宰后检验是指对屠宰动物生命终止后的检验,是宰前检验的继续和补充。特别是对于那些病程还处于潜伏期,临床症状还不明显的屠畜尤为重要。要求同一屠畜的胴体和内脏统一编号,进行同步检验,防止漏检或误判。宰后检验常采用视检、嗅检、触检和剖检的方法,对每头动物的胴体、内脏及其副产品进行头部检验、皮肤检验、胴体检验、内脏检验、寄生虫检验和复检,检查受检组织器官有无病变或其他异常现象。在动物屠宰过程中,必须加强传染病的检验,防止疫病传播,经检验不合格的动物产品应按照《病害动物和病害动物产品生物安全处理规程》(GB16548)规定进行处理。根据宰前、宰后检疫检验结果,合格肉被加盖兽医验讫印章作为检疫合格标识。

(5)药物残留及其处理

为防止药物在动物组织中残留后导致人体中毒,要严格遵守农业部颁布的《动物性食品中兽药最高残留限量》公告,合理使用兽药,遵守休药期,加强兽药残留量的检测。国务院也颁布了《饲料和饲料添加剂管理条例》,要求严禁在饲料和饲料添加剂中添加盐酸克伦特罗等物品。

(6)加强对"注水肉"的监管

我国《生猪屠宰管理条例》中明确规定,对生猪、生猪产品注水或者注入其他物质的,由商务主管部门没收注水或者注入其他物质的生猪、生猪产品、注水工具和设备以及违法所得,并处罚款;构成犯罪的,依法追究刑事责任。该条例还规定国家对生猪实行定点屠宰、集中检疫、统一纳税、分散经营的制度。未经定点屠宰,任何单位和个人不得屠宰生猪,但农村地区个人自宰自食者除外。

此外,在制作熏肉、腊肉、火腿时,应注意降低多环芳烃的污染;加工腌肉或香肠时应严格限制硝酸盐或亚硝酸盐用量。对肉与肉制品要严格执行相关的安全卫生标准,如《鲜(冻)畜禽产品》(GB 2707)、《熟肉制品》(GB 2726)、《腌腊肉制品》(GB 2730)、《食品添加剂使用标准》(GB 2760)等标准。

# 5.5 乳类食品的安全与卫生

乳是哺乳动物怀孕分娩后从乳腺分泌出的一种白色或稍带微黄色的不透明液体,利用乳可以加工乳酪、酸乳、冰激凌等多种乳制品。乳及乳制品营养丰富,易受到微生物的污染,降低其食用价值和安全性。

## 5.5.1 乳及乳制品的安全与卫生

(1)原料乳的安全性问题

原料乳的安全性问题包括:在养殖过程中,若奶牛患有乳腺炎、结核等疾病,所产乳不得食用;在收购环节,挤奶操作不规范,对挤奶、贮奶、运奶设备的冲洗不彻底及冷藏不规范等易造成原料乳质量的下降。乳的变质过程常始于乳糖被分解、产酸、产气,形成乳凝块;随后蛋白质被分解产生硫化氢、吲哚等物质,脂肪也被分解,使乳产生臭味,不仅影响乳的感官性状,而且失去食用价值。若乳牛(羊)的饲料中有农药残留及其他有害物质,可成为影响乳品安全的重要隐患。

(2)乳制品的安全性问题

乳品在加工过程中,如果不注意管道、加工器具、容器设备的清洗、消毒,很容易影响产品质量。同时生产设备和工艺水平是否先进、新产品配方设计是否符合国家相关标准,包装材料是否合格也将影响产品的质量。由于乳品的易腐性和不耐储藏性,其在贮藏、运输、销售过程中可能发生变化。此外,掺杂掺假也是影响乳品质量的重要因素,如"乳粉中三聚氰胺事件""阜阳劣质奶粉事件"等。

### 5.5.2　乳类食品的安全卫生管理

(1)原料乳的安全管理

乳牛应定期预防接种并检疫,如发现病牛应及时隔离饲养观察。对各种病畜乳必须经过卫生处理。挤乳操作要规范。挤乳前 1 h 停喂干料并消毒清洗乳房,防止微生物污染。挤乳人员、容器、用具应严格执行卫生要求。开始挤出的一二把乳汁、产犊前 15 d 的胎乳、产犊后 7 d 的初乳、兽药使用期间和停药 5 d 内的乳汁、乳腺炎乳及变质乳等应废弃。挤出的乳立即进行净化处理,除去乳中的草屑、牛毛等杂质,净化后的乳应及时冷却。乳品加工过程中各生产工序必须连续生产,防止原料和半成品积压变质。要逐步取消手工挤乳。加强对生鲜乳收购环节控制,避免掺杂作假发生。

(2)乳品加工环节的安全控制

在原料采购、加工、包装及贮运等过程中,关于人员、建筑、设施、设备的设置以及卫生、生产及品质等管理必须达到《乳制品良好生产规范》(GB12693)的条件和要求,全程实施 HAC-CP 和 GMP。鲜乳的生产、加工、贮存、运输和检验方法必须符合《生乳》(GB19301)的要求。乳制品的生产要严格执行相关的安全标准,如《乳粉》(GB19644)、《发酵乳》(GB19302)等。

(3)乳品流通环节的安全控制

乳的流通环节要有健全的冷链系统,销售环节需控温冷藏。在贮存过程中应加强库房管理,根据产品的贮存条件贮存产品。贮乳设备要有良好的隔热保温设施,最好采用不锈钢材质,以利于清洗和消毒并防止乳变色、变味。运送乳要有专用的冷藏车辆且保持清洁干净。市售点应有低温贮藏设施。每批消毒乳应在消毒 36 h 内售完,不允许重新消毒再销售。

# 5.6　蛋类食品的安全与卫生

禽蛋含有人体所需要的多种营养成分,而且其消化吸收率很高,可以被人体充分利用。我国是农业大国,禽蛋资源丰富,在居民日常生活和食品加工中,蛋及蛋制品消费量较大。禽蛋在满足人们营养需要的同时,若在生产、加工、贮存、运输等方面受到污染而变质,也可能危害人体健康。

### 5.6.1  蛋类食品的安全性问题

（1）微生物污染

鲜蛋具有良好的防御结构和多种天然的抑菌杀菌物质。首先，蛋壳具有天然屏障作用，可起到机械阻挡微生物入侵的作用；其次，蛋内含有溶菌酶、伴清蛋白等杀菌和抑菌因子，对微生物起抑制和杀灭作用。但蛋类含有丰富的营养物质，是微生物生长繁殖的良好基质，污染多来自养殖环境、卵巢、生殖腔和贮运等环节。鲜蛋的主要生物性污染问题是致病菌（沙门菌、空肠弯曲菌和金黄色葡萄球菌）和引起腐败变质的微生物污染。通常鲜蛋的微生物污染途径主要来自3个方面：

①卵巢的污染  若禽类感染沙门氏菌及其他微生物后，特别是水禽类，生殖器官的生物杀菌作用较弱，来自肠道的致病菌可通过血液循环进入卵巢，使卵黄在卵巢内形成时被致病菌污染。

②产蛋时污染  禽类没有专用的产道，其排泄腔和生殖腔是合并在泄殖腔。蛋壳在形成前，排泄腔里的细菌可以向上污染输卵管，从而导致蛋受到污染。蛋从泄殖腔排出后，由于外界空气的自然冷却，引起蛋的内容物收缩，空气中的微生物可通过蛋壳上的气孔进入蛋内。

③蛋壳的污染  蛋壳可被禽类自身、产蛋场所、人手以及装蛋容器中的微生物污染。当鲜蛋处于温暖、潮湿条件下，微生物可逐渐通过蛋壳气孔侵入内部。此外，蛋因搬运、贮藏受到机械损伤使蛋壳破裂时，极易受到微生物污染，发生变质。

（2）农残、兽残及其他污染

蛋的化学性污染与禽类的化学性污染关系密切。饲料若受到农残、兽残（如抗生素、生长激素）、重金属污染，以及饲料本身含有的有害物质（如棉饼中游离棉酚）向蛋内转移和蓄积，造成蛋的污染。

（3）违法、违规加工蛋类

我国曾发生过使用化学物质人工合成假鸡蛋事件。假鸡蛋的蛋壳由碳酸钙、石蜡及石膏粉构成，蛋清则主要由海藻酸钠、明矾、明胶、色素等构成，蛋黄主要成分是海藻酸钠液加柠檬黄类色素。假鸡蛋无任何营养价值，长期食用可造成过量摄入明矾中的铝而导致记忆力衰退、痴呆等严重后果。我国还发生过为生产高价红心鸭蛋，违法在饲料中添加具有致癌作用的化工染料"苏丹红"的事件。

### 5.6.2  蛋类食品的安全卫生管理

（1）安全管理

为防止微生物对禽蛋的污染，提高鲜蛋卫生质量，应加强对禽类饲养过程的安全卫生管理，确保禽体和产蛋场所的清洁卫生，确保科学饲养禽类和加工蛋制品。

（2）蛋的贮藏、运输和销售卫生

温度是影响禽蛋腐败变质的重要因素，鲜蛋在较高温度下贮存容易发生腐败变质。所以鲜蛋最适宜在 $1 \sim 5℃$、相对湿度 $87\% \sim 97\%$ 的条件下贮藏或存放。当鲜蛋从冷库中取出时，应在预暖间放置一定时间，以防止因温度升高产生冷凝水而引起出汗现象，导致微生物对禽蛋的污染。若无冷藏条件，鲜蛋也可保存在米糠、稻谷或锯末中，以延长保存期。运输过程应尽量避免蛋壳发生破裂。鲜蛋不应与散发特异气味的物品同车运输。运输途中要防晒、防雨,以防止蛋的变质和腐败。鲜蛋销售前必须进行安全卫生检验,符合鲜蛋要求方可在市场上出售。

(3)蛋制品的安全管理

加工蛋制品的蛋类原料须符合鲜蛋质量和卫生要求,要严格遵守相关国家安全卫生标准,如《蛋与蛋制品》(GB2749)。皮蛋制作过程中须注意碱的含量,禁止加入氧化铅,严格执行《皮蛋》(GB/T9694)标准。目前以硫酸铜或硫酸锌代替氧化铅加工皮蛋,可显著降低皮蛋中的铅含量。

# 5.7  水产品的安全与卫生

水产品包括海水、淡水产品及其相应的加工品。鲜活水产品主要分为鱼、虾、蟹、贝四大类。根据加工工艺,加工品可分为水产冷冻、盐腌、干制、烟熏、罐头等几类制品。

## 5.7.1  水产品的安全性问题

(1)微生物的污染

由于生活、工业污水以及养殖废弃物的排放,使养殖环境中的微生物大量繁殖。微生物污染主要包括如下3类。

①细菌  海水鱼类机体上常见并可引起其腐败变质的细菌主要有假单胞菌属、无色杆菌属、黄杆菌属和摩氏杆菌属的细菌;而淡水鱼类机体上除上述细菌外,还存在产碱杆菌属和短杆菌属等属的细菌。这些微生物绝大多数在常温下生长、发育很快,能引起鱼类的腐败变质。甲壳类、贝壳类水产品多数生活在近海或淡水中,其表面或体内易携带多种致病菌;淡、海水中的水产品均有感染沙门氏菌、霍乱弧菌、副溶血性弧菌等的可能。从速冻鱿鱼、冻海螺肉中分离出了副溶血性弧菌、沙门氏菌;从冻海鱼中检出溶藻性弧菌、变形杆菌、星状诺卡氏菌等。尤其即食生鲜水产品被致病菌污染的风险较大。

②病毒  容易污染水产品的病毒有甲肝病毒、诺瓦克病毒、星状病毒等。这些病毒主要来自病人、病畜或带毒者的肠道,污染水体或与手接触后污染水产品。目前已报道的与水产品有关的病毒感染事件中,绝大多数是由于食用了生的或加热不彻底的贝类所引起。最典型的是20世纪80年代后期发生在上海的食用毛蚶而引起的甲肝大流行,患病总人数逾30万。

③寄生虫  鱼类、贝类水产品是多种寄生虫的中间宿主,常见的有华支睾吸虫、异形吸虫等。这些寄生虫被摄入后易使人感染人畜共患寄生虫病。2006年北京发生了因食用未煮熟的福寿螺肉而导致100多人患广州管圆线虫病的事件。

(2)天然毒素和过敏原

许多水产品中都含有天然毒素,被人误食后可能引起食物中毒。如河豚含有河豚毒素,鲨鱼、旗鱼、鳕鱼等肝脏含有毒素。水产品中主要有鱼类及其制品、甲壳类及其制品以及软体动物及其制品引起食物过敏。过敏原比较复杂,主要存在于鱼肉中,鱼皮和骨头制成的鱼胶制品也可能含一定的过敏原。

(3)水环境污染

水环境受到污染不仅直接危害水生生物的生长繁殖,而且污染物通过生物富集与食物链传递可危害人体健康。日本曾经发生的"水俣病""骨痛病"就是水环境受到汞、镉的污染,而最终导致水产品受到污染。

（4）鱼药残留

在鱼病防治过程中,滥用药物,如盲目使用抗菌药物、促生长剂以及不遵守休药期等都是导致鱼药在水产品中残留的主要原因。根据近年来数据调查显示,虽然水产品中药物残留超标率有所下降,但四环素类等残留量超标,以及孔雀石绿、睾酮等违禁药物屡禁不止的现象依然存在。

（5）水产加工中掺杂使假

部分水产品生产、销售人员在水产品中非法添加违禁物以谋取暴利,如贝类、虾制品滥用添加剂、掺水增重;水发、冰鲜水产品使用甲醛等也被报道。

### 5.7.2　水产品的安全卫生管理

（1）养殖环境的卫生要求

加强水域环境的管理,控制工业废水、生活污水的污染。控制施药防治水产养殖动物病害。保持合理的养殖密度,开展综合防治,健康养殖。

（2）保鲜措施

水生动物死亡后,受各种因素影响发生与畜肉相似的变化,包括僵直、自溶和腐败。鱼的保鲜就是要抑制鱼体组织酶的活力、防止微生物污染并抑制其繁殖,延缓自溶和腐败的发生。低温、盐腌是有效的保鲜措施。

（3）运输销售过程的卫生要求

生产运输渔船（车）应经常冲洗,保持清洁卫生;外运供销的鱼类及水产品应达到规定鲜度,尽量冷冻运输。鱼类在运输销售时应避免污水和化学毒物的污染,提倡用桶或箱装运,尽量减少鱼体损伤,不得出售和加工已死亡的黄鳝、甲鱼、乌龟、河蟹以及各种贝类;含有天然毒素的鱼类,不得流入市场。有生食鱼类习惯的地区应限制食用品种。此外,水产品的生产还要严格执行相关的卫生标准,如《鲜、冻动物性水产品》（GB2733）。

## 5.8　食用油脂的安全与卫生

食用油脂是日常膳食的重要组成部分,包括植物油和动物脂肪两大类。植物油来源于油料作物,不饱和脂肪酸含量较高,常温下一般呈液态,如菜籽油、花生油、豆油等;动物脂肪来源于动物的脂肪组织和奶油,饱和脂肪酸含量较高,常温下一般呈固态,如猪油、牛油、羊油等。

### 5.8.1　食用油脂的安全性问题

（1）油脂中常见的天然有毒有害物质

①霉菌毒素　油料作物的种子在高温、高湿条件下贮存,易被霉菌污染而产生毒素,导致榨出的油中含有霉菌毒素。最常见的霉菌毒素是黄曲霉毒素。在各类油料种子中,花生最容易受到污染,其次是棉籽和油菜籽。黄曲霉毒素具有脂溶性,若采用污染严重的花生为原料榨出的油中黄曲霉毒素按每千克计可高达数千微克。

②棉酚　棉酚是棉籽色素腺体内含有的多种毒性物质,在棉籽油加工中常带入油中。棉酚有游离型和结合型之分,具有毒性作用的是游离棉酚。棉籽油中游离棉酚的含量因加工方法不同而存在差异性。通常冷榨生产的棉籽油中游离棉酚含量较高,而热榨生产的棉籽油中游离棉酚含量较低。因为棉籽经蒸炒加热后游离棉酚与蛋白质作用形成结合棉酚,在压榨时多数残留在棉籽饼中。游离棉酚是一种原浆毒,对生殖系统有明显损害。

③芥子甙　芥子甙普遍存在于十字花科的植物,在油菜籽中含量较多。芥子甙在植物种子中葡萄糖硫苷酶作用下可水解为硫氰酸酯、异硫氰酸酯、噁唑烷硫酮和腈。腈的毒性很强,能抑制动物生长和致死;而硫化物具有致甲状腺肿大作用。

④芥酸　芥酸是一种二十二碳的单不饱和脂肪酸,在菜籽油中含量为20%～55%。动物实验证实,芥酸可对动物的心肌细胞造成损伤,还可引起动物的生长发育受阻和生殖功能下降。但芥酸对人体健康的危害还缺乏直接证据。

(2)油脂酸败

当油脂含有杂质或在不适宜条件下贮藏可发生一系列化学变化,并对感官品质产生不良的影响,称为油脂酸败。油脂酸败的原因包含生物性和化学性两方面因素,一是油脂的酶解过程,即由动植物组织的残渣和微生物产生的酶等使甘油三酯水解为甘油和脂肪酸,随后进一步氧化生成低级的醛、酮和酸等,因此也把酶解酸败称为酮式酸败。二是油脂在空气、水、阳光等作用下发生的化学变化,包括水解过程和不饱和脂肪酸的自动氧化,一般多发生在含有不饱和脂肪酸的甘油酯。不饱和脂肪酸在光和氧的作用下,双键被打开形成过氧化物,再继续分解为低分子的脂肪酸以及醛、酮、醇等物质。某些金属离子如铜、铁、锰等在油脂氧化过程中可起催化作用。在油脂酸败过程中,生物性的酶解和化学性的氧化常同时发生,但油脂的自动氧化占主导地位。

(3)多环芳烃类化合物

油脂中多环芳烃类化合物的来源主要有四个方面:烟熏油料种子时产生的苯并芘;采用浸出法生产食用油时,若使用不纯溶剂,而不纯溶剂中多含有多环芳烃类化合物等有害物质;在食品加工时,油温过高或反复使用导致油脂发生热聚合和热分解,易形成多环芳烃类化合物;油料作物生长期间若受到工业污染,也可使油中多环芳烃类化合物含量增高。

(4)"地沟油"的危害

"地沟油"是一个泛指的概念,是人们对日常生活中各类劣质油的统称。狭义的"地沟油"是指将下水道中的油腻漂浮物或者将宾馆、酒楼的剩饭、剩菜(通称泔水)经过简单加工、提炼出的油。此外,劣质、过期及腐败的动物皮、肉、内脏等经过简单加工提炼后产出的油;以及油炸食品过程中重复使用的油,或往其中添加一些新油后重新使用的油也属于"地沟油"的范畴。"地沟油"一旦食用,它会破坏人体的白细胞和消化道黏膜,引起食物中毒,甚至有致癌的严重后果。

## 5.8.2　食用油脂的安全卫生管理

(1)原料的卫生要求

食用油脂质量的优劣与来自植物或动物的原料关系密切。因此,动物性油脂的原料要求来源于健康动物,且原料组织无污秽、无其他组织附着、无腐败变质,原则上当天的原料应在当天加工完成。而植物性油脂的原料要求油料果实应完整,不能有损伤,不得含有杂草籽及异物;而且不能使用发霉、变质、生虫、出芽或被有毒有害物质污染的原料。油料种籽在贮存期间也应采取相应措施避免发生霉变。

(2)提取溶剂残留

目前在采用浸出法生产植物油时,抽提溶剂多采用沸点范围在 $61\sim76℃$ 的低沸点石油烃馏分。若沸点过低会造成工艺上的不安全而且溶剂消耗过大,沸点过高则会增加溶剂残留。

(3)防止油脂酸败

油脂生产中最易发生的变质是酸败,而油脂酸败与本身纯度、加工及贮藏过程中各环节的环境因素关系密切。为了防止油脂酸败,首先在油脂加工过程中应保证油脂纯度,去除动植物残渣,避免微生物污染并且抑制或破坏酶的活性;其次由于水能促进微生物繁殖和酶的活动,因此油脂水分含量应控制在 $0.2\%$ 以下;再次,高温会加速不饱和脂肪酸的自动氧化,而低温可抑制微生物活动和酶的活性,从而降低油脂自动氧化,故油脂应低温贮藏。第四,由于阳光、空气对油脂酸败有重要影响,因此油脂若长期贮存则应采用密封、隔氧、避光的容器,同时也应避免在加工和贮藏期间接触到金属离子。此外,应用抗氧化剂也可有效防止油脂酸败,延长贮藏期,常用抗氧化剂包括丁基羟基茴香醚、没食子酸丙酯、维生素 E 等,目前多将不同的抗氧化剂混合使用,但要控制其用量。

(4)加强安全监管

为了保证食用安全,应严格执行食用油脂的相关卫生标准和检验方法。包括:《食用植物油及其制品生产卫生规范》(GB8955)、《食用植物油料》(GB19641)、《植物油脂透明度、气味、滋味鉴定法》(GB/T5525)、《植物油》(GB2716)等。此外,监管部门要严厉打击生产"地沟油"的违法犯罪行为,主要以源头管理和现场监督检查为主,检验手段为辅,并注意充分发挥社会监督和群众投诉举报的作用。

# 5.9 酒类食品的安全与卫生

在现代社会,酒类已成为日常生活不可缺少的饮料,在部分国家和地区饮酒已成为一种独特的饮食文化。酒类在生产过程中从原料到加工各环节若达不到卫生要求,就可能产生或混入多种有毒有害物质,对饮用者产生危害。酿酒的基本原理是将原料中的糖类在酶的催化作用下分解为寡糖和单糖,再由乙醇发酵菌种转化为乙醇。酒类按其生产工艺一般分为蒸馏酒、发酵酒和配制酒三类。我国的蒸馏酒称白酒或烧酒,一般是以粮谷、薯类、水果等为主要原料,经发酵、蒸馏、陈酿、勾兑而成,乙醇含量一般在 $60\%$ 以下。发酵酒是以粮谷、水果、乳类等为原料,主要经酵母发酵等工艺酿制而成,乙醇含量一般在 $20\%$ 以下,包括啤酒、果酒和黄酒等。配制酒是以蒸馏酒、发酵酒或食用酒精为酒基,加入可食用的辅料(糖、色素、香料、果汁等)配成,或以食用酒精浸泡植物的根、茎、叶、果实等配制而成。

## 5.9.1 酒类的安全性问题

(1)乙醇

乙醇是酒的重要成分,除供能外,无其他营养价值。血中乙醇含量一般在饮酒后 $1\sim1.5$ h

达到最高,但其在体内清除速度较缓慢,若一次过量饮酒后 24 h 内也能在血中检出。肝脏是乙醇代谢的主要器官,长期过量饮酒可导致酒精依赖症,使患高血压、脑卒中以及消化道癌症等疾病的风险增加。

（2）甲醇

酒中的甲醇来源于酿酒原料中植物细胞壁和细胞间质的果胶。原料在蒸煮过程中,果胶中半乳糖醛酸甲酯分子中的甲氧基可分解产生甲醇。此外,酒曲中的微生物也含有甲酯水解酶,能将半乳糖醛酸甲酯分解为甲醇。通常,糖化发酵温度过高、时间过长都会使甲醇含量增加。甲醇具有神经毒性,主要侵害视神经,导致视网膜损伤、视力减退以及双目失明。甲醇经氧化后可产生甲醛和甲酸,其毒性远大于甲醇,并可使机体出现代谢性酸中毒。长期少量摄入可引起慢性中毒,主要损伤视神经,导致不可逆的视力减退。

（3）杂醇油

杂醇油是酒在酿酒过程中原料和酵母中的蛋白质、氨基酸以及糖类分解和代谢产生的含3 个以上碳原子的高级醇类,包括丙醇、异丁醇、异戊醇等。杂醇油中碳链越长毒性越大,尤其以异丁醇、异戊醇的毒性为主。杂醇油在体内氧化分解缓慢,可使中枢神经系统充血。因此饮用杂醇油含量较高的酒常造成饮用者头痛和醉酒。

（4）醛类

醛类包括甲醛、乙醛、丁醛和糠醛等,主要是在发酵过程中产生。醛类毒性比相应的醇类高,其中以甲醛的毒性较大,乙醛能引起脑细胞供氧不足而产生头痛。乙醛也被认为是使饮酒者产生酒瘾的重要原因之一。糠醛主要来自糠麸酿酒原料,其毒性仅次于甲醛。

（5）氰化物

以木薯或果核为原料制酒时,原料中的氰甙经水解后可产生氢氰酸。由于氢氰酸分子量低,又具有挥发性,因此能随水蒸气一起进入酒中。氰化物可以导致组织缺氧,使呼吸中枢及血管中枢麻痹而死亡。

（6）锰

采用非粮食原料（薯干、薯渣、糖蜜等）酿酒时,会使酒产生不良气味,常使用高锰酸钾进行脱臭处理。若使用不当或不经过复蒸馏,可使酒中残留较高的锰。锰虽然是人体必须的微量元素之一,但长期过量摄入可引起慢性中毒。

（7）其他

酒类也可能受到黄曲霉毒素、展青霉毒素以及其他微生物毒素的污染。啤酒、果酒和黄酒是发酵后不经蒸馏的酒类,如果原料受到黄曲霉毒素和其他非挥发性有毒物质的污染,它们将全部保留在酒体中。展青霉素主要来自水果原料受到扩展青霉、巨大曲霉等污染后产生的有毒代谢产物,是果酒的主要安全问题之一。发酵酒由于乙醇含量低,若在生产过程中管理不严,从原料到成品的各个环节都可能被微生物污染,不仅影响产品质量也给消费者健康带来危害。葡萄酒和果酒生产过程中常加入二氧化硫以达到抑菌、澄清和护色等作用,但若用量过大或发酵时间过短,可产生二氧化硫残留,危害人体健康。

此外,白酒中塑化剂的问题引起了广泛关注。塑化剂又称为增塑剂,是添加到塑料聚合物中增加塑料可塑性的物质。可用作增塑剂的物质很多,如邻苯二甲酸酯类、脂肪酸酯类、聚酯、环氧酯等,以邻苯二甲酸酯类化合物常用,如邻苯二甲酸二(2-乙基己基)酯(DEHP)、邻苯二甲酸二丁酯(DBP)、邻苯二甲酸二异壬酯(DINP)等。白酒中塑化剂既可来自环境污染,也可来自包装材料的迁移,特别是塑料管道、密封垫和容器中的 DEHP 和 DBP 容易迁移至酒中,是白酒中塑化剂的主要来源。DEHP 和 DBP 急性毒性较低。动物实验表明,DEHP 和 DBP 具有内分泌干扰作用,啮齿类动物长期摄入该类物质可造成生殖和发育障碍,但目前尚缺乏它们对人体健康损害的直接证据。

### 5.9.2　酒类食品的安全卫生管理

(1)原辅料

酿酒原料包括粮食类、水果类、薯类以及其他代用原料等,所有原辅料均应具有正常的色泽和良好的感官性状,无霉变、无异味、无腐烂。原料投产前必须经过检验、筛选和清蒸处理;发酵使用的纯菌种应防止退化、变异和污染。用于调兑果酒的酒精必须符合《食用酒精》(GB31640)的要求;配制酒使用的酒基必须符合《蒸馏酒及配制酒》(GB2757)和《发酵酒及其配制酒》(GB2758),不能使用工业酒精或医用酒精作为配制酒原料;生产用水必须符合《生活饮用水卫生标准》(GB5749)。

(2)生产工艺

①蒸馏酒　要定期对菌种进行筛选、纯化以防止菌种退化和变异。清蒸是降低酒中甲醇含量的重要工艺,在以木薯、果核为原料时,清蒸还能使氰甙类物质提前释放。白酒蒸馏过程中,酒尾中甲醇含量较高,而酒头中杂醇油含量高。因此,在蒸馏工艺中多采用"截头去尾"以选择所需要的中段酒,可以大量减少成品酒中甲醇和杂醇油含量。对使用高锰酸钾处理的白酒,需要经过复蒸后除去锰离子。发酵设备、容器及管道还应经常清洗保持卫生。

②发酵酒　啤酒的生产过程主要包括制备麦芽汁、前发酵、后发酵、过滤等工艺。在原料经糊化和糖化后过滤制成麦芽汁,须添加啤酒花煮沸后再冷却至添加酵母的适宜温度(5～9℃),该过程易受到污染。因此,整个冷却过程中使用的各种容器、设备、管道等均应保持无菌状态。为防止发酵中杂菌污染,酵母培养室、发酵室及相关器械均需保持清洁并定期消毒。酿制成熟的啤酒在过滤处理时使用的滤材、滤器应彻底清洗消毒。在果酒生产中不能使用铁制容器或有异味的容器。水果类原料应防止挤压破碎后被杂菌污染。黄酒在糖化发酵中不得使用石灰中和以降低酸度。

③配制酒　配制酒应以蒸馏酒或食用酒精为酒基,浸泡其他材料如药食两用食物时,必须严格按照卫计委公布的既是食品又是药品的物品目录,以及可用于保健食品的物品作为原料进行选择,不得滥用中药作为配制酒的生产原料。目前已有报道,部分配制酒生产企业存在违法向酒中添加西地那非等化学物质的行为。

此外,成品酒的质量必须符合《浓香型白酒》(GB/T 10781.1)、《清香型白酒》(GB/T 10781.2)、《啤酒》(GB4927)、《葡萄酒》(GB15037)等相关标准和规范。

(3)包装、贮藏和运输

成品酒的包装必须符合《预包装食品标签通则》(GB7718)规定,应存放在干燥、通风良好的地方,运输工具应清洁干燥,严禁与有毒、有腐蚀的物品混运和贮藏。改善生产工艺和减少塑料包装材料的使用能够降低白酒中塑化剂的污染。

# 5.10　无公害、绿色、有机食品的卫生及其管理

## 5.10.1　无公害食品

为了改善农业的生产条件和生态环境,防止在农业、养殖业的生产过程中由于不合理使用农药、化肥、兽药以及渔药等造成的公害与药物残留,从根本上解决我国农、畜产品的安全卫生问题,农业部从 2001 年开始实施"无公害食品行动计划"。该计划以提高农产品、特别是"菜篮子"产品的质量安全为中心,以农产品质量安全标准体系、监督检验检疫体系、认证体系、执法体系、生产技术推广体系和市场信息体系建设为重点,从产地和市场两个环节入手,对农产品实施从"农田到餐桌"的全过程质量监控,推动农产品的无公害生产和产业化经营。

(1)概念

无公害食品(non-environmental pollution food)即无公害农产品,是指产地环境、生产过程和产品质量符合国家有关标准和规范的要求,经认证合格获得认证证书并允许使用无公害农产品标志的未经加工或者初加工的食用农产品。

(2)生产技术要求

无公害食品在生产过程中允许限量、限品种、限时间地使用化学合成的安全农药、兽药、渔药、肥料、饲料添加剂等,禁止使用对人体和环境造成危害的化学物质。无公害食品标准以全程质量控制为核心,主要包括产地环境质量标准、生产技术标准和产品标准 3 个方面。无公害食品必须达到以下要求:①产地环境符合无公害食品产地环境的标准要求;②生产过程符合无公害食品生产技术的标准要求;③产品必须对人体安全,符合相关的食品安全标准;④必须取得无公害食品管理部门颁发的证书和标志。因此,无公害食品可概括为无污染、安全、优质、营养且通过相关管理部门认证的食品。

(3)标志

无公害农产品标志是由农业部和国家认证认可监督管理委员会联合制定并发布,是加施于获得全国统一无公害农产品认证的产品或产品包装上的证明性标识。该标志是国家有关部门对无公害农产品进行有效监督和管理的重要手段。无公害食品的标志是由麦穗、对勾和无公害农产品字样组成,麦穗代表农产品,对勾表示合格,金色寓意成熟和丰收,绿色象征环保和安全(图 5-1)。

**图 5-1　无公害农产品标志**

（4）管理

农业部、国家质量监督检验检疫总局、国家认证认可监督管理委员会和国务院有关部门，根据职责分工依法组织对无公害农产品的生产、销售和无公害农产品标志使用等活动进行监督管理，管理工作按照《无公害农产品管理办法》的规定执行。无公害农产品的认证由农业部农产品质量安全中心进行认证，包括对已获得认证产品的跟踪检查，受理有关的投诉、申诉等。

## 5.10.2 绿色食品

绿色食品是我国特有的对无污染、安全、优质、营养类食品的总称。在 20 世纪 90 年代初，在农业部的倡导和支持下，我国开发和推出了第一类安全食品——绿色食品。随着人们对环保意识的增强以及新闻媒体的引导，消费者对绿色食品的需求不断增加，日益受到欢迎。

（1）概念

绿色食品（green food）是指遵循可持续发展原则，按照特定生产方式生产，经过专门机构认定，许可使用绿色食品标志，无污染的安全、优质、营养类食品。绿色食品比一般食品更强调"无污染"或"无公害"的安全卫生特征，具备"安全"和"营养"的双重质量保证。

绿色食品分为 AA 级和 A 级两个技术等级。AA 级绿色食品是指产地环境质量符合《绿色食品 产地环境质量》（NY/T391）要求，生产过程中不能使用化学合成的农药、肥料、兽药、食品添加剂、饲料添加剂及其他有害于环境和人体健康的物质，按有机农业生产方式生产，产品质量符合绿色食品产品标准，经专门机构认定，许可使用 AA 级绿色食品标志的产品。A 级绿色食品是指产地环境质量符合 NY/T391 规定，生产过程中严格按照绿色食品生产资料使用准则和生产操作规程要求，限量使用限定的化学合成生产资料，产品质量符合绿色食品产品标准，经专门机构认定，许可使用 A 级绿色食品标志的产品。

（2）生产技术要求

绿色食品是按照特定的技术规范生产和加工，在生产系统中实行全程质量控制。

①产地环境要求 绿色食品的植物生长地和动物养殖场必须选择在无污染和生态环境良好的地区。产品或产品的主要原料生产基地应避开工业和城市污染源的影响，远离工矿区和公路、铁路干线，以保证绿色食品最终产品的无污染、安全性，而且生产基地应具有可持续发展的生产能力。

②生产的基本要求 在 AA 级绿色食品生产中禁止使用化学合成的肥料、农药、兽药、生长调节剂、饲料添加剂、食品添加剂和其他有害物质；禁止使用基因工程技术和胚胎移植技术。在 A 级绿色食品生产中限量使用限定的化学合成的生产资料，严格遵守使用方法、使用剂量、使用次数、农药安全间隔期、兽药停药期和乳废弃期等。在农作物生产中，原料在种植、施肥、灌溉、喷药及收获等各生产环节必须采取无公害控制措施。要求农作物的品种应适合当地的环境条件，种子和种苗必须来自绿色食品产地。肥料的使用必须满足作物对营养素的需要。在畜牧业的生产中，畜禽的选种、饲养、繁殖、防病等各环节必须遵守畜牧业生产操作规程。畜禽须购自绿色食品畜禽繁育场，并应选择适合当地条件、生长健壮的畜禽作为绿色食品畜禽饲养生产系统的主要品种。饲料原料应来源于无公害地区的草场和种植基地，保持饲养场环境卫生。必须通过预防措施来保证动物的健康，不得使用各类化学合成激素、化学合成促生长剂及有机磷等抗寄生虫药物。

③加工要求  绿色食品的农业原料应全部或95％来自经认证的绿色食品产地；进口原料要经中国绿色食品发展中心指定的食品监测中心，按绿色食品标准进行检验，符合标准的产品才能作为绿色食品加工原料；非农业原料(无机盐、维生素等)必须符合相应的卫生标准和有关的要求；生产用水应符合《生活饮用水卫生标准》(GB5749)要求，食品添加剂应严格按《绿色食品食品添加剂使用准则》(NY/T392)的规定执行，生产 AA 级绿色食品只允许使用天然食品添加剂。生产企业应有良好的卫生设施、合理的生产工艺、完善的质量管理体系和卫生制度。生产过程中严格按照绿色食品生产加工规程的要求操作。生产 AA 级绿色食品时，禁用石油馏出物进行提取、浓缩及辐照保鲜。清洗、消毒过程中使用的清洁剂和消毒液应无毒、无害。

④包装和贮藏要求  包装材料应安全、无污染，不得使用聚氯乙烯和聚苯乙烯等包装材料。库房应远离污染源，库内须通风良好、定期消毒，并设有各种防止污染的设施和温控设施，避免将绿色食品与其他食品混放。贮存 AA 级绿色食品时，禁用化学贮藏保护剂，禁用化学物质和辐照技术促进水果后熟。

（3）标志

绿色食品标志图形由三部分构成：即上方的太阳、下方的叶片和中心的蓓蕾。标志图形为正圆形，意为保护。标志图形告诉人们绿色食品是来自纯净、良好生态环境的安全无污染食品，象征着蓬勃的生命力。AA 级绿色食品标志与标准字体为绿色，底色为白色（图 5-2）。A级绿色食品标志与标准字体为白色，底色为绿色（图 5-3）。

图 5-2　AA 级绿色食品标志

图 5-3　A 级绿色食品标志

（4）管理

绿色食品的管理机构是农业部绿色食品发展中心，该中心是组织全国绿色食品开发和管理的专门机构。按照《绿色食品标志管理办法》的规定，对绿色食品产品实行三级质量管理，省、部两级管理机构行使监督检查职能。生产企业在生产全过程中要严格按照绿色食品标准执行，在生态环境、生产操作规程、食品品质，卫生标准等方面进行全面质量管理。省级绿色食品办公室对本辖区绿色食品生产企业进行质量监督检查。绿色食品标志使用权自批准之日起3 年有效。农业部指定的部级环保及食品检测部门对绿色食品生产企业的环境、原料、产品等进行抽检和复检。

## 5.10.3　有机食品

有机食品为高品质、纯天然、无污染、安全的健康食品，是国际上通行的环保生态食品，已成为发达国家主要的食品消费方式。20 世纪 90 年代中期，我国为了提高食品的安全性和适应国际市场的需要，开始开发和生产国际上兴起的有机食品。但因其安全质量要求更高、产量低、价位高,目前仍难以被广大消费者购买食用。

(1)概念

有机食品(organic food)指来自有机农业生产体系,根据有机农业生产的规范生产加工,并经独立的认证机构认证的农产品及其加工产品等。与传统农业相比,有机农业是指在动植物生产过程中不使用化学合成的农药、化肥、生长调节剂、饲料添加剂等物质,以及基因工程生物及其产物,而是遵循自然规律和生态学原理,采取一系列可持续发展的农业技术,协调种植业和养殖业的平衡,维持农业生态系统持续稳定的一种农业生产方式。除有机食品外,目前国际上还把一些派生的产品如有机化妆品、纺织品、林产品或有机食品生产而提供的生产资料,包括生物农药、有机肥料等,经认证后统称为有机产品。

(2)生产技术要求

①产地环境要求 生产基地应选择在没有污染源的区域,严禁未经处理的工业"三废"、生活垃圾和污水进入有机农业生产用地。进行有机农业生产地区的大气应符合《环境空气质量标准》(GB3095)要求。有机农业的生产用水、土壤必须符合相关标准规定。

②生产的基本要求 有机食品生产的基本要求要符合《有机产品生产》(GB/T19630.1)要求。即从事有机农产品生产的基地在最近三年内未使用过农药、化肥等违禁物质,无水土流失及其他环境问题。在作物生产中,种子或种苗必须来自经认证的有机农业生产基地,未经基因工程技术改造。生产单位需建立长期的土地培肥、植物保护、作物轮作计划。在生产中严禁使用人工合成的化肥、污水、污泥和未经堆制的腐败性废弃物。在畜禽养殖中不得使用任何化学合成兽药与药物添加剂,通常不允许使用人工受精方法繁育后代,严禁使用基因工程技术育种,禁止给畜禽预防接种。

③加工要求 有机食品加工的基本要求要符合《有机产品加工》(GB/T19630.2)要求。原料必须来自已获得有机食品证书的产品或野生无污染的天然产品。已获得有机认证的原料在终端产品中所占的比例不得小于95%。原料加工中严禁使用辐照技术和石油馏出物。辅佐料允许使用天然的调料、色素和香料等辅料,但不得使用人工合成的食品添加剂。生产加工用水必须符合《生活饮用水卫生标准》(GB5749)。加工过程中严格按照《有机(天然)食品生产和加工技术规范》的要求操作,加工设备的布局和加工工艺流程应当科学合理,防止原料与成品、生食品与熟食品交叉污染。不得使用能改变原料成分分子结构或发生化学变化的处理方法,禁止使用酸水解或碱水解方法。消毒剂应为无污染的天然物质。

④包装和贮藏要求 有机食品的包装和贮藏也要符合 GB/T19630.2 要求。包装材料必须安全卫生、简便、实用。包装上的油墨及标签黏合剂应无毒,且不得与食品接触。有机食品不允许直接堆放在地面,不得与普通食品同处存放,禁止与化学合成物质接触。仓库管理应采用物理或机械措施,有机食品的保质贮藏必须采用干燥、低温、通风、气调贮藏、紫外线消毒等物理和机械方法,不得使用人工合成的化学物质或有潜在危害性的物品。在贮藏中定期抽检,防止食品变质或发生虫害。

(3)标志

我国有机产品认证标志分为中国有机产品认证标志和有机转换产品认证标志两种(图5-4)。有机产品标志由两个同心圆、图案以及中英文文字组成。内圆表示太阳,其中的图案泛指自然界的动、植物；外圆表示地球。整个图案采用绿色，象征着有机产品是真正无污染、符合健康要求的产品以及有机农业给人类带来了优美、清洁的生态环境。中国有机产品认证标志标有"中国有机产品"字样和相应的英文（ORGANIC）。有机转换食品是指从开始有机管理至获得有机认证之间的时间所生产的产品，在此期间经过认证的产品必须标注有"中国有机转换产品"的字样，方可进行销售。按照国家相关规定，经过有机认证后，从生产其他食品到有机食品需要三年的转换期。在被认证后的三年过渡期内，基地的农产品生产要按照有机食品的生产标准进行，但尚未获得标注有机食品的资质，需要标注"中国有机转换产品"标志。该标志标有"中国有机转换产品"字样和相应的英文（CONVERSION TO ORGANIC）。有机转换产品认证标志的图案和中国有机产品认证标志相同，区别是图案的颜色以棕色为主。国家认证认可监督管理委员会发布公告要求，自 2012 年 7 月 1 日起，所有有机食品上市，最小的独立包装上除了贴有机认证标签、认证单位等之外，还须统一使用新版标志，而且还要贴有机追溯码。

图 5-4　有机食品和有机转换食品标志

（4）有机食品的管理

为了保证有机食品的质量安全、做好有机食品认证和标志的授权工作，我国于 1994 年 10 月在国家环境保护总局成立了有机食品发展中心，主要负责有机食品标志管理和有机食品标志和有机食品证书的审批和管理，监督标志的使用，定期向社会公布授予有机食品标志的食品目录。有机食品的管理要符合《有机产品　标识与加工》（GB/T19630.3）和《有机产品管理体系》（GB/T19630.4）要求。有机食品标志有效期为 1 年，若继续使用，需再次申请。有机食品的管理还要遵守相关的法律、法规和标准，包括《中华人民共和国食品安全法》《有机食品技术规范》《有机食品认证管理办法》《有机食品认证实施规则》等。

许多国家依据有机农业标准和有机食品标准及其他相关法规对有机食品及其生产进行保护、监督、认证和管理。在国际市场上销售的有机食品需要经过国际有机农业运动联盟（IFOAM）授权的有机食品认证机构的认证，并加贴有机食品标志才能销售。

❓ 思考题

1.简述粮谷类食品的安全卫生问题及预防措施。

2.简述豆类食品的安全卫生问题及预防措施。

3.简述果蔬类食品的安全卫生问题及预防措施。

4.简述原料肉的安全性问题包括的主要方面。

5.简述水产品的安全卫生问题及预防措施。

6.简述食用油脂的安全卫生问题及预防措施。

7.简述酒类安全卫生问题及预防措施。

8.简述无公害食品、绿色食品、有机食品的差异。

## 参考文献

[1] 柳春红. 食品营养与卫生学. 北京:中国农业出版社,2013:261-282.

[2] 丁晓雯,柳春红. 食品安全学. 2 版. 北京:中国农业大学出版社,2013:143-160.

[3] 谢明勇,陈绍军. 食品安全导论. 2 版. 北京:中国农业大学出版社,2016:27-63.

[4] 柳春红,刘烈刚. 食品卫生学. 北京:科学出版社,2016:104-133.

[5] 张小莺,殷文政. 食品安全学. 2 版. 北京:科学工业出版社,2017:90-130.

[6] 汪龙,田明慧,林亲录,等. 白酒中塑化剂的检测方法及控制策略. 食品工业科技,2017,34(11):384-387.

[7] Masood M,Iqbal S Z,Asi M R,et al. Natural occurrence of aflatoxins in dry fruits and edible nuts. Food Control,2015(55):62-65.

[8] Buckley J A. Food safety regulation and small processing:A case study of interactions between processors and inspectors. Food Policy,2015(51):74-82.

[9] Machado i,Gérez N,Pistó M,et al. Determination of pesticide residues in globe artichoke leaves and fruits by GC － MS and LC － MS/MS using the same QuEChERS procedure. Food Chemistry,2017,227:227-236.

[10] LeBlanc D I,Villeneuve S,Beni L H,et al. A national produce supply chain database for food safety risk analysis. Journal of Food Engineering,2015,147:24-38.

[11] Teglia C M,Peltzer P M,Seib S N, et al. Simultaneous multi-residue determination of twenty one veterinary drugs in poultry litter by modeling three-way liquid chromatography with fluorescence and absorption detection data Talanta,2017,167:442-452.

[12] Cobbina S J,Chen Y,Zhou Z X,et al. Interaction of four low dose toxic metals with essential metals in brain,liver and kidneys of mice on sub-chronic exposure. Environmental Toxicology and Pharmacology,2015(39):280-291.

[13] Rozentāle I,Stumpe-Vīksna I,Za s D,et al. Assessment of dietary exposure to polycyclic aromatic hydrocarbons from smoked meat products produced in Latvia. Food Control,2015(54):16-22.

[14] Lu Fi,Kuhnle G K,Cheng Q Fen. Vegetable oil as fat replacer inhibits formation of heterocyclic amines and polycyclic aromatichydrocarbons in reduced fat pork patties. Food Control,2017(81):113-125.

[15] Hu Q Q,Xu X H,Fu Y C,et al. Rapid methods for detecting acrylamide in thermally processed foods:A review. Food Control,2015(56):135-146.

本章编写人:李诚,胡滨

## 第6章　　食品安全监督管理

### 内容提要

> 本章主要介绍了我国的食品安全的监督管理体系、食品安全应急管理体系、食品安全法和发达国家的食品安全监督管理体系,我国在食品安全监督管理、食品安全应急管理,食品安全标准,食品良好生产规范,HACCP系统以及ISO9000质量管理体系等方面的内容。

食品安全关系到社会和谐和经济发展,随着经济全球化和食品国际贸易的发展,食品安全已经成为当今国际社会普遍关注的重大社会问题。由于食品安全涉及从农田到餐桌的全过程,因此,对食品安全各环节、各层次的监督管理都将与食品安全密切相关。

## 6.1　食品安全监管概述

改革开放以来,随着经济的繁荣和综合国力的提升,我国浮现了一系列的社会问题。其中食品安全问题就是其中最严重的社会问题之一。近年来,瘦肉精、毒豆芽、毒可乐、镉大米、烤鸭膏、黑心油这些形象名词不绝于耳,反复地冲击着公众敏感而脆弱的心灵。食品安全关系国计民生和社会的和谐稳定,在充斥着问题食品的社会里,没有人可以独善其身,没有一个城市可以逃避面对食品安全这一全国性甚至是世界性的问题。

### 6.1.1　食品安全监管

"监管"也叫"管制"或"规制",是英文"regulation"的译法。日本著名经济学家植草益认为规制是指依据一定的规制对构成特定社会的个人和构成特定经济的经济主体的活动进行限制的行为。我国学者谢地表示监管是市场经济条件下国家干预经济政策的重要组成部分,是政府为实现某种公共政策目标,对微观经济主体进行的规范与制约,主要通过规制部门对特定产业和微观经济活动主体的进入、退出、价格、投资及环境、安全、生命、健康等行为进行的监督与管理来实现。

而对食品安全的监管,我国定义为:"食品安全的监管指的是国家职能部门对食品生产、流通企业的食品安全行使监督管理的职能。具体是负责食品生产加工、流通环节食品安全的日常监管;实施生产许可、强制检验等食品质量安全市场准入制度;查处生产、制造不合格食品及其他质量违法行为。"

### 6.1.2　食品安全监管体系

食品安全监管体系,是指为保障食物安全和质量、达到相关安全和营养标准的一系列监督、管理过程。食品安全监管体系包含多项要素,且相互联系、相互影响、相互制约,并构成了这一有机整体。食品安全监管体系应涉及监管组织、法律法规制度、监管环节、监管方式等基本要素,各监管组织明确分工,完善的法律法规制度为有关机构的工作提供指导和参考基础,科学的监管方式和监管流程则是保障食品安全的重要屏障。

一个高效的食品安全监管体系设置应该遵循的原则有:预防原则、全过程控制原则、科学性原则、快速反应原则、效率原则以及合作性原则。具体来说,监管体系设置应当有利于最大限度地减少食品风险;有利于实施从农场至餐桌的全过程控制;有利于应付特殊的危害;能够制定针对风险并以经济效益为目标的、全面的综合计划;能够与所有利益相关者积极合作。

目前,食品安全监管体系有几种不同的形式,分别是多部门体系、综合性体系、单一部门体系。多部门体系是把食品安全监管的权利和职能分配在若干各政府部门共同负责、齐抓共管的监管模式。综合性体系是在多部门体系基础上,将整个食品供应链的监管纳入一个国家级的独立机构中,该机构的作用是制定国家食品监管目标并开展实现这些目标所必需的战略和实施活动。单一部门体系就是由一个部门全权负责国家的食品安全监管。

## 6.2　食品安全监督管理体系

### 6.2.1　我国食品安全监督管理体系

(1)基于全过程的食品安全监管体系分析

食品从生产—加工—销售,需经过一个长且复杂的食品安全监管链条,该链条上每一环节都可能成为诱发安全问题的关键节点。诱发食品安全的危害因素随着流通在食品供应链中传递,像蝴蝶效应一样不断集聚和放大,终导致食品安全事件发生。

①全过程视角下的相关主体特征　我国食品原料生产主体特征:多为分散的小农户,生产规模小、技能低、利益缺乏保障。我国食品加工主体特征:小微企业和小作坊占到了食品生产企业的93%,其技术资源运用能力和管理水平弱,进入门槛低,同质化恶性竞争严重。我国食品销售主体特征:主体种类繁杂,涉及部门多,食品渠道来源、品类规范、质量要求、管理制度千差万别。

②全过程视角下的危害产生机理　供应链上各质量安全关键点(各个参与主体)的质量直接决定了食品的质量。从生产—加工—流通—销售—餐桌,既是食品质量安全与否的形成过程,也是食品供应链安全能力风险的形成过程。食品质量安全涉及多个部门、多个环节、多个主体,而保障食品质量的安全需要各个部门、各个主体、各个环节紧密协作、系统监管,多管齐下共同来保障。

③全过程视角下的食品安全监管要点　为实现食品安全风险识别、评价、管理等基本监管预控功能,需加强食品安全监管技术手段、整合监管职能、拓宽监管内涵。食品安全监管的技术手段囊括对食物链所有环节可能存在的生化污染和物理损坏进行辨识与评估,并给出有效的防范与控制措施。整合监管职能要求对现有监管内容进行重新梳理,克服监管缺失、监管薄

弱和监管冲突等问题,提升效率。拓宽监管内涵是将社会化监管纳入食品安全监管体系,增加监管渠道,提升消费者鉴别能力,捍卫社会公序良俗。

(2)我国食品安全监管体系的改革变迁

我国食品安全监督管理工作的发展时间相对较短,但在此期间经过不断的发展与探索,在食品安全监管体系改革方面的工作历程主要可以划分为以下四个阶段:

①初步探索阶段 初步探索阶段是指1949年新中国成立初期至1978年改革开放前期。在此期间,我国社会经济发展水平相对较为滞后,经济体制以计划经济为主,各类物资严重匮乏,广大群众还挣扎在能否吃饱饭的基本要求上。在这一时期中,广大群众所关心的是否能够吃得饱的问题,无从关注吃的东西是不是安全、质量是不是合格等,因此基本没有形成食品安全的概念。在这一时期,食品安全工作主要由卫生部门负责,以粗放化的管理模式为主。1964年后,我国食品安全监管工作初步迈入了法制化阶段,但这一时期没有与食品安全监管相配套的法律法规可供借鉴,也没有形成专门针对食品安全问题的标准体系以及国家法规,因此此阶段中从事食品生产以及加工作业的多数企业并没有形成标准的质量管理意识与理念,也没有一套适合企业实际情况的质量安全标准系统用以规范质量安全监管行为,食品安全监管仍然处于初步探索的阶段。但也正是由于这一时期处于计划经济体制的管理模式下,从事食品生产以及加工作业的企业管理模式多具有"政企合一"的鲜明色彩,国家计划指导企业展开生产加工等一系列作业,对企业进行全面且严格的管理,加之企业生产经营活动基本不受个人利益的影响,故此阶段中实质上较少出现食品造假或其他质量安全问题,食品安全问题也少有发生。

②建立阶段 建立阶段是指(1978—1995年)改革开放后。此阶段中,因改革开放进程进一步推进与发展,我国经济发展体制与模式开始自计划模式逐步向市场经济模式变革,社会主义市场经济体制所取得的成效是有目共睹的。在这一背景下,社会规模及其物资不断扩大,社会大众对于食品的需求开始自量的满足逐步发展为对食品品质的追求。不但如此,在市场经济体制的作用下,食品生产加工企业的经营管理模式也开始不断削弱"政企合一"的色彩,并逐步发展为国有和私有的发展模式。在此过程中,政府机构针对食品安全监管的工作模式与理念也产生了明显的转变。《中华人民共和国食品卫生法》于1982年正式颁布试行并实施,食品卫生法的颁布成为食品安全监管工作进入法制化范畴的重要标志。在这一背景下,各级地方政府部门以及相关职能部门也开始在《中华人民共和国食品卫生法》的基础之上制定了一系列具有地区、行业领域针对性的法规制度,为食品安全监管工作的开展提供法律依据与支持。这一阶段中,我国食品安全监管工作初步形成了由卫生部门、质监部门、以及工商部门分段监管的工作体系,食品安全监管工作仍然主要由卫生部门牵头负责。

③发展阶段 发展阶段主要是指1995—2009年。在这一阶段中,食品安全卫生矛盾不断突出,并引起了政府部门以及广大群众的高度重视。如2005年肯德基新奥尔良鸡翅调料中含苏丹红一号事件、2008年三鹿奶粉三聚氰胺事件等均产生了非常深刻的社会影响。全国人大于1995年正式通过《中华人民共和国食品卫生法》,首次从法律层面上确立了"分段监管为主、品种监管为辅"的"综合监督与具体监管相结合"的食品安全监管体制。在这一体系中,食品消费环节的监管工作由卫生部门牵头负责,生产环节的监管工作由质监部门牵头负责,流通环节的监管工作则由工商部门牵头负责。不但如此,在这一阶段中一些规模较大的食品生产加工企业也开始形成了食品质量安全的工作意识,自觉且主动地参与到企业质量安全标准的制定

与实施中,用企业标准规范自身质量管理行为,并积极汲取国外先进的质量控制管理体系经验与优秀做法,将 HACCP 等一类质量管理工作手段引入食品生产加工的各个环节中,以积极预防风险隐患的产生。

④提升阶段 提升阶段是 2009 年至今的这一阶段。自 2008 年三聚氰胺事件以来,我国食品安全监管展开了一系列全方位改革,其中包括制定更严格的食品安全法律法规、修订食品安全法、改革食品安全监管机构、加强行业监管、增加抽检频率和加大惩罚力度等。

全国人大 2009 年正式通过了《中华人民共和国食品安全法》并在全国范围内予以实施,标志着"食品安全"的重要地位在法律层面进一步凸显与肯定。在此基础之上,国家相关政府部门参考食品安全法中的相关要求成立了一系列的组织机构(包括食品安全委员会以及委员会下属办公室等)负责对全国范围内食品安全监管有关事项的协调与统筹管理。2013 年《国务院机构改革和职能转变方案》对食品安全监管体制做出重大调整,明确:"由国务院食品药品监督管理部门统一负责对食品生产经营活动实施监督管理,国务院卫生行政部门负责食品安全风险监测和评估、会同国务院食品药品监督管理部门制定食品安全国家标准。由国务院食品药品监督管理部门负责对食品生产、销售和餐饮服务进行统一监督管理。"大部门体制改革背景下,国家食品药品监督管理总局的成立结束了九龙治水的食品监管局面,明确了由新组建的国家食品药品监督管理总局在职能上取代了国务院食品安全委员会办公室、国家食品药品监督管理质检总局在生产环节食品安全监督管理职能和工商总局在流通环节食品安全监督管理的职能,并负责对生产、流通、消费环节的食品安全和药品的安全性、有效性实施统一监督管理等,并形成了如图 6-1 所示的食品安全监督管理体系。

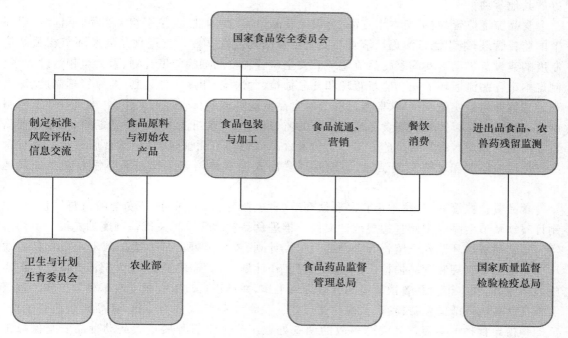

图 6-1 2013 年改革后的食品安全管理体系

以上海食品药品监督管理局为例介绍食品药品监督管理局机构设置,内设机构有:食品安全协调督查处、食品生产监管处、食品流通监管处、食品餐饮监管处;直属单位有:上海市食品安全投诉举报受理中心、上海市食品药品监督管理局执法总队、上海市食品药品监督管理局认证审评中心。

**食品安全协调督查处：**负责市食品安全委员会办公室日常工作，承担本市食品安全监管工作的综合管理、协调指导和食品安全督查、督办职责。负责对有关部门和区县政府履行食品安全监管职责的考核评价工作。负责食品安全应急体系建设，承担应急管理工作，组织编制应急预案并组织开展演练，监督、协调食品安全事故处置工作。分析预测食品安全总体状况。牵头组织协调、制定全过程食品安全监督和抽检（含快检）、风险监测和评价、预警和交流的计划并督促实施。汇总食品安全许可、监督、抽检、执法和处罚信息。组织开展食品安全宣传教育工作。推进食品监管相关诚信制度的建设。组织制订食品安全监管的规范性文件。承办领导交办的其他事项。

**食品生产监管处：**负责本市食品（含保健食品、食品添加剂，下同）生产加工环节的监督管理，组织制订生产加工环节食品安全监管的规范性文件。推进食品生产企业相关诚信制度的建设。贯彻落实国家食品生产加工环节安全监管和食品抽检年度工作计划、重大整顿治理方案。制定本市食品生产加工环节安全监督管理和食品抽检（含快检）年度工作计划、监督管理制度、重大整治方案并组织实施。承担高风险食品和食品添加剂的生产许可工作，指导、监督区县分局食品生产加工环节的行政许可工作，并推进行政审批制度改革相关工作。受国家总局委托，负责对本市生产的保健食品产品注册的资料受理和现场核查。监督实施食品生产加工环节的监督检查、行政执法工作。负责小作坊食品安全监管工作，无证无照食品生产企业监管。参与食品安全风险监测和风险交流工作，组织开展食品安全宣传培训工作。承办领导交办的其他事项。

**食品流通监管处：**负责本市食品（含保健食品、食品添加剂、食品用相关产品，下同）流通环节的监督管理，组织制订流通环节食品安全监管的规范性文件。推进食品流通环节相关诚信制度的建设。贯彻落实国家食品流通环节安全监管和食品抽检年度计划、重大整顿治理方案。制定本市食品流通环节安全监督管理和食品抽检（含快检）年度工作计划、监督管理制度、重大整治方案并组织实施。指导、监督区县分局食品流通环节的行政许可工作，并推进行政审批制度改革相关工作。监督实施食品流通环节的监督检查、行政执法工作。负责超市、商场和食品市场内的现制现售食品安全监管工作。负责食品流通环节无证经营、小熟食店整治。参与食品安全风险监测和风险交流工作，组织开展食品安全宣传培训工作。承办领导交办的其他事项。

**食品餐饮监管处：**负责本市食品餐饮环节（含现制现售，下同）食品安全的监督管理，组织制订餐饮环节食品安全监管的规范性文件。推进食品餐饮环节相关诚信制度的建设。贯彻落实国家食品餐饮环节安全监管和食品抽检年度计划、重大整顿治理方案。制定本市食品餐饮环节安全监督管理和食品抽检（含快检）年度工作计划、监督管理制度、重大整治方案并组织实施。指导、监督本市食品餐饮环节的行政许可工作，并推进行政审批制度改革相关工作。监督实施食品餐饮环节的监督检查、行政执法工作。负责无证餐饮整治工作，食品摊贩监管工作。负责和指导食物中毒等食品安全事故的调查处置工作。组织开展重大活动食品安全保障工作。参与食品安全风险监测和风险交流工作，组织开展食品安全宣传培训工作。承办领导交办的其他事项。

**上海市食品安全投诉举报受理中心：**负责统一受理本市食品、药品、医疗器械、化妆品等方面违法违规行为的投诉举报;根据上海市食品安全委员会成员单位职责分工,对投诉举报案件进行转办、跟踪了解和督促协调;对人民群众反映的食品药品安全重点问题进行研究,提出相关政策意见和建议。

**上海市食品药品监督管理局执法总队**:贯彻执行国家和本市有关食品安全(含食品添加剂、保健食品,下同)、药品(含中药、民族药,下同)、医疗器械、化妆品管理的法律、法规、规章和方针、政策。受上海市食品药品监督管理局委托,依法对本市食品生产、流通和消费(含餐饮业、食堂等)环节的重大违法案件实施查处。受上海市食品药品监督管理局委托,依法对本市药品、医疗器械和化妆品研制、生产、流通和使用环节的重大违法案件实施查处。受上海市食品药品监督管理局委托,负责本市互联网食品、药品、医疗器械和化妆品违法信息监测工作,依法对违法案件实施查处。承担本市重大食品药品安全事件的应急处置、重大活动的食品安全保障、专项执法活动的监督协调,以及参与国家和本市有关部门的联合检查和协助调查。承担本市食品、药品、医疗器械和化妆品有关行政执法抽样检验和风险监测工作。对区(县)食品药品执法工作进行业务指导承办上海市食品药品监督管理局交办的其他事项。

**上海市食品药品监督管理局认证审评中心**:受上海市食品药品监督管理局的委托,对外实行一门式受理规定范围内的各类药品和医疗器械的申报材料,承担着全市医疗器械生产企业的质量体系考核及一、二类医疗器械产品注册的技术审评;规定范围内的药品生产企业 GMP认证现场检查;药品经营的批发企业、连锁企业的 GSP 认证现场检查;药品和药品包装材料的形式检查和现场检查;医院制剂的技术审评等;药品、医疗器械及保健食品的广告审查;全市执业药师和从业药师的注册和继续教育的日常管理;承担全市药品和医疗器械各类技术档案资料的管理。

### 6.2.2 发达国家食品安全监督管理体系

(1)欧盟食品安全监督管理体系

①欧盟食品安全监管体系　欧盟范围的食品安全政策最早追溯至 1962 年的欧共体共同农业政策,它为促进成员国农业生产提供了统一行为准则。该政策下的农产品收购价格补贴、进口农产品差价补贴、农产品出口补贴促进了欧共体粮食生产数量的成倍增加。单纯强调食品供应数量带来的负面效果是化肥与杀虫剂广泛使用,造成的环境严重污染引起欧共体内部对共同农业政策改革的呼声。1987—1996 年间,欧共体先后颁布实施了《单一欧洲法令》《罗马条约》和农业环境项目,在很大程度上改变了对环境保护的漠视,促进了食品质量安全水平的提高。1996 年,疯牛病在整个欧洲的蔓延暴露了食品安全管理中存在的不足,食品安全危机管理一直处于真空状态。为恢复消费者的食品安全信心,欧盟委员会转变食品安全管理理念,开始审视传统食品安全政策,重新制定食品安全管理法律和改革食品安全管理机构。

1997 年颁布的《食品安全立法总原则》绿皮书,为欧洲食品安全改革指明了方向,以绿皮书为基本框架,欧盟出台了多部食品安全法律法规。2000 年,欧盟发表《食品安全白皮书》,将食品安全作为欧盟食品法律法规的主要目标,形成新的食品安全法律框架。其中,涉及食品安全应急管理的法规主要有三个:(EC)178/2002 号条例覆盖了"从农场到餐桌"的整个食品链,为后来出台食品法和成立欧盟食品安全局以及食品和饲料快速响应系统网络确立了指导原则和工作要求;(EC)178/2002 号条例也为判断生产的食品和中间产品是否符合饲料与食品法、动物健康福利法规的提供了官方标准;2004/478/EC 号委员会决议提出对食品/饲料危机管

理采取一个通用计划。(EC)178/2002 号和（EC)478/2002 号条例为欧盟框架内的食品立法
奠定了核心法律基础,同时也被许多缺乏国家级核心食品法律的成员国直接引用。欧盟食品
安全监管机构包括欧盟和成员国两个层次,如图 6-2 所示。在欧盟层面上,风险评估与风险管
理职能分属不同机构,食品和饲料风险评估主要由欧盟食品安全局负责,评估结果均在 EFSA
网站公开,风险管理由欧盟委员会负责,风险交流职能由风险评估和风险管理主体共同承担。
欧盟委员会负责向欧盟理事会和欧洲议会提供立法建议和议案,欧盟理事会负责制定食品安
全基本政策,欧洲议会是欧盟食品安全监管立法的参与机构,同时也是食品安全管的监督、预
算和咨询机构。

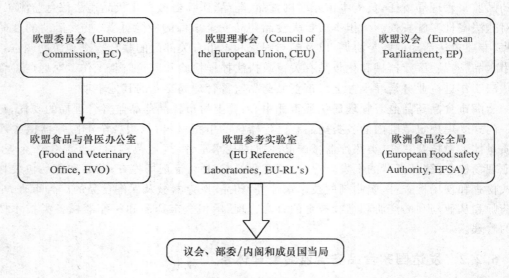

图 6-2　欧盟食品安全管理机构框架图

　　欧盟食品与兽医办公室通过审计及其他相关职能确保相关部门准确执行食品安全立法、
动物卫生与福利调查和植物卫生检验检疫等职能。欧盟参考实验室同国家参照实验室,以及
政府控制实验室,共同构成检测和控制食品和饲料中残留物质的实验室网络。其中,欧盟参考
实验室由欧盟委员会认定,负责向各成员国国家参考实验室提供分析和参考方法、组织培训来
自发展中国家的员工和专家、在食品和饲料分析方面协调与非欧盟国家实验室之间的工作安
排。欧洲食品安全局下设管理委员会、风险评估小组和科学小组以及信息发布机构,经费完全
由欧盟预算提供,独立于欧盟委员会、欧洲议会和欧盟成员国,从源头上保证了食品质量安全
监督的公正透明。

　　②欧盟与成员国在食品安全应急管理上的信息交流渠道　欧盟成员国之间的食品安全应
急管理机构设置和应急管理法规存在很大差异。欧盟《食品安全白皮书》规划了全新的食品安
全法律框架,各成员国在此框架下修订了各自法律法规,并在欧洲食品安全局的督导下调整本
国原有食品安全管理体系,把食品安全监管职能集中到了一个主要部门。截至目前,许多成员
国已经具备食品危机发生时用于风险评估、风险管理和风险交流的文本预案。为应对跨国食
品安全事件,欧盟成员国均设有相应食品安全管理机构作为与欧盟食品安全局的联络点和食
品和饲料快速警报系统(RASFF)的对接点。其中,RASFF 系统是欧盟内部成员国监管部门
之间进行信息交换的工具,每个成员有一个 RASFF 对接点。当其中一个成员国出现源自食

品或饲料的风险信息时,就立刻通过 RASFF 系统告知欧盟委员会。需要采取紧急行动时,成员国还需要告知委员会是否撤回或召回了相关食品或饲料产品等详细信息,委员会随后立刻通过 RASFF 对接点把通告信息传递给所有其他成员国,如表 6-1 所示。

表 6-1　欧盟成员国食品安全风险分析现状统计

| | | 风险评估结果是否公开 | | |
| --- | --- | --- | --- | --- |
| | | 公开 | 不公开 | 不确定 |
| 是否在职能和体制上区分风险评估和风险管理 | 完全/很大程度上区分 | 奥地利、克罗地亚、丹麦、法国、德国、拉脱维亚、立陶宛、荷兰、斯洛伐克共和国 | 波兰 | |
| | 部分分离/没有严格区分 | 比利时、保加利亚、捷克共和国、爱沙尼亚、芬兰 | 马耳他、斯洛文尼亚 | |
| | 没有区分 | 爱尔兰、西班牙、瑞典、英国 | 希腊、匈牙利、罗马尼亚 | 塞浦路斯、意大利、卢森堡 |

(2)美国食品安全监督管理体系

①组织架构　以食监局为中心,分工明确美国历来就十分注重食品安全质量及其有关方面的监管工作,1998 年,美国政府成立了食品安全监管的最高机构——"总统食品安全管制委员会",以实施全国性的食品行业整体卫生监管平衡工作。目前,美国食品安全监督管理组织单位主要包含美国食品与药物管理局(FDA)、美国卫生和公共服务部(DHHS)、美国农业部(USDA)、美国环境保护局(EPA)、美国商务部(USDC)等部门,这些部门分工明确、相互配合,具体实施整体性监管的业务工作。

美国还设置了各类地方政府所管辖的既彼此独立运作、又彼此开展合作的食品安全监管网络平台。食品生产行业中知名科技工作者与社会公益健康组织开展紧密合作,竭尽全力保障食品行业供应的稳健性。在食品卫生监管业务上,国家行政机构直接在全国范围内设置多处食品安全检测中心和实验机构,且向国内各地区分派大批巡视员。对某些实际业务运作,国家和下属地方政府签署管理合同,并要求地方食品安全检验中心遵循国家制定的统一检测技术方案,开展食品安全检测工作。

②法律制度　三大主体法律机构,公开透明美国食品安全监管机制的高水平运作依赖于严格细化的食品安全法律法规制度。即美国的三大主体法律机构——立法、执法、司法,其分别对应于法律制定、法律执行、司法维护三大主体环节,且均对完整实现食品生产、加工、销售、消费这一连串的安全性运作发挥决定性的保障作用。20 世纪 90 年代初,美国政府实施了首项关于食品行业质量控制的《纯净食品和药品法案》,这项法律的推出对全美国范围内的食品行业、医药行业的运作和发展,均发挥了极大的推动作用。此后,基于整个国家层面的宏观法律法规和基于具体领域层面的法规条文相继出台,逐步丰富和完善了美国食品安全监管法规体系,如《食品安全保护法》《联邦肉类检查法》等。

美国食品安全监管法律体系的构建和完善是选取面向民众敞开、阳光的模式,不但邀请、吸纳且激励接受监管的企业、客户及其他经营协作者加入监管条文的拟订和推行环节中,且在面对极为难解的现实问题时,积极向监管部门之外的行业人士请教。食品安全监管部门适时选取组织民众扩大会议或举办专业讨论会议的方式以实现这些功能。在组织民众召开扩大会议时,依照管理功能的需求,依托非寻常手段把行业专家和产业投资人聚揽到一块,进而收集并获取民众对某一产业发展专题或项目投资建设的意见和建议。

③风险防控 预测、监控、预警、交流一体化美国食品安全监管规划以行业运作风险防控分析为依据,保障民众不受到问题食品的危害。美国食品安全风险防控机制涵盖了风险预测、风险监控、风险预警、风险交流四项内容,构建了较为成熟的风险防控机制。

a.风险预测。风险预测涵盖危害辨认、危害性的特征表达、危害表现评定三项内容。对风险危害的辨认,重点依照相关行业法律和运作经验,对新型食品投放消费市场的隐藏危险和已经投放销售市场的问题食品产生的公众损害进行判断,从而在一定程度上抑制消费风险发生。危害性的特征表达,是将这类情况作为依据,利用相关数据进行说明有关隐藏危害形态各异的表现情况及方式,指出哪类参数对食品危害的特征表达最为关系紧密。食品的危害表现评定,是指对食品安全问题中恶性危害的瞬间引起及慢性损伤的长久侵害可能引发的概率大小、损害的后果严重性进行系统评估,继而为食品安全监管工作创建有利的条件,并提供有力的调控依据。

b.风险监控。美国现行的食品行业监管法律规定,每一种食品在投放消费市场之前,一定要先确认其中食品保鲜、调味及其他用途化学制剂的加入和动物生长药剂、除虫药剂的应用过程及内含量不致引发食品危害。而对于那些食品组成中本身携带的有毒成分或是生产流程中不能回避的食品危害,则规定要实施相关行业管理部门的调节和控制。

c.风险预警。美国食品安全监管部门在各年度均召开例行总结布置会议,以研究统一的、以食品安全风险防控为主要内容的食品抽检测验工作规划,确定各类生物药品及化学制剂在食品组成内部的残留程度,其检测数据则作为各项食品安全控制标准编制的基本依据、各项制度落实的条件、实施其他相关业务的可参考资料。

d.风险交流。食品风险性交流融入食品安全阳光监管的各个细节中。一是依托完整详细的信息采集及信息传送过程,促使民众成功回避问题食品。在意外出现食品安全的严重问题时,国家利用各个地区的食品安全监管机构电信网络系统和公众媒介,把突发性食品安全问题迅速予以通报,并且利用信息联通体系,迅速联系相关国际性管理机构、区域监管部门及其他国家,以便广大消费者和有关社会组织可以提前实施防控工作。

④监管方式 "由田间到口入"全程监控美国食品安全监管方式是一种"由田间到口入"的、覆盖完整性的食品传导链全流程的全程监管。

a.食品生产技术标准控制。严格约束相关企业在加工制作食品过程中的相关生产工艺指标,规范食用商品的生产流程,若违反行业管理规定则必将给予严厉惩罚。美国食品安全监管机制涵盖国家级、行业级、企业级的控制内容和约定。行业级的控制内容是由社会民间组织拟定,是美国食品卫生控制体系的主要内容。企业级的食品安全控制内容,由企业管理者或企业集团编制。美国食品行业法律中的"农业管理细则"已编制了具体的农副产品质量基准共353项,其中,有关食品内部药品残留控制方面,已形成食品行业质量管理细则近万条法律条款。

b.食品安全确认机制。食品安全确认是美国保障食品安全合格的一项关键手段。食用产品在经过国家和行业的质量确认、检验之后,允许在其出厂的产品上附上商标,即意味着此食品已通过质量检验确认是安全可靠的。目前,美国食品加工企业制作出的食用产品务必要经过三种类型的质量确认,经过国家质量确认机制和各类行业控制规定章程的周密监控之后,由食品加工制作起点上开始严格管理食品加工的工艺过程,进而保障投放市场的食用商品安全性满足国家规定标准。

c. 食品安全检测流程。美国在设置政府级的食品安全检测控制流程之外,还设置了地方性的、各个行业的食品安全检测流程,以及加工企业、农村养殖场的自控检验分析室。美国农业管理部门对食品加工技术、产业规划、行业发展等内容给予大力的财政支持。

## 6.2.3　发达国家食品安全监管体系的启示与借鉴

(1)完善统一权威的监管体系

"十三五"时期是全面建成小康社会的决胜阶段,要求食品安全保障水平有本质提升。监管体制是实施食品安全战略的重要载体,要真正释放体制改革红利,应当严格按照中央既定精神独立设置食品药品监管机构。综合设置市场监管机构的地方,要根据国务院要求将食品安全作为综合执法的首要职责。加快完善统一权威的食品安全监管体制和制度,加强食品安全监管工作的专业性和系统性。应当秉持"最小折腾,最大完善"的原则,将各地市场监督管理局统一更名为食品药品监督管理局,或单独设置食品药品监督管理局,实现简政放权和加强监管的有机结合。强化地方政府对食品安全负总责的责任体系,发挥其统筹协调作用,明确食安委各成员单位职责分工,调动农业、卫生、公安等部门食品安全工作积极性。同时鼓励有条件的地方学习环保部门经验,试点食品药品监管省以下垂直管理体制,调整人、财、物管理权限,解决市场分割和地方保护问题。在纵向体制改革基础上,探索推进横向分区域配置监管资源。我国城乡间、区域间经济社会发展存在巨大差异,决定了食品安全风险主要类型不同,监管资源不能"撒胡椒面"。可根据产业发展与监管资源的匹配程度并结合"一带一路"、三大经济发展区域,将全国31个省级行政区域划分为不同监管功能区,通过设置区域性监管派出机构协调区域内监管事务,开展飞行检查,办理重大案件。

(2)打造职业化检查员队伍

我国是食品产业大国而非强国,农业和食品工业基础与发达国家相比有较大差距。全国有约1 200万人获证的食品生产经营者,但监管力量薄弱,专业人员缺乏,大产业和弱监管的结构性矛盾突出。监管的实际效果多依赖监管经验,缺乏技术含量高、靶向性强的专业手段,一些系统性风险和跨领域问题难以被发现。随着供给侧结构性改革推动食品产业转型升级,专业监管能力必须与产业素质同步提升。建立职业化检查员队伍,研究与食品安全监管工作特点相适应的技术职务体系。不具备相应知识和能力,依法不得从事食品安全检查和执法工作。实施以现场检查为主的监管方式,推动监管力量下沉,逐步实现各级食品药品监管部门"全员检查、全员执法"。在此基础上应科学划分监管事权,省级食品药品监管部门主要负责组织高级以上检查员开展食品生产企业检查;市县级食品药品监管部门主要负责开展食品流通、餐饮企业检查;乡镇监管派出机构主要负责开展小作坊、小摊贩、小餐饮检查。

(3)建立健全食品安全监管法律规章约束体系

法律的具体执行是实现食品安全监管机制运作及其品质获取的控制路径。借鉴美国食品安全监管政策,在现实我国食品安全监督法规实施的前提下,更深入地修正、充实、调整相关食品安全管理的法律、规章及条款。强化与国际上食品安全管理机构的密切协作,全力配合国际行业组织的食品安全监管工作,建立并推广应用高效的、操作性强的食品安全管控制度体系。

(4)实施食品安全传递流程的一体化管理

①紧抓食品加工的开端性管理　抓好食品源头的整治工作,由食品生产的源头即开始抓产品的质量标准控制,从而保障食品品质安全可靠。依托强化食品产地环保工作和强化控制生物生长所需的各种促进剂、营养剂、保鲜剂的使用,构建并配备食品生产加工的环境监测设施和保障体系,保证食品生产地域的环境条件满足食品安全标准的要求。此外,还要鼓励生产生物绿色食品和环保食品。

②强化食品加工的流程管控　从食品原料、生产加工流程控制上,保障所生产出的食品达到国家标准要求。对某些食品加工企业,勒令其落实食品加工危害效果评估、重点部位强化控制等相关制度,同时构建完整的生产操作规章制度,建立有效的自行管理机制。

③贯彻执行产品市场准入控制制度　强化对进入城市的农副食品的检测环节控制,避免出现问题食品涌入市场及用到食品加工中间原料中。建立食品的市场准入制度、检测标准和方法,积极推进安全优质认证的农产品建立专销区。另外,实施标识管理,实行可追溯制度。

(5)完善食品安全标准体系

我国应主动将国内标准与国际标准接轨,建立适应国际经济发展的食品安全标准体系。

①建立健全食品安全标准体系　食品安全标准体系应包括国家标准、行业标准、企业操作规范三个层次,保障食品生产的安全。

②建立健全食品安全检测检验体系　我国农产品检测和检验体系目前还较薄弱,现有的质检机构数量与社会要求存在较大差距,而且地区分布不均,必须加大投资,增建高水平的检测检验机构,并修改食品安全标准和检测方法。

(6)建立食品安全信息系统

政府应建立有效的食品安全信息传导机制,把有效信息的传递作为食品安全公共管理的重要手段,定时定期发布食品生产、流通全过程的市场检测等信息,为消费者和生产者服务。应使消费者了解关于食品安全性的真实情况,减少由于信息不对称而出现的食品不安全因素,增强消费者自我保护的意识和能力。同时,提供平台,使消费者能够参与改善食品安全性的控制管理。

(7)实施最严格的监管制度

食品安全是"产"出来的,也是"管"出来的。应当从"产""管"两个方面实施最严格的监管制度,用最严谨的标准、最严格的监管、最严厉的处罚、最严肃的问责提升食品安全保障水平。一方面是落实生产经营者主体责任。在民事义务和责任方面,科学划分政府和市场的边界,督促企业严格落实培训考核、风险自查、产品召回、全过程记录、应急处置等管理制度,建立重点产品追溯体系,加强覆盖生产经营全过程的食品安全管控措施。同时积极引入市场机制,加强食品安全信用体系建设,开展食品安全承诺行动,完善食品安全守信激励和失信惩戒机制,并鼓励食品生产经营企业参加食品安全责任保险。在刑事责任方面,保持严惩重处违法犯罪的高压态势。继续严厉打击非法添加、制假售假、违法使用禁限用农药兽药等严重违法行为。以查处走私冻品、利用餐厨和屠宰废弃物加工食用油、互联网食品安全违法犯罪等案件为重点,强化部门间、区域间案件移送、督办查办、联合惩处、信息发布等沟通协作。另一方面是落实食品安全监管责任。引导地方政府和监管部门落实属地责任,是防止食品安全在一线失守的重要保障。强化食品安全责任制,制定食品安全工作评议考核办法,将食用农产品质量和食品安全工作全面纳入地方政府绩效考核、社会管理综合治理考核范围,考核结果作为综合考核评价领导班子和相关领导干部的重要依据。同时深入推进食品安全城市、农产品质量安全县创建试点工作,及时总结推广试点经验。尤为重要的是,制定食品安全责任追究制度,严格食品安全责任追究,严肃追究失职渎职人员责任。

# 6.3　食品安全应急管理

## 6.3.1　中国应急管理体系概况

作为一项完整的社会系统工程,我国应急管理体系建设始于2003年抗击非典型肺炎(即"非典")的经验和教训。"非典"事件结束后,国务院办公厅成立了应急预案工作小组,负责部署全国应急体系建设。2005年底制定的《国家突发公共事件总体应急预案》要求各级政府各个部门制定相应预案,标志着我国政府把应急管理纳入常规管理的开始。根据总预案规划,我国应急预案系包括总体预案、专项预案、部门预案、地方预案、企事业单位预案和大型活动预案。2005年末,国务院办公厅成立"国务院应急管理办公室"和"应急管理专家组"。应急管理办公室负责履行值守应急、信息汇总和综合协调职责,发挥运转枢纽;专家组为应急管理工作提供决策建议,必要时参加突发公共事件的应急处置。2006年,国务院办公厅首次公开发布了对当年突发公共事件应对工作的分析评估,全国31个省区市成立的省级应急管理领导机构负责应对本行政区域内各类突发公共事件。这一系列改革措施推动了应急管理专项机构和办事机构协调联动工作机制的形成。2006年8月,党的十六届六中全会正式提出按照"一案三制"的总体要求建设应急管理体系,形成"统一指挥、反应灵敏、协调有序、运转高效"的应急管理机制。会议提出"按照预防与应急并重、常态与非常态结合"的原则,"建立统一高效的应急信息平台,建设精干实用的专业应急救援队伍,健全应急预案体系,完善应急管理法律法规,加强应急管理宣传教育,提高公众参与和自救能力",这标志着我国应急管理体系框架理念的正式形成。

## 6.3.2　我国食品安全应急管理现状

(1)预案体系基本形成

各级食品药品监管部门认真贯彻落实国务院办公厅《突发事件应急预案管理办法》,安排专人负责应急预案管理工作,编制应急预案规划,制定应急预案。目前"横向到边,纵向到底"的全国食品药品安全应急预案体系基本形成。以《国家突发公共事件总体应急预案》为总纲,在国家层面又出台了《国家重大食品安全事故应急预案》并于2014年启动修订工作,以及餐饮服务、保健食品、化妆品突发事件应急预案。地方层面上,各省(直辖市、自治区)基本均已制定《食品安全事故应急预案》,预案明确了食品突发事件的定义、事件的界定、级别、响应和应对级层、调度指挥、处置规则、信息报送、善后处置及保障措施等内容,强化突发事件从预防和准备、监测和预警、应急处置和救援以及到善后处置的运行机制。

有些地区还针对当地可能发生的食品安全突发事件的特征,结合工作实际,制定了针对性的应急预案,如《内蒙古自治区餐饮服务食品安全事故应急预案》等。有些省份还探索编制了跨部门跨区域的食品安全应急处置协作预案,如云南省楚雄州永仁县和四川省攀枝花市仁和区密切立足周边环境,联合探索编制了《边际餐饮服务食品安全应急处置协作预案》。

对预案进行动态管理,注重各级各类应急预案之间的衔接,规范各类突发事件处置程序,建立应急工作手册,不断增强预案的科学性、针对性和实效性。应急预案体系建设逐步规范化和科学化。

(2)规章制度逐步完善

根据食品安全应急管理工作的需要,总局和地方各食品药品监管机构分别制定了《值班室值班制度》和《值班信息报送规程(试行)》加强值班信息管理;总局印发《食品药品安全事件防范应对规程(试行)》《较大食品安全事故应急处置程序》《重大食品安全事故应急处置程序》《食品安全事故分级标准和响应规定》,明确了处理食品安全事件信息和处置食品安全事件时,总局和地方层面的责任与分工,确定了食品安全信息和食品安全事件的分类分级标准、处置程序;印发《关于加强新闻宣传工作的指导意见》,全面加强食品药品安全新闻宣传工作;《食品药品安全事件信息监测处理程序》《食品药品安全舆情信息监测处理程序》《食品安全舆情应对模板》《关于加强食品药品安全重大信息报送工作的通知》等制度;目前还正在修订"食品药品突发事件调查处理办法、食品药品应急管理工作督查督办制度"等。

(3)管理体制逐步健全

国家食品药品监督管理总局对食品药品实行统一监督管理,形成了一把手负总责、主管领导分工负责、相关部门具体落实的组织保障体系。省、市、县 3 级食品药品应急管理机构组织体系基本形成。部分省内的食品药品生产经营企业也基本成立了应急领导机构并配备了应急工作人员,制定了应急处置制度,形成政府食品药品系统综合协调、分级负责、属地为主的应急管理体制。

(4)监测平台积极建设

为了对潜在的食品药品安全风险做到早发现、早报告、早预警、早处置,各级食品药品监管部门高度重视监测预警工作,将应急处置关口前移。第一,总局应急司设立了舆情监测处,专门监测食品和药品安全方面的舆情。大多数省(自治区、直辖市)级局也建立了食品药品舆情监测机制,初步实现了 24 h 不间断监测省内外以及国际食品药品安全舆情动态,加强了对敏感热点舆情信息的搜集分析和研判,并按有关规定及时发布预警信息;第二,畅通了信息报送渠道,建立了重大信息网络直报工作制度,加强了重要敏感舆情通报工作。总局与地方通过内网、短信和传真系统收发等方式共享重要舆情,提升了基层重大信息报送速度,为及时消除并妥善处置安全事故赢得了主动;第三,监测预警系统与预警平台正逐步建设。如浙江省建设了"药品不良反应预警平台"和"医疗器械不良事件在线报告系统",平均每年产生药品、医疗器械预警信号 1 200 余个,经评价、筛选后实际开展现场调查、处置的每年约 10 余起。

### 6.3.3 食品安全应急管理面临的问题

(1)专业化队伍亟待加强

目前我国食品安全应急队伍人员总量严重不足、结构不合理、综合素质参差不齐,临时化、随意性较强,管理工作有待规范,专业培训和应急演练不足,作用发挥不够充分。专业应急队伍仍属于空白,应急队伍建设亟待加强。一些地区的具有食品药品应急处置工作经验的人员较少,且大多并未从事应急工作,接受过专业化、系统化培训与演练的应急人员也比较欠缺,专业应对能力建设亟需加强。

（2）应急装备普遍缺乏

应急装备配备落后，食品安全应急工作相配套的应急车辆、食品药品快速检验、现场采样取证、快速抵达及个人携行、应急保障等方面的专业化设备、装备普遍缺乏，与《食品药品监管总局关于印发全国食品药品监督管理机构执法基本装备配备指导标准的通知》中规定的配备标准相差甚远。较发达地区与标准配置尚存在差距，欠发达地区的差距就更大，有些基层一线甚至没有应急装备，难以在第一时间有效开展应急处置工作。一些基层监管部门由于缺少应急执法装备，监管执法的科学性和权威性受到较大影响，制约了应急处置工作的开展和整体调度指挥效能。

（3）监管机制尚存漏洞

目前国家五级监管体系中，舆情监测仅仅覆盖了国家总局和各个省级局 2 级，而地、市（州）级、县（区）和乡镇等各监管层级，基本上没有正规化地开展舆情监测工作，存在相当大的监测漏洞和安全隐患。究其原因，主要是因为舆情信息监测的硬件建设和投入不足，专门的人才资源匮乏，从而造成舆情收集不全面、发现不及时、分析不准确、信息利用不便利等现象。

## 6.3.4　加强我国食品安全应急管理的建议

（1）完善监管机制

建立健全食品药品监督管理部门舆情监测的内容、格式、形式、模式、体系、层级、分工等基本标准体系，在机构设置、人员编制、硬件建设、资金投入等方面给予重点倾斜和政策扶持，扩大食品药品安全舆情监测的深度和广度，建立起覆盖国家总局、省（市、自治区）局、市、县（市、区）局和乡（街、镇）5 级食品药品安全监管的舆情监测系统以及与政府相关部门联动的监管系统。在国家总局和各省市区监管局现有监测系统的基础上实现技术扩容，增加监测内容，建立全国统一的舆情监测系统，完善预警、追溯、节点防控机制，弥补监管漏洞。给基层监管部门留出端口和接口，实施监管部门对其监管领域信息和舆情的全覆盖和监测信息资源共享，改变全国各地、各级重复搞舆情监测、资源浪费以及舆情收集不全面、发现不及时、分析不准确、信息利用不便利等局面。重视通过风险评估和风险预警来防范食品安全问题的发生，并保障公众对食品安全状况的知情权，不断提高政府公信力。逐步建立和完善我国食品安全风险评估体系，以食品安全检验检测研究机构和重点实验室为重点技术依托，不断提高国内检测机构的食品安全检验检测能力，积极引进先进的技术和方法，特别是新型人才，大力开展有关食品安全风险评估的科学研究，及时向监管部门提供研究结果与科学建议，为我国的食品安全管理提供科学性和权威性的技术支撑。同时要注重及时、准确地发布食品安全信息，通过建立一套完整和完善的信息发布机制，推进信息化监管网络的快速建设，还要不断加强国内各食品监管部门与消费者协会、行业协会之间的情况通报，以及与新闻媒体的沟通合作，定期向社会大众发布食品安全有关信息，畅通社会监督渠道。

（2）加强管理体系

建设"布局合理、种类齐全、优势互补、保障有力"的应急队伍体系，实现应急装备配备标准化、规范化和制式化，充分发挥应急处置主力军作用。以省级应急队伍为基础组建国家级应急队伍，分类组队、常备不懈、技术精湛、装备精良、平战结合的原则，以各级食品药品监管人员为骨干力量,以疾病预防控制机构、食品药品检验检测机构、不良反应监测中心等专业队伍为基本力量,以食品安全协管员、信息员、监督员为辅助力量,以应急专家队伍为支撑力量,构建覆盖国家、省、市、县、乡镇五级应急管理队伍体系。组件骨干机动应急队伍,兼顾本地区和跨区域突发事件应急处置工作。完善应急队伍管理规范,强化应急管理专业人才的储备和培养,加强应急队伍专业知识、信息传播、媒体素养、应急处置等专业化培训、调度指挥等管理工作。国家级应急队伍装备配备应基本满足重特大食品药品安全突发事件应急处置工作需要,省级主要以提高应急指挥能力和确证检测能力为重点,地市级以增强突发事件现场应对能力为重点,县级以具备信息传输报告和现场调查取证能力为重点,分层次、分阶段实施应急能力建设。

(3)完善预案体系

①实用化原则　我国的食品安全应急预案主要有为国家级、省级、市级和县级,各级监管部门也制定了食品安全预案、餐饮服务食品安全预案和保健食品安全预案等政府预案、部门预案和总体预案、专项。但大多数应急预案不能按照实际情况编写,未考虑各级政府各级监管部门的实际工作。只有按实际情况编写才能保证食品安全预案在发生食品安全事故时相应预案真正起到指导作用,按照预案的内容能够有效地进行应急处置工作,预案不是摆设,是应急指挥方案,才能对食品安全事故妥善处置,防止食品安全事故带来的危害进一步升级。

②及时修订　面临不断进行中的机构改革,多数食品药品监管部门的预案是在等法律修订完、机构改革结束后再进行修订,这就给机构改革期间发生的食品安全事故的处置带来隐患。所以,我国各级食品安全预案应根据《中华人民共和国突发事件应对法》第十七条内容"应急预案制定机关应根据实际需要和情势变化,适时修订应急预案"的要求根据机构改革的实际情况,人员部门的不断变化,及时修订各省各部门的应急预案,以保证各级食品安全应急预案的实效性。在之后的应急管理工作中,也应做到预案中的任一细节发生变化也需及时修订预案。

③不断提炼　从未付诸实施的应急预案需定期清理,按照突发事件种类对预案进行适度整合,针对各级别尽量用最少的应急预案指导应急处置工作。

# 6.4　食品安全法

## 6.4.1　修订背景及过程

新修订的《食品安全法》历经全国人大常委会第九次会议、第十二次会议两次审议,三易其稿后终获通过,从2013年10月至2015年4月历时1年半的时间。2013年10月10日,国家食品药品监管总局向国务院报送了《食品安全法(修订草案送审稿)》。该送审稿从落实监管体制改革和政府职能转变成果、强化企业主体责任落实、强化地方政府责任落实、创新监管机制方式、完善食品安全社会共治、严惩重处违法违规行为6个方面对现行法律做了修改、补充,增加了食品网络交易监管制度、食品安全责任强制保险制度、禁止婴幼儿配方食品委托贴牌生产等规定和责任约谈、突击性检查等监管方式。在行政许可设置方面,国家食品药品监管总局经过专项论证,在送审稿中增加规定了食品安全管理人员职业资格和保健食品产品注册两项许可制度。为了进一步增强立法的公开性和透明度,提高立法质量,国务院法制办于同年10月29日将该送审稿全文公布,公开征求社会各界意见。

2014 年 5 月 14 日,国务院常务会议讨论通过《食品安全法(修订草案)》,并重点完善了 4 个方面:一是对生产、销售、餐饮服务等各环节实施最严格的全过程管理,强化生产经营者主体责任,完善追溯制度。二是建立最严格的监管处罚制度。对违法行为加大处罚力度,构成犯罪的,依法严肃追究刑事责任。加重对地方政府负责人和监管人员的问责。三是健全风险监测、评估和食品安全标准等制度,增设责任约谈、风险分级管理等要求。四是建立有奖举报和责任保险制度,发挥消费者、行业协会、媒体等监督作用,形成社会共治格局。同年 6 月 23 日,《食品安全法(修订草案)》被提交至全国人大常委会第九次会议一审。2014 年 12 月 22 日,十二届全国人大常委会第十二次会议对《食品安全法(修订草案)》进行二审。二审修订时出现了 7 个方面的变化:一是增加了非食品生产经营者从事食品贮存、运输和装卸的规定;二是明确将食用农产品市场流通写入食品安全法;三是增加生产经营转基因食品依法进行标识的规定和罚则;四是对食品中农药的使用做了规定;五是明确保健食品原料用量要求;六是增加媒体编造、散布虚假食品安全信息的法律责任;七是加重了对在食品中添加药品等违法行为的处罚力度。

2015 年 4 月,十二届全国人大常委会第十四次会议对《食品安全法(修订草案)》审议后表决通过。相比二审稿,《食品安全法(修订草案)》最后一次审议只是在较受争议的几个核心问题上做了修改,如对剧毒、高毒农药做出的进一步限制是,不得用于"蔬菜、瓜果、茶叶和中草药材"。同时增加规定:销售食用农产品的批发市场应当配备检验设备和人员,或者委托食品检验机构,对进场销售的食用农产品抽样检验;特殊医学用配方食品应当经国务院食品药品监督管理部门注册等。

2015 年 4 月 24 日,十二届全国人大常委会第十四次会议以 160 票赞成、1 票反对、3 票弃权,表决通过了新修订的《食品安全法》,自 2015 年 10 月 1 日起正式施行。

## 6.4.2　新法的理念及亮点

(1)新法体现的理念

新修订的《食品安全法》(以下简称新法)在总则中规定了食品安全工作要实行预防为主、风险管理、全程控制、社会共治的基本原则,要建立科学、严格的监管制度。该规定内容吸收了国际食品安全治理的新价值、新元素,不仅是《食品安全法》修订时遵循的理念,也是今后我国食品安全监管工作必须遵循的理念。据国家食品药品监管总局有关负责人介绍,在预防为主方面,就是要强化食品生产经营过程和政府监管中的风险预防要求。为此,将食品召回对象由原来的"食品生产者发现其生产的食品不符合食品安全标准,应当立即停止生产,召回已经上市销售的食品"修改为"食品生产者发现其生产的食品不符合食品安全标准或者有证据证明可能危害人体健康的,应当立即停止生产,召回已经上市销售的食品"。在风险管理方面,提出了食品药品监管部门根据食品安全风险监测、风险评估结果和食品安全状况等,确定监管重点、方式和频次,实施风险分级管理。在全程控制方面,提出了国家要建立食品全程追溯制度。食品生产经营者要建立食品安全追溯体系,保证食品可追溯。在社会共治方面,强化了行业协会、消费者协会、新闻媒体、群众投诉举报等方面的规定。

(2)新法体现的亮点

①通过 8 个方面的制度设计确保最严监管。

a.完善统一权威的食品安全监管机构。终结了"九龙治水"的食品安全分段监管模式,从法律上明确由食品药品监管部门统一监管。

b.建立最严格的全过程的监管制度。新法对食品生产、流通、餐饮服务和食用农产品销售等环节,食品添加剂、食品相关产品的监管以及网络食品交易等新兴业态等进行了细化和完善。

c.更加突出预防为主、风险防范。新法进一步完善了食品安全风险监测、风险评估制度,增设了责任约谈、风险分级管理等重点制度。

d.建立最严格的标准。新法明确了食品药品监管部门参与食品安全标准制定工作,加强了标准制定与标准执行的衔接。

e.对特殊食品实行严格监管。新法明确特殊医学用途配方食品、婴幼儿配方乳粉的产品配方实行注册制度。

f.加强对农药的管理。新法明确规定,鼓励使用高效低毒低残留的农药,特别强调剧毒、高毒农药不得用于瓜果、蔬菜、茶叶、中草药材等国家规定的农作物。

g.加强风险评估管理。新法明确规定通过食品安全风险监测或者接到举报发现食品、食品添加剂、食品相关产品可能存在安全隐患等情形,必须进行食品安全风险评估。

h.建立最严格的法律责任制度。新法从民事和刑事等方面强化了对食品安全违法行为的惩处力度。

②实施 6 个方面的罚则设置确保"重典治乱"。

a.强化刑事责任追究。新法对违法行为的查处上做了一个很大改革,即首先要求执法部门对违法行为进行一个判断,如果构成犯罪,就直接由公安部门进行侦查,追究刑事责任;如果不构成刑事犯罪,才是由行政执法部门进行行政处罚。此外还规定,行为人因食品安全犯罪被判处有期徒刑以上刑罚,则终身不得从事食品生产经营的管理工作。

b.增设了行政拘留。新法对用非食品原料生产食品、经营病死畜禽、违法使用剧毒高毒农药等严重行为增设拘留行政处罚。

c.大幅提高了罚款额度。比如,对生产经营添加药品的食品,生产经营营养成分不符合国家标准的婴幼儿配方乳粉等性质恶劣的违法行为,现行食品安全法规定最高可以处罚货值金额 10 倍的罚款,新法规定最高可以处罚货值金额 30 倍的罚款。

d.对重复违法行为加大处罚。新法规定,行为人在一年内累计 3 次因违法受到罚款、警告等行政处罚的,给予责令停产停业直至吊销许可证的处罚。

e.非法提供场所增设罚则。为了加强源头监管、全程监管,新法对明知从事无证生产经营或者从事非法添加非食用物质等违法行为,仍然为其提供生产经营场所的行为,规定最高处以10 万元罚款。

f.强化民事责任追究。新法增设首负责任制,要求接到消费者赔偿请求的生产经营者应当先行赔付,不得推诿;同时消费者在法定情形下可以要求 10 倍价款或者 3 倍损失的惩罚性赔偿金。此外,新法还强化了民事连带责任,规定对网络交易第三方平台提供者未能履行法定义务、食品检验机构出具虚假检验报告、认证机构出具虚假的论证结论,使消费者合法权益受到损害的,应与相关生产经营者承担连带责任。

③制定 4 个方面的规定确保食品安全社会共治。

a.行业协会要当好引导者。新法明确,食品行业协会应当加强行业自律,按照章程建立健全行业规范和奖惩机制,提供食品安全信息、技术等服务,引导和督促食品生产经营者依法生产经营。

b. 消费者协会要当好监督者。新法明确,消费者协会和其他消费者组织对违反食品安全法规定,损害消费者合法权益的行为,依法进行社会监督。

c. 举报者有奖还受保护。新法规定,对查证属实的举报应当给予举报人奖励,对举报人的相关信息,政府和监管部门要予以保密。同时,参照国外的"吹哨人"制度和公益告发制度,明确规定企业不得通过解除或者变更劳动合同等方式对举报人进行打击报复,对内部举报人给予特别保护。

d. 新闻媒体要当好公益宣传员。新法明确,新闻媒体应当开展食品安全法律、法规以及食品安全标准和知识的公益宣传,并对食品安全违法行为进行舆论监督。同时,规定对在食品安全工作中做出突出贡献的单位和个人给予表彰、奖励。

④实行3项义务强化互联网食品交易监管。

a. 明确网络食品第三方交易平台的一般性义务,即要对入网经营者实名登记,要明确其食品安全管理责任。

b. 明确网络食品第三方交易平台的管理义务,即要对依法取得许可证才能经营的食品经营者许可证进行审查,特别是发现入网食品经营者有违法行为的,应当及时制止,并立即报告食品药品监管部门。对发现严重违法行为的,应当立即停止提供网络交易平台的服务。

c. 规定消费者权益保护的义务,包括消费者通过网络食品交易第三方平台,购买食品其合法权益受到损害的,可以向入网的食品经营者或者食品生产者要求赔偿,如果网络食品第三方交易平台的提供者对入网的食品经营者真实姓名、名称、地址和有效方式不能提供的,要由网络食品交易平台提供赔偿,网络食品交易第三方平台提供赔偿后,有权向入网食品经营者或者生产者进行追偿,网络食品交易第三方平台提供者如果做出了更有利于消费者承诺的,应当履行承诺。

### 6.4.3 新法对监管部门和行业发展的深刻影响

(1)对食品监管的影响

新法从监管角度出发,创新完善了诸多监管制度,为行业监管部门开展食品安全监管增添了新的"武器"。

①规定监管部门应根据食品安全风险监测、评估结果等确定监管重点、方式和频次,实施风险分级管理。该规定有利于监管部门合理配置监管资源,有针对性地加强对食品企业的动态监管和风险预警分析,落实食品企业质量安全主体责任。

②明确对有证据证明食品存在安全隐患但食品安全标准未做相应规定的,相关部门可规定食品中有害物质的临时限量值和临时检验方法。2008年10月,三鹿奶粉事件发生后,为确保乳与乳制品质量安全,原卫计委就国家质检总局等部门发布了三聚氰胺在乳与乳制品中的临时管理限量值。可见,作为应急状态下的一项行政控制措施,这一制度的设计,有利于监管部门在食品监管中对食品中有害物质含量的检测判定。

③规定食品药品监管部门可以对未及时采取措施消除隐患的食品生产经营者的主要负责人进行责任约谈;政府可以对未及时发现系统性风险、未及时消除监管区域内的食品安全隐患的监管部门主要负责人和下级人民政府主要负责人进行责任约谈。这一制度的设立,有利于监管部门进一步强化食品药品安全管理的责任意识,推动食品药品安全监管职责落实到位,有

效防范食品药品安全事故的发生。

④明确食品药品监管部门应当建立食品生产经营者食品安全信用档案，依法向社会公布并实时更新。这一制度的建立不仅有利于引导食品生产经营者在生产经营活动中重质量、重服务、重信誉、重自律，进而形成确保食品安全的长效机制，而且对监管部门提升监督检查效率，增强执法威慑力具有重要意义。

⑤规定食品药品监管、质量监督等部门发现涉嫌食品安全犯罪的，应当按照有关规定及时将案件移送公安机关。这一规定明确了食品安全行政执法案件的移送程序和各相关部门的职责，这对畅通行政执法与刑事司法衔接、多部门联合打击食品安全违法犯罪具有重要作用。

（2）对食品行业发展的影响

①明确食品生产经营者对食品安全承担主体责任，对其生产经营食品的安全负责。这一原则性规定确立了食品生产经营者是其产品质量第一责任人的理念，对提高整个食品行业质量安全意识具有积极意义。

②规定食品生产经营者应当依法建立食品安全追溯体系，保证食品可追溯。国家鼓励食品生产经营企业采用信息化手段采集、留存生产经营信息，建立食品安全追溯体系。食品安全追溯体系目前已经在一些地方开始实施，如上海在2013年底就通过引入云技术，对水产品食品安全实施全程追溯。只要消费者在买来的冰鲜淡水鱼包装上，用手机扫一扫二维码，就可以了解从养殖、包装、检测、仓储、物流、经销，直至消费者购买验证等各个环节的情况。食品安全追溯体系的建立，便于有效追溯食品源头，分清各生产环节的责任，对提高我国整个食品安全可信度和食品企业竞争力具有重要作用。同时，通过追溯体系的健全，有利于追踪溯源地查处各类食品违法行为，对净化整个食品行业环境，促进食品产业发展意义重大。

③对保健食品管理新增多项规定。例如，改变过去单一的产品注册制度，对保健食品实行注册与备案双规制；明确保健食品原料目录、功能目录的管理制度，对使用符合保健食品原料目录规定原料的产品实行备案管理；明确保健食品企业应落实主体责任，生产必须符合良好规范并实行定期报告制度；规定保健食品广告发布必须经过省级食品药品监管部门的审查批准等。随着经济社会的快速发展和人民生活水平的提高，保健食品日益受到广大消费者的关注。然而，保健食品法规严重滞后，导致监管乏力，市场上虚假宣传销售现象泛滥。尤其是对保健食品缺乏相应的许可准入制度，导致保健品经营主体（超市、药店、个体商户）五花八门，严重影响保健食品行业的良性发展。新法增加的这些规定，将使整个保健食品行业得到进一步肃清整顿，加速行业的健康成长。正如汤臣倍健公共事务部总监陈特军所言，此次食品安全法修订将对整个保健品行业的发展起到正向激励作用，既解放了行业龙头企业的生产力与创新力，也给行业注入新鲜活力，而且规范的监督也有助于重塑消费者对保健品行业的信心，促进整个行业的发展成熟。新修订的《食品安全法》将保健食品的管理方式规定为审批与备案双轨制。由此来看，未来保健食品的注册审批已明确为行政许可，而备案管理的那一部分政府职责或改为"告知性备案"，具体情况尚需有关部门出台具体管理办法予以明确。

④对婴幼儿配方乳粉管理增设新规定。例如，明确要求婴幼儿配方食品生产企业实施从原料进厂到成品出厂的全过程质量控制；婴幼儿配方乳粉的产品配方应当经国务院食品药品监督管理部门注册；不得以分装方式生产婴幼儿配方乳粉。2008年"三聚氰胺"事件后，婴幼儿食品安全问题成为食品安全领域的焦点。有市场人士认为，新法明确"加强全程质量监控"，可以最大限度保证婴幼儿配方食品质量安全，这对规范奶粉市场秩序、重振民众对国产奶粉的

消费信心具有积极的推动作用。"产品配方实施注册管理",不仅有助于政府部门通过许可手段将配方总量有限制地控制起来,促使企业更专注地将配方产品质量做好,而且对提高奶粉品牌的市场进入门槛,推动婴幼儿奶粉配方升级具有积极作用。而"禁止分装方式生产",意在鼓励国内的生产企业集中力量提升研发能力和生产的技术水平,进一步保障婴幼儿配方乳粉的质量安全。

(3)对消费者饮食安全的影响

①保健食品标签不得涉及防病治疗功能　近年来,保健食品在我国销售日益火爆,但市场中鱼龙混杂的现象仍十分严重。根据国家食品药品监管总局对2012年全年和2013年1～3月期间,118个省级电视频道、171个地市级电视频道和101份报刊的监测数据显示,保健食品广告90%以上属于虚假违法广告,其中宣称具有治疗作用的虚假违法广告占39%。新法要求保健食品标签不得涉及防病治疗功能,并声明"本品不能代替药物"。这些规定有助于消费者识别保健品虚假宣传,警惕消费陷阱。

②生产经营转基因食品应按规定标示　近年来,农业转基因生物产品越来越多地进入到人们的生活中,关于转基因食品安全性的争议也愈演愈烈。尤其是在转基因食品标识方面,要么标识很小,消费者很难注意到;要么有些商家乱标识,以"非转基因"作为炒作噱头。新法规定了生产经营转基因食品应当按照规定显著标示,并设置了相应的法律责任。这一规定完善了我国转基因食品标识制度,充分保障了消费者对转基因食品的知情权。

③剧毒、高毒农药禁用于蔬菜瓜果　利用剧毒农药、化肥、膨大剂等对蔬菜瓜果进行病虫害防治、催肥,是消费者最担忧的食品安全问题之一。新法明确规定,剧毒、高毒农药不得用于蔬菜、瓜果、茶叶和中草药材。这有利于进一步确保消费者的饮食安全,消除消费者对有"毒"蔬菜瓜果的担忧,提升消费者对普通食品的消费信心。

值得一提的是,国家食品药品监管总局、农业部、国家卫计委共同发布公告,重申生产者不得在豆芽生产过程中使用6-苄基腺嘌呤、4-氯苯氧乙酸钠、赤霉素等物质,豆芽经营者不得经营含有6-苄基腺嘌呤、4-氯苯氧乙酸钠、赤霉素等物质的豆芽。虽然6-苄基腺嘌呤、4-氯苯氧乙酸钠、赤霉素等物质作为低毒农药登记管理,并不违反新法禁用剧毒、高毒农药的规定,但由于目前豆芽生产过程中使用上述物质的安全性尚无结论,为确保豆芽食用安全,3部委发布该公告,其宗旨与"剧毒、高毒农药禁用于蔬菜瓜果"的规定一致,都体现了保障公众身体健康和生命安全的立法目的,以及我国对农药应用于食品的严格管控措施和严厉监管决心。

# 6.5　食品安全标准

## 6.5.1　食品安全标准的概念

食品安全标准是为了控制与消除食品及其生产过程中可能存在和发色的污染因素,确保食品安全而制定的一系列技术要求。食品安全标准是强制执行的标准,食品安全标准对于保障公众身体健康和生命安全、规范和引导食品生产经营行为,构建统一的市场秩序具有重要意义。

## 6.5.2　食品安全标准的内容

新《中华人民共和国食品安全法》第26条规定,食品安全标准应当包括下列内容:食品、食品添加剂、食品相关产品中的致病性微生物,农药残留、兽药残留、生物毒素、重金属等污染物质以及其他危害人体健康物质的限量规定;食品添加剂的品种、使用范围、用量;专供婴幼儿和其他特定人群的主辅食品的营养成分要求;对与卫生、营养等食品安全要求有关的标签、标志、说明书的要求;食品生产经营过程的卫生要求;与食品安全有关的质量要求;与食品安全有关的食品检验方法与规程;其他需要制定为食品安全标准的内容。

### 6.5.3 食品中农药最大残留限量标准

农药最大残留限量(MRL)是指在食品或农产品内部或表面法定允许的农药最大浓度,以每千克食品或农产品中农药残留的毫克数表示(mg/kg)。再残留量(EMRL)是指一些持久性农药虽已禁用,但还长期存在环境中,从而再次在食品中形成残留,为控制这类农药残留物对食品的污染而制定的其在食品总的残留限量,以每千克食品或农产品中农药残留的毫克数表示(mg/kg),例如六六六,由于其对人畜都有一定毒性,20世纪60年代末停止生产,并禁止使用。每日允许摄入量是指人类终生每日摄入某物质,而不产生可检测到的危害健康的估计量,以每千克体重可摄入的量表示(mg/kg体重)。GB 2763—2016《食品安全国家标准 食品中农药最大残留限量》由中华人民共和国国家卫计委、农业部和食品药品监督管理总局发布,于2017年6月18日开始实施,该标准涉及包括蔬菜、水果、粮谷、茶叶等食品,标准中对2,4-滴和2,4-滴钠盐等433种农药4140项最大残留限量、再残留量做了规定,并对每日允许摄入量(ADI,mg/kg体重)进行了说明。与GB2763—2014相比,此次修订增加了2,4-D异辛酯等46种农药,490项农药最大残留量限量标准,同时也引用了大批新发布的检测方法类国家标准。

### 6.5.4 食品中兽药最大残留量标准

兽药最大残留量(MRL)是指对食品动物用药后产生的允许存在于食物表面或内部的该兽药残留的最高量/浓度(以鲜重计,表示为μg/kg)。兽药在动物体内的残留量取决于其种类及给药方式等。不科学、违规地使用兽药,是造成兽药残留的主要原因。我国兽药的现行标准是我国农业部发布于2002年12月24日发布的农业部235号公告《动物性食品中兽药最高残留限量》,规定了动物性食品允许使用,但不需要制定残留限量的药物,需要制定残留限量的药物、不得检出的药物及农业部明文规定禁止用于所有食品动物的兽药。

在农业部235号公告中,我国的兽药最高残留限量分为了4大类,由附录1.附录2、附录3及附录4构成。附录1为农业部批准使用的,按质量标准、产品使用说明书规定用于食品动物,不需要制定最高残留限量的兽药,包括乙酰水杨酸、氢氧化铝、安普霉素、阿托品等62种;附录2为农业部批准使用的,按质量标准、产品使用说明书规定用于食品动物,需要制定最高残留限量的兽药,包括乙酰异戊酰泰乐菌素、阿苯达唑、双甲脒等96种,其中抗生素类药物36种、抗虫类药物32种、兽用农药10种;附录3为农业部批准使用的,按质量标准、产品使用说明书规定可以用于食品动物,但不得检出兽药残留的兽药,如氯丙嗪、地西泮(安定)、地美硝唑、苯甲酸雌二醇等9种;附录4为农业部明文规定禁止用于所有食品动物的兽药,如氯霉素及其盐、酯、克伦特罗及其盐、酯、己烯雌酚及其盐、酯等31种。

### 6.5.5 食品中真菌毒素限量标准

真菌毒素限量是指真菌毒素在食品原料和(或)食品成品可食用部分中允许的最大含量水平。2017年3月17日由中华人民共和国国家卫计委和食品药品监督管理总局发布了GB2761—2017《食品安全国家标准 食品中真菌毒素限量》,于2017年9月17日开始实施。标准中规定的食品中污染物限量如无特别规定的,均是以食品的可食用部分计算。"可食用部分"是食品原料经过机械手段去除非食用部分后,所得到的用于食用的部分。引入此概念,有利于重点加强食品可食用部分加工过程管理,防止和减少污染,提高了标准的针对性;同时,可食用部分客观反映了居民膳食消费实际情况,提高了标准的科学性和可操作性。

该标准规定了食品中黄曲霉毒素 $B_1$、黄曲霉毒素 $M_1$、脱氧雪腐镰刀菌烯醇、展青霉素、赭曲霉毒素 A 及玉米赤霉烯酮的限量标准。与 GB2761—2011 相比,此次标准的修订主要体现在增加了葡萄酒和咖啡中赭曲霉毒素 A 限量要求,增加了特殊医学用途配方食品、辅食营养补充品、运动营养食品、孕妇及乳母营养补充食品中真菌毒素的限量要求。欧洲食品中赭曲霉毒素 A 风险评估报告曾指出,人类摄入赭曲霉毒素 A 主要来自谷物,其次是葡萄酒和咖啡等。结合我国葡萄酒和咖啡中赭曲霉毒素 A 污染及产品消费量情况,对我国葡萄酒和咖啡中赭曲霉毒素 A 的暴露风险进行了评估。根据风险评估结果,新的 GB2761 中增加了葡萄酒和咖啡中赭曲霉毒素 A 限量要求。

### 6.5.6 食品中污染物限量标准

食品污染物限量是指食品原料和(或)食品成品可食用部分中允许的最大含量水平。我国食品中污染物限量的现行标准是 GB2762—2017《食品安全国家标准 食品中污染物限量》,由中华人民共和国国家卫计委和食品药品监督管理总局2017年3月17日发布,2017年9月17日实施,标准中规定了铅、镉、汞、砷、锡、镍、铬、亚硝酸盐、硝酸盐、苯并[a]芘、N-二甲基亚硝胺、多氯联苯、3-氯-1,2-丙二醇等13种污染物在水果及其制品、蔬菜及其制品、食用菌及其制品等22类食品中的限量指标。与 GB 2762—2012 相比,此次修订新增了螺旋藻及其制品中铅限量要求,删除了植物性食品中稀土限量要求,增加了特殊医学用途配方食品、辅食营养补充品、运动营养食品、孕妇及乳母营养补充食品中污染物限量要求。

### 6.5.7 食品添加剂标准

食品添加剂是现代食品工业一个不可或缺的部分,食品添加剂工业的发展迅速,是食品工业发展中非常重要的推动力。同时,食品添加剂的发展反映了一个国家食品工业水平及现代化程度。然而,由于化学合成食品添加剂的大量应用,甚至滥用,严重危害了国民身体,造成了国民对食品添加剂的恐慌。因此,对食品添加剂的监管刻不容缓。

我国现行的食品添加剂使用标准是国家卫计委发布的 GB 2760—2014《食品安全国家标准 食品添加剂使用范围》,2015年5月24日起开始实施。GB 2760 标准由来已久,1977年首次发布,到1980年,我国制定了 GB 2760 的标准标号。GB 2760—2014 标准中对β-阿朴-8′-胡萝卜素醛等23类,共计2325种食品添加剂的使用原则、允许使用的添加剂品种、使用范围及最大使用量或残留量进行了规定,其中,食品用香料和等同香料1870种,不限用量的加工助剂

38 种,限定使用条件的助剂酶制剂及其他共计 417 种。该标准定内容涉及了几乎整个食品行业的各个方面,对于规范添加剂的使用以及食品安全的科学监管起着重要的作用。最大使用量是指食品添加剂使用时所允许的最大添加量;最大残留量是指食品添加剂或其分解产物在最终食品中的允许残留水平。与 2011 年的版本相比,修订后的标准增加了 2010—2013 年间的 6 个卫计委公告及 2013—2014 年间的 8 个卫计委公告,体现了新版本的科学性及精准性。此外,GB 2760—2014 标准修订把营养强化剂及胶基糖果中基础剂物质相关内容从 GB 2760 标准中提出,分别纳入 GB 14880—2012《食品安全国家标准 食品营养强化剂使用标准》及 GB 29987—2014《食品安全国家标准 食品添加剂 胶基及其配料》中进行管理,这标志着营养强化剂及胶基糖果中基础剂物质将不再作为食品添加剂进行管理。此次对 GB 2760 标准的修订,还整理了添加剂的管理范畴,修订了食品添加剂带入原则,根据国家实际的行业情况增加了一部分内容。修订了一部分添加剂的使用规定,主要涉及含铝添加剂,没有工艺必要性的添加剂,我国没有限定具体使用范围和使用量的添加剂,以及不再使用的添加剂等。另外,根据征求意见情况修订了食品用香辛料使用规定及食品工业加工助剂使用规定。根据行业梳理情况,确定了食品分系统的规定。

### 6.5.8　食品中致病微生物标准

食品致病菌是可以引起食物中毒或以食品为传播媒介的致病性细菌。致病性细菌直接或间接污染食品及水源,人经口感染可导致肠道传染病的发生及食物中毒以及畜禽传染病的流行。食源性致病菌是导致食品安全问题的重要来源。目前,我国涉及食品致病菌限量的现行食品标准共计 500 多项,标准中致病菌指标的设置存在重复、交叉、矛盾或缺失等问题。为控制食品中致病菌污染,预防微生物性食源性疾病发生,同时整合分散在不同食品标准中的致病菌限量规定,国家卫生计生委充分参考和借鉴了国际食品法典委员会(CAC)、联合国粮农组织(FAO)、世界卫生组织(WHO)、国际食品微生物标准委员会(ICMSF)等国际组织,美国、欧盟、澳大利亚和新西兰、日本、加拿大等国家和地区食品中致病菌风险评估结果和标准规定,并结合我国实际情况,发布了 GB 29921—2013《食品安全国家标准 食品中致病菌限量》。这是我国首次制定致病菌限量标准。该标准经食品安全国家标准审评委员会审查通过,于 2013 年 12 月 26 日发布,自 2014 年 7 月 1 日正式实施。

GB 29921 属于通用标准,适用于预包装食品。该标准规定了肉制品、水产制品、即食蛋制品、粮食制品、即食豆类制品、巧克力类及可可制品、即食果蔬制品、饮料、冷冻饮品、即食调味品、坚果籽实制品等 11 类食品中沙门氏菌、单核细胞增生李斯特氏菌、大肠埃希氏菌 O157:H7、金黄色葡萄球菌、副溶血性弧菌等 5 种致病菌限量规定。GB 29921 在制定过程中,充分考虑了致病菌及其代谢产物对健康造成实际或潜在危害、原料中致病菌状况、加工过程对致病菌状况的影响、食品的消费人群及致病菌指标应用的成本与效益分析等因素,因此,要求比以前更加明确。以金黄色葡萄球菌为例,以前要求是不得检出,2012 年包括三全、思念、湾仔码头等在内的国内知名速冻食品品牌产品,纷纷被检出金黄色葡萄球菌超标,因此产品不合格,而在新的标准中,规定金黄色葡萄球菌在各类食品中的限量值均为 100 cfu/g。

### 6.5.9　食品及食品相关产品质量安全标准

食品产品标准是我国现行食品标准中数量最多的一类,它是对食品产品的结构、规格、质量、检验方法所做出的技术规范,涵盖了粮油、水果、蔬菜、畜禽、乳制品等 19 类加工产品。2010 年 3 月 26 日,我国卫计委发布了 68 项乳品安全标准,包括 17 项产品标准、49 项检测方法和 2 项生产规范。这是《食品安全法》实施以来,我国发布的第一批食品安全标准。在我国食品标准清理工作中,国家质量监督检验总局、国家标准化管理委员会将部分食品及食品相关的标准由强制性转为推荐性,仅 2016 年就有 320 项,包括白砂糖、大米、花生油、大豆油、啤酒、酿造酱油、酿造食醋等。在我国的食品产品标准中,包括了感官要求、污染物限量、微生物限量、食品营养剂及添加剂的使用等技术要求。

食品相关产品是指用于食品的包装材料、容器、洗涤剂、消毒剂和用于食品生产经营的工具、设备。食品包装材料等相关产品的安全性直接影响到食品品质的优劣。2011 年 11 月 21 日,食品安全国家标准《不锈钢制品》(GB 9684—2011)发布,这是我国颁布的第一个食品相关产品的国家标准。目前,我国现行的食品相关产品的标准有 42 项,如《食品包装材料和容器用胶粘剂》(GB/T 33320—2016)、《复合食品包装袋卫生标准》(GB 9690—1988)、《固体食品包装用纸板》(GB/T 31123—2014)等。

### 6.5.10　食品检验方法标准

食品检验方法标准是指对食品的质量要素进行测定、试验、计量、评价所做的统一规定,包括感官、理化、微生物学等检验方法标准。

(1)食品感官检验方法标准

1988 年起,我国相继发布了一系列感官分析方法的国家标准,目前,我国现行有效的食品感官检验方法标准共有 36 项,均为国家推荐性标准。

(2)食品理化检验方法标准

食品理化检验是利用物理、化学及检测仪器等分析方法对食品中的组分进行分析。食品物理检验是根据食品的相对密度、折射率、旋光度等物理常数与食品的组成成分及含量之间的关系进行的检验;食品化学检验是以物质的化学反应为基础的检验,如食品中蛋白质、脂肪等的检验。我国的食品卫生理化检验系列标准最早公布于 2003 年,编号为 GB/T 5009,之后国家卫计委又陆续对部分标准进行了修订、整合,2016 年修订了 120 个。修订后的 GB/T 5009 系列标准被统一冠名为"GB 5009 食品安全国家标准"。目前,GB 5009 系列标准共有 313 个,包括 1 个 GB/T 5009.1—2003《食品卫生检验方法 理化部分 总则》及 312 个食品及相关产品中不同组分的检验标准。

(3)食品微生物检验方法标准

我国于 1984 年开始制定并实施 GB 4789 食品微生物学检验标准系列,经历了数次修订。目前,我国现行有效的 GB 4789 系列食品微生物学检验标准共计 42 个,大部分标准由原来的推荐性标准变更为强制性标准。GB 4789.1—2016《食品安全国家标准 食品微生物学检验 总则》中规定了食品微生物学检验的基本原则和要求,包括了实验室人员、环境与设施、设备、检验用品、培养基和试剂、质控菌株、样品采集、检验、记录与报告、检验后样品的处理等多方面的要求。

# 6.6　食品良好生产规范

食品良好生产规范（GMP，good manufacturing practice）是为保障食品安全和质量而制定的贯穿食品生产过程的一系列措施、方法和技术要求，是国际上普遍采用的食品生产管理方法。

### 6.6.1　GMP 的产生

GMP 最初是来源于药品。20 世纪 60 年代，西德各地出生过手脚异常的畸形婴儿，这些畸形婴儿没有臂和腿，手和脚直接连在身体上，很像海豹的肢体，故称为"海豹肢畸形儿"。伦兹博士对这种怪胎进行了调查，于 1961 年发表了"畸形的原因是催眠剂反应停"，使人们大为震惊。反应停是妊娠的母亲为治疗阻止女性怀孕早期的呕吐服用的一种药物，它就是造成畸形婴儿的原因。反应停于 1953 年首先由西德一家制药公司合成，1956 年进入临床并在市场试销，1957 年获西德专利，这种药物治疗早孕期间的孕吐反应，有很好的止吐作用，对孕妇无明显毒副作用，相继在 51 个国家获准销售。从 1956 年反应停进入市场至 1962 年撤药，全世界 30 多个国家和地区（包括我国台湾地区）共报告了"海豹胎"1 万余例，各个国家畸形儿的发生率与同期反应停的销售量呈正相关，如在西德就引起至少 6 000 例畸胎，英国出生了 5 500 个这样的畸胎，日本约 1 000 余例，台湾地区也至少有 69 例畸胎出生。只有美国，由于官方采取了谨慎态度，没有引进这种药，因此，除自己从国外带入服用者造成数例畸胎外，基本没有发生这样病例。反应停所造成的胎儿畸形，被公认为是 20 世纪最大的药物灾难。这场灾难主要是由于该药品没有经过严格的临床试验，并且最初生产该药品的药厂隐瞒了收到的有关该药品毒性的 100 多例报告。此次事件的发生，引起了美国的高度重视，美国政府决定改革药品的上市制度。1962 年，美国颁发新法律，要求药品上市之前，要制定合理的药品试验计划，并在实验过程中遵循严格的科学原则。1963 年，FDA 制定了药品 GMP，是世界上第一部 GMP，并于 1964 年开始实施。1969 年世界卫生组织（WHO）也颁发了自己的 GMP，并向各成员国家推荐，以保证药品质量，受到许多国家和组织的重视。

### 6.6.2　GMP 在国际上的发展及应用

1969 年，FDA 将 GMP 的观念引用到食品生产的法规中，公布了《食品制造、加工、包装储存的现行良好操作规范》，简称食品 GMP（CGMP），1986 年进行了一次修订，代号为 21CFR part 110，作为强制性法规适用于各类食品。同年，CAC 制定了《食品卫生通则》（CAC/RC-PI—1981）及 30 多种"食品卫生实施法则"。1971 年，英国制订了《GMP》（第一版），1977 年又修订了第二版；1983 年公布了第三版，现已由欧共体 GMP 替代。1972 年，欧共体公布了《GMP 总则》指导欧共体国家药品生产，1983 年进行了较大的修订，1989 年又公布了新的 GMP，并编制了一本《补充指南》。1992 年又公布了欧洲共同体药品生产管理规范新版本。1974 年，日本厚生省以 WHO 的 GMP 为蓝本，颁布了自己的 GMP，现已作为一个法规来执行。1988 年，东南亚国家联盟也制订了自己的 GMP，作为东南亚联盟各国实施 GMP 的文本。此外，德国、法国、瑞士、澳大利亚、韩国、新西兰、马来西亚及中国台湾等国家和地区，也先后制订了 GMP，到目前为止，世界上已有 100 多个国家、地区实施了 GMP 或准备实施 GMP。

### 6.6.3 GMP 在中国的发展

我国 GMP 的制定及推行工作起步于 20 世纪 80 年代。1982 年,中国医药工业公司颁布了《药品生产质量管理规范》(试行稿),这是我国最早的 GMP。1985 年由原国家医药管理局修订并更名为《药品生产管理规范》,作为医药行业的 GMP 正式施行。1988 年,我国卫计委首次颁布了《药品生产质量管理规范》,这是我国的第一部法定的 GMP。1998 年卫计委发布了《保健食品良好生产规范》(GB17405—1998)和《膨化食品良好生产规范》(GB17404—1998),这是我国首批颁布的食品 GMP 标准,标志着我国食品企业管理逐步与国际接轨。

### 6.6.4 我国食品 GMP 概况

2016 年,我国国家卫计委对原有的一些食品 GMP 进行了修订及整合,目前,现行的食品 GMP 有 24 个,包括 1 个通用 GMP 和 23 个专用 GMP(表 6-2)。《食品企业通用卫生规范》(GB 14881—1994)最初由我国卫计委于 1994 年发布,自标准发布以来,对规范我国食品生产企业加工环境,提高从业人员食品卫生意识,保证食品产品的卫生安全方面起到了积极作用。近年来,随着食品生产环境、生产条件的变化,食品加工新工艺、新材料、新品种的不断涌现,食品企业生产技术水平进一步提高,对生产过程控制提出了新的要求,原标准的许多内容已经不能适应食品行业的实际需求,为此,立足于行业现状,依据《食品安全法》对食品生产经营过程的卫生要求规定,我国卫计委组织修订了《食品企业通用卫生规范》。新的标准更名为《食品安全国家标准 食品生产通用卫生规范》(GB 14881—2013),于 2014 年 6 月 1 日开始实施。标准中规定了食品生产过程中原料采购、加工、包装、贮存和运输等环节的场所、设施、人员的基本要求和管理准则。GB 14881—2013 标准中进一步细化了食品生产过程控制措施和要求,增强了技术内容的通用性和科学性,反映了食品行业发展实际,有利于企业加强自身管理,满足政府监管和社会监督需要。

表 6-2 我国现行食品 GMP 一览表

| 标准代号 | 标准名称 | 标准代号 | 标准名称 |
|---|---|---|---|
| GB 14881—2013 | 食品安全国家标准 食品生产通用卫生规范 | GB 8953—1988 | 酱油厂卫生规范 |
| GB 16330—1996 | 饮用天然矿泉水厂卫生规范 | GB 17405—1998 | 保健食品良好生产规范 |
| GB 19303—2003 | 熟肉制品企业生产卫生规范 | GB 19304—2003 | 定型包装饮用水企业生产卫生规范 |
| GB 23790—2010 | 食品安全国家标准 粉状婴幼儿配方食品良好生产规范 | GB 12693—2010 | 食品安全国家标准 乳制品良好生产规范 |
| GB 29923—2013 | 食品安全国家标准 特殊医学用途配方食品良好生产规范 | GB 8951—2016 | 食品安全国家标准 蒸馏酒及其配制酒生产卫生规范 |
| GB 8952—2016 | 食品安全国家标准 啤酒生产卫生规范 | GB 8956—2016 | 食品安全国家标准 蜜饯生产卫生规范 |
| GB 8955—2016 | 食品安全国家标准 食用植物油及其制品生产卫生规范 | GB 8950—2016 | 食品安全国家标准 罐头食品生产卫生规范 |

续表 6-2

| 标准代号 | 标准名称 | 标准代号 | 标准名称 |
|---|---|---|---|
| GB 12695—2016 | 食品安全国家标准 饮料生产卫生规范 | GB 8954—2016 | 食品安全国家标准 食醋生产卫生规范 |
| GB 8957—2016 | 食品安全国家标准 糕点、面包卫生规范 | GB 13122—2016 | 食品安全国家标准 谷物加工卫生规范 |
| GB 12696—2016 | 食品安全国家标准 发酵酒及其配制酒生产卫生规范 | GB 12694—2016 | 食品安全国家标准 畜禽屠宰加工卫生规范 |
| GB 17403—2016 | 食品安全国家标准 糖果巧克力生产卫生规范 | GB 17404—2016 | 食品安全国家标准 膨化食品生产卫生规范 |
| GB 21710—2016 | 食品安全国家标准 蛋与蛋制品生产卫生规范 | GB 20941—2016 | 食品安全国家标准 水产制品生产卫生规范 |

### 6.6.5 实施 GMP 的意义

GMP 要求食品生产企业应具备良好的生产设备,科学合理的生产过程,完善先进的检测手段,高水平的人员素质,严格的管理体系和制度,从而确保最终产品的质量符合法规要求。在许多国家和地区推广实践证明,GMP 是一种行之有效的科学而严密的生产管理系统。食品 GMP 的实施,确保了食品安全,有效地提高食品行业的整体素质,保障了消费者的利益。在食品企业推广和实施 GMP 的过程中必然要对原有的落后生产工艺、设备进行改进,对操作人员、管理人员和领导进行重新培训,对食品企业的整体素质的提高有极大的推动作用。此外,推广和实施 GMP 还有利于食品参与国际贸易竞争,提高食品产品在全环贸易中的竞争力。

### 6.6.6 我国 GMP 的主要内容

《食品生产通用卫生规范》适用于各类食品的生产,规定了选址和厂区环境、厂房和车间、设施与设备、卫生管理、食品原料、食品添加剂和食品相关产品、生产过程的食品安全控制、检验、食品的贮存和运输、产品召回管理、培训、管理制度和人员、记录和文件管理等方面的要求。

(1)选址和厂区环境的要求

选址:厂区不得建在有碍食品卫生的区域,要避免有害废弃物以及粉尘、有害气体、放射性物质和其他扩散性污染源不能有效清除的地址,远离污染源,如医院、养殖场、化工厂、居民区、垃圾场、污水池等,远离易受害虫侵扰的地方,不宜选择易发生洪涝灾害的地区。针对某类食品生产企业,选址要求除了满足 GB14881 要求以外,还应满足各自的卫生规范或其他法律法规标准要求。

厂区环境:厂区环境布局应合理,生产区、生活区等功能区域划分明显,并有适当的分离或分隔措施,防止交叉污染。

①建筑物、设备布局与工艺流程三者应衔接合理,建筑结构完善,并能满足生产工艺及质量卫生要求。

②原料与半成品和成品,生原料和熟食均应杜绝交叉污染。此外,建筑物和设备布置还应考虑生产工艺对温度、湿度等工艺参数的要求,防止毗邻车间受到干扰。

③厂区道路应顺畅,便于机动车通行,厂区道路应使用沥青等硬质材料铺设,防止积水和

尘土飞扬。

④厂区绿化应与生产车间保持适当距离,植被应定期维护,以防止虫害的滋生。

⑤厂区应有适当的排水系统,设施合理,保持畅通,有存水湾等防止污染水源和鼠类、昆虫潜入车间的有效措施。污水排放必须符合国家规定的标准;污水净化和排放设施不得位于生产车间主风向的上方。

⑥厂区内的室外厕所通常采用水冲式,且应有防蝇设施。厕所应距车间 25 m 以上,墙裙要使用易于清洗并能保持清洁的浅色耐腐蚀材料。

⑦对于屠宰厂、奶粉厂等对卫生或疫病要求高的食品企业,应设置车轮消毒池等消毒设施。

⑧厂区要保持环境卫生,防止虫害、鼠害;灭鼠应采用物理方法,如鼠夹、挡鼠板等。

(2)厂房和车间的要求

设计布局:厂房和车间应根据产品特点、生产工艺、生产特性以及生产过程对清洁程度的要求合理划分作业区,通常可划分为清洁作业区、准清洁作业区和一般作业区等,作业区间应给予有效隔离,控制彼此间的人流和物流,防止交叉感染,加工品传递通过传递窗进行。厂房内设置的检验室应与生产区域分隔。厂房的面积和空间应与生产能力相适应,便于设备安置、清洁消毒、物料存储及人员操作。

建筑内部结构与材料:建筑内部结构应易于维护、清洁或消毒。应采用适当的耐用材料建造。车间内顶棚、墙壁应使用无毒、无味、与生产需求相适应、防霉、不易脱落、易于清洁的材料建造;门窗应闭合严密。门和地面的材料应平滑、防吸附、不渗透,并易于清洁、消毒,应使用不透水、坚固、不变形的材料制成。清洁作业区和准清洁作业区与其他区域之间的门应能及时关闭。窗户玻璃应使用不易碎材料。窗户如设置窗台,其结构应能避免灰尘积存且易于清洁。可开启的窗户应装有易于清洁的防虫害窗纱。地面的结构应有利于排污和清洗的需要。地面有适当的措施防止积水。

(3)设施与设备的要求

供水、供电、排水、消毒等设施要满足生产需要。食品加工用水的水质应符合 GB 5749 的规定,对加工用水水质有特殊要求的食品应符合相应规定。车间内的设施、设备及工器具均应采用无毒、无味、耐腐蚀、不生锈、易清洗消毒、坚固的材料制作,其构造易于清洗。应配备与生产能力相适应的生产设备,并按工艺流程有序排列,避免引起交叉污染。

生产场所或生产车间入口处应设置更衣室,更衣室应保证工作服与个人服装及其他物品分开放置。生产车间入口及车间内必要处,应按需设置换鞋(穿戴鞋套)设施或工作鞋靴消毒设施。应在清洁作业区入口设置洗手、干手和消毒设施,洗手设施的水龙头数量应与同班次食品加工人员数量相匹配,洗手池应采用光滑、不透水、易清洁的材质制成。厂房内应有充足的自然采光或人工照明,光泽和亮度应能满足生产和操作需要;光源应使食品呈现真实的颜色。清洁剂、消毒剂、杀虫剂、润滑剂、燃料等物质应分别安全包装,明确标识,并应与原料、半成品、成品、包装材料等分隔放置。

(4)卫生管理

卫生管理包括管理制度的建立、食品加工人员的健康管理、虫害控制、工作服管理等方面。食品生产企业应制定食品加工人员和食品生产卫生管理制度以及相应的考核标准,明确岗位职责,实行岗位责任制。食品加工人员必须每年开展身体检查,取得健康证明方可上岗。凡是患有有碍食品卫生的疾病者均不得从事食品的生产加工,如患有痢疾、伤寒、甲型病毒性肝炎、戊型病毒性肝炎等消化道传染病、活动性肺结核、化脓性或者渗出性皮肤病等疾病。不得将与生产无关的物品带入车间,工作时不得佩戴首饰、手表,不得化妆;进入车间时要洗手、消毒并穿着工作衣、帽、鞋,工作服、帽、鞋应当定期消毒。厂区应保持建筑物完好、环境整洁,防止虫害侵入及滋生。应建立废弃物存放和清除制度,处理方式应符合国家有关规定。废弃物应定期清除,易腐败的废弃物应尽快清除。

(5)食品原料、食品添加剂和食品相关产品的要求

应建立食品原料、食品添加剂和食品相关产品的采购、验收、运输和贮存管理制度,确保所使用的食品原料、食品添加剂和食品相关产品符合国家有关要求,采购时应当查验供货者的许可证和产品合格证明文件,必须经过验收合格后方可使用。运输食品相关产品的工具和容器应保持清洁、维护良好,并能提供必要的保护,避免污染食品原料和交叉污染。同时,根据食品原料的不同的特点和卫生需求,选择适宜的运输工具。例如,原料奶在运输过程中温度上升不宜超过2℃,因此,车罐内壁应该采用防腐蚀、对原料乳质量不产生影响的材料,内外壁之间填充了隔热保温材料;冻肉类运输需选用冷藏车,防止肉的腐败变质。贮藏应有专人管理,定期检查质量及卫生情况,食品相关产品的贮藏应有专人管理,定期检查质量和卫生情况,及时清理变质或超过保质期的食品相关产品,仓库出货顺序应遵循先进先出的原则。食品原料、食品添加剂和食品包装材料等食品相关产品进货查验记录、食品出厂检验记录应由记录和审核人员复核签名,记录内容应完整。保存期限不得少于2年。

此外,盛装食品原料、食品添加剂、直接接触食品的包装材料的包装或容器,其材质应稳定、无毒无害,不易受污染,符合卫生要求。不得将任何危害人体健康和生命安全的物质添加到食品中。

(6)生产过程的食品安全控制要求

食品生产过程中,应采用危害分析与关键控制点体系(HACCP)对生产过程进行食品安全控制。采用适当的生产工艺流程,对生产中的关键工艺进行监控,并建立监控记录,从而防止微生物、化学及物理污染。建立产品召回制度,以便对市场上有质量安全问题的产品及时撤回。

(7)检验的要求

《食品安全法》中规定,食品企业应通过自行检验或委托具备相应资质的食品检验机构对原料和产品进行检验,建立食品出厂检验记录制度。应具备与所检项目适应的检验室和检验能力;由具有相应资质的检验人员按规定的检验方法检验;检验仪器设备应按期检定。检验室应有完善的管理制度,妥善保存各项检验的原始记录和检验报告。应建立产品留样制度,及时保留样品。

(8)产品召回管理

应建立产品召回制度,当发现生产的食品不符合食品安全标准或存在其他不适于食用的情况时,应当立即停止生产,召回已经上市销售的食品,通知相关生产经营者和消费者,并记录召回和通知情况。对被召回的食品,应当进行无害化处理或者予以销毁,防止其再次流入市场。对因标签、标识或者说明书不符合食品安全标准而被召回的食品,应采取能保证食品安全、且便于重新销售时向消费者明示的补救措施。生产中,应合理划分记录生产批次,采用产品批号等方式进行标识,便于产品追溯。

（9）培训

应建立食品生产相关岗位的培训制度,对食品加工人员以及相关岗位的从业人员进行相应的食品安全知识及法律法规培训,通过培训,提高从业人员职业素质,使食品加工人员具有良好的食品安全意识和卫生习惯,掌握食品相关法律法规。根据食品生产不同岗位的实际需求,制定和实施食品安全年度培训计划并进行考核,做好培训记录。

（10）管理制度和人员

应配备食品安全专业技术人员、管理人员,并建立保障食品安全的管理制度。食品安全管理制度应与生产规模、工艺技术水平和食品的种类特性相适应,应根据生产实际和实施经验不断完善食品安全管理制度。管理人员应了解食品安全的基本原则和操作规范,能够判断潜在的危险,采取适当的预防和纠正措施,确保有效管理。

# 6.7 HACCP 系统

## 6.7.1 HACCP 的定义

HACCP 是 Hazard Analysis and Critical Control Points 的缩写,即危害分析与关键控制点,是目前最权威、最有效的保障食品安全的管理体系。国际食品法典委员会(CAC)对 HACCP 的定义是:一个确定、评估和控制那些重要的食品安全危害的一种系统。

HACCP 体系是以良好操作规范(GMP)和卫生标准操作规范(SSOP)为基础的,其根本目的是由企业自身通过对生产体系进行系统的分析和控制来预防食品安全问题的发生。HACCP 是为降低食品安全危害而设计的,强调的是事先预防。

## 6.7.2 HACCP 的产生和发展

HACCP 体系的建立始于 1959 年,美国 Pillsbury 公司与美国航空航天局、Natick 实验室联合开发生产太空舱中食用的食品。当时解决这个问题最保守的办法就是将食品胶合起来,再覆盖一层食用软膜,以避免食品粉碎而导致太空舱中空气污染。而这一任务最大的难点是要尽可能保证用于太空中的食品具有 100% 的安全性,因为食品的危险有可能导致太空计划的失效甚至灾难。而传统的品质控制手段并不能完全确保产品的安全。经过广泛研究,认为唯一成功的方法就是建立一个"防御体系",要求这个体系能尽可能早地控制原料、加工过程、环境、职员、贮存和流通;毫无疑问,如果能建立这种控制系统,就可以生产出具高置信度的产品,即安全食品。因此,皮尔斯柏利公司就这样建立了 HACCP 体系。

1971 年,Pillsbury 公司在美国食品保护会议上首次提出 HACCP,随后美国食品与药物管理局(FDA)采纳并用作为酸性与低酸性罐头食品法规的制定基础。1974 年,FDA 公布将 HACCP 原理引入低酸性罐头食品的 GMP,这是关于食品生产方面的联邦法规中首次采用了 HACCP 原理。1993 年,FAO/WHO 食品法典委员会批准了《HACCP 体系应用准则》。1997 年,FAO/WHO 食品法典委员会颁布《HACCP 体系及其应用指南》。自此,HACCP 体系在世界范围内开始普及。目前,HACCP 体系在世界各国得到了广泛的应用。

我国是在 1988 年引入 HACCP 体系,经过近三十年的发展,我国应用 HACCP 体系已步入世界先进行列。目前,我国 HACCP 相关的国家和行业标准累计达 30 多个,涵盖了从食品生产、加工、流通到最终消费的各个环节,我国获得 HACCP 认证的食品企业已达 4 000 多家。

### 6.7.3 HACCP 体系的原理

HACCP 体系有七个基本原理,首次在 1999 年由食品法典委员会(CAC)在《食品卫生通则》附录《危害分析和关键控制点(HACCP)体系应用准则》中提出。

(1)危害分析

危害是指可能引起消费者疾病和伤害的生物的、化学的和物理特性的污染。危害分析是指对食品加工过程中每一个环节进行分析,分析各环节中是否存在危害,存在哪些危害,这些危害是否是显著危害,并针对危害制定预防措施,最后确定是不是关键控制点。危害是否显著有两个判断依据:一是有理由认为它极可能发生,而是它一旦发生可能对消费者导致不可接受的健康风险。

(2)确定关键控制点

CCP 是指能对食品加工中的安全危害进行有效控制的某一个工序、步骤或程序,且每一个 CCP 所产生的危害都可以被控制、防止或将之降低至可接受的水平。CCP 的确定通常可借助 CCP 判断树进行分析,如图 6-3 所示。CCP 判断树由 4 个连续的问题组成。

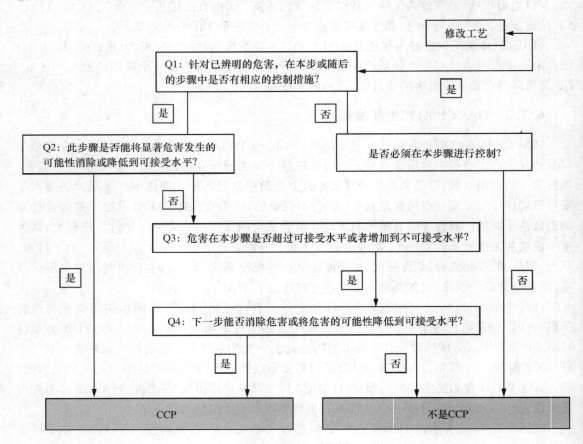

图 6-3  CCP 判断树

但 CCP 判断树的应用存在一定局限性,并不能适用于一切情况。例如,屠宰,不能认为宰后肉品检验合格就取消宰前检疫。因此,在使用 CCP 判断树时,要结合生产的实际情况及专业知识,否则会导致错误的判断。

（3）建立关键限值

确立关键控制点后,还需进一步建立关键限值(Critical limits,CL),以保证其有效性。关键限值的设置必须具备科学性和可操作性,通常设定关键限值的指标有温度、pH、$A_w$、时间、湿度、有效氯及感官性状等,但一般不采用微生物指标,因为微生物指标的监测较为费时费钱,且稳定性差。

关键限值的设定可参考标准、法规、文献、生产经验或相关专家的研究等。在实际生产过程中,还应设定比关键限值要求更严格的操作限值(OL),以避免生产过程中监测指标失控,超出关键限值。例如,巴氏杀菌乳生产过程中,巴氏杀菌的关键限值是 90～95℃,5 min,为了确保生产的正常进行,操作限值可设定为 97℃,5 min。当生产过程中灭菌温度显示为 96℃时,可以及时采取适当措施,使灭菌温度处于操作限值范围内,但因为此时并未超过关键限值,因此不必采取纠偏措施,减少了生产的损失。

（4）关键控制点建立监控体系

监控是对控制点的关键限值进行测量或观察,监控方法必须能够监控关键控制点是否处于控制之中,并保存记录。在监控中应能即时提供监测信息,以确保加工受到控制,防止失控。如果监控不是连续的,监控频率或数量必须足以保证 CCP 处于受控状态,CCP 监控程序往往需快速进行,物理和化学测量通常优于微生物检验。

（5）建立纠偏措施

纠偏措施是指针对 CCP 的监控结果显示失控时所采取的措施。纠偏措施必须确保 CCP 重新处于受控状态。纠偏措施还必须包括受影响产品的合理处置。同时,采取纠偏措施应保留记录。

（6）建立验证程序

验证程序是用来确定 HACCP 体系是否有效运行,或者计划是否需要修改,以及再被确认生效使用的方法、程序、检测及审核手段,验证提高了置信水平。验证程序的要素包括 HACCP 计划的确认、CCP 的验证及 HACCP 系统的验证。验证可以由 HACCP 小组、第三方认证机构、受过培训的有经验的人员进行。

（7）建立文件和记录保存程序

记录是为了证明 HACCP 体系按计划的要求有效地运行,因此,所有与 HACCP 体系相关的文件和活动都必须加以记录和控制。HACCP 体系至少应保存四种记录:HACCP 计划及参考资料,CCP 监控记录,纠偏措施记录及验证活动记录。监控记录要求现场填写,且记录应有复查者的签名并注明日期。

## 6.7.4　HACCP 体系在食品企业中的应用实例

HACCP 的实施需要企业管理层的重视和支持,同时,应对各级员工进行 HACCP 相关知识的培训,以保证 HACCP 的有效实施。CAC 推荐的 HACCP 的实施步骤如图 6-4 所示。其中,前 4 个为预先步骤,后 7 个为具体实施步骤。以凝固型酸奶的生产为实例,介绍 HACCP

体系的建立和实施。

(1)成立 HACCP 小组

HACCP 小组成员应包括食品质量保证与控制专家、食品生产工艺专家、食品设备方面的工程师及销售专家等其他人员,以组成多学科小组来完成这项工作。小组成员必须熟悉企业产品的实际情况,经过严格的培训,具备足够的岗位知识。每个小组可由 5～6 名成员组,其中,1 名熟知 HACCP 技术和有领导才能的人为组长,并指定 1～2 位为 HACCP 计划的起草人员,1 位为秘书,负责开会时做记录。中高层管理人员和部门经理也是方案拟定研究小组理想的成员。HACCP 小组的职责是制定、修改、监督实施和验证 HACCP 计划,编制 HACCP 管理体系的各种文件,并负责企业的 HACCP 培训。

乳制品企业 HACCP 小组成员应包括卫生质量控制人员、产品研发人员、乳制品生产工艺技术人员、设备管理人员、生鲜乳及辅料采购、销售、仓储及运输管理人员等。

(2)产品描述

产品描述是对产品及其特性,规格与安全性进行全面描述,内容应包括产品的原料和主要成分、理化特性、加工方式、包装方式、贮存条件、保存期限、食用方法、消费人群、销售及运输要求等。

凝固型酸奶的产品描述如表 6-3 所示。

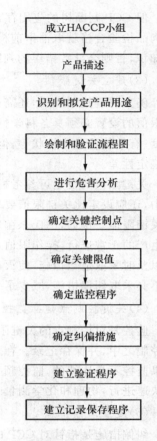

图 6-4　HACCP 体系实施步骤

表 6-3　凝固型酸奶产品描述

| 产品名称 | 凝固型酸奶 |
| --- | --- |
| 主要原料 | 新鲜牛乳、保加利亚乳杆菌、嗜热链球菌、白砂糖等 |
| 产品特性 | (1)感官特性<br>色泽:色泽均匀一致,呈乳白色或微黄色<br>组织:组织细腻、均匀,允许有少量乳清析出<br>滋味和气味:具有酸牛乳应有的滋味和气味。<br>杂质:无外来杂质<br>(2)理化特性<br>脂肪≥3.1%<br>蛋白质≥2.9 %<br>非脂乳固体≥8.1%<br>酸度≥70°T<br>乳酸菌活菌数≥1×10⁶ CFU/mL |
| 包装形式 | 塑料杯 |
| 贮存方式 | 2～6℃ 冷藏 |
| 预期用途及消费人群 | 一般公众,乳糖不耐症、糖尿病患者不宜饮用 |
| 保质期 | 21 d |
| 销售及运输要求 | 2～6℃ 冷藏运 |

（3）凝固型酸奶生产工艺

原料乳的验收→预处理（净化、冷却）→配料→预热→均质→杀菌→冷却→接种→灌装→发酵→冷却→成品出库→冷链销售

↑

扩培←活化←菌种

（4）危害分析

危害分析时，小组成员查阅相关资料，根据自己的经验分析凝固型酸乳加工中的潜在危害，并填写危害分析表。危害是指食品中所含有的任何可能对健康构成不良影响的生物、化学或物理因素。生物的危害包括致病菌或产毒的微生物、病毒、寄生虫等，如沙门氏菌、肉毒梭状芽孢杆菌、甲型肝炎病毒、禽流感病毒、旋毛虫、异形虫等。食品中的生物危害可能来源于原料本身，也有可能来自食品的加工过程。化学性危害可以分为天然的和人为的。天然的化学性危害主要是天然毒素和过敏原，如黄曲霉毒素、展青霉素、河豚毒素等；人工的化学性危害可分为有意加入的、非有意加入的。有意加入的主要是各类食品添加剂，如防腐剂、抗氧化剂等；非有意加入的主要为农药残留、兽药残留、重金属污染、有机物污染和工厂中使用的化学药品。

以酸乳加工为例。凝固型酸乳危害分析如下，危害分析见表6-4。

①原料的验收　酸乳原料品质的优劣直接关系着产品的质量。允许收购的鲜牛乳应符合 GB 19301 规定，酸度 12～18°T，菌落总数≤$2 \times 10^6$ CFU/mL。

②预处理　经验收合格的原料乳，必须立即进行净化以除去乳中的机械杂质，减少微生物数量。净化后冷却至 4～6℃，若不能立即加工则泵入保温罐内暂存（酸度≤18°T），贮存时间不宜超过 2 d。

③配料　凝固型酸奶中配料应符合国家安全标准要求。配料中对水和各种辅料要严格控制，并进行预处理，杀灭芽孢菌、芽孢等。

④预热、均质　均质可使乳液中脂肪球直径减小。均质的温度和压力控制不当会引起产品物料颗粒过大，分散不均和脂肪上浮等现象。均质压力应控制在 15～20 MPa，均质时料液温度控制在 60～70℃。

⑤杀菌　杀菌除了灭掉细菌，还可以钝化酶的活性。杀菌的温度和时间必须严格控制，否则灭菌不彻底会直接影响后续发酵过程。

⑥冷却　冷却温度应控制在 43～45℃，温度过高或过低，都会导致接种后，发酵时间缩短或增长或比例失调，造成发酵效果不佳。分析危害主要因素有：控制温度不准确，温度表不准或损坏。

⑦菌种活化及接种　此步骤的危害有可能来自发酵剂本身，预防措施为供货商承诺及 SSOP 控制。菌种活性的高低，保加利亚乳杆菌、嗜热链球菌二者的比例都会影响到酸乳的风味及组织状态，导致酸奶凝固不好，乳清析出过多。接种时要严格执行无菌操作。通常采用的菌种接种量为 1%～3%。

⑧灌装　此步骤的危害主要是环境卫生差及包装材料有微生物污染。灌装间细菌总数≤50 个/m³，灌装系统生产前用 90～95℃热水消毒。

⑨发酵　发酵的时间和温度直接影响酸乳的品质。发酵温度通常控制在 40～45℃之间，根据不同的发酵剂确定适宜的发酵温度，最终通过测定酸度来确定发酵终点。

⑩冷却　发酵成熟后的酸牛乳应立即转入 2～6℃ 冷库中后熟。冷却温度过高，会引起发酵过度，产品后酸化严重；冷却的时间不宜太短，否则会影响产品的风味。可能的危害有包装破损的危害、环境卫生对产品造成污染等，可采用 SSOP 控制，运送时小心，并保持运送工具的清洁卫生。

企业名称：×××乳制品公司
企业地址：×××省×××市×××路×××号
用途和消费人群：一般公众
日期：××××年××月××日

食品描述：凝固型酸乳
销售和贮存方法：0~4℃存放、运输
危害分析人：×××

**表6-4　凝固型酸乳加工过程危害分析表**

| 加工步骤 | 该步骤引入、控制或增加危害 | 潜在危害是否显著 | 判断的依据 | 防止显著危害的措施 | 是否是关键控制点 |
|---|---|---|---|---|---|
| 原料乳验收 | 生物性危害：微生物残留 | 是 | 原料乳本身含微生物；挤奶、贮运过程中微生物污染；病牛挤奶导致奶乳中含致病菌 | 选择合格供应商、鲜牛乳应符合GB 19301规定；牧场、工厂实施SSOP管理 | 是(CCP1) |
| | 化学性危害：抗生素残留、农药等 | 是 | 奶牛饲养过程，饲料中兽药残留 | 选择合格供应商，工厂进行原料奶抽查，发现不合格，拒收 | |
| | 物理性危害：杂草、饲料、昆虫等 | 否 | 挤奶后处理不当混入异物 | 过滤分离可除去 | |
| 预处理 | 生物性危害：微生物残留 | 否 | 原料乳中存在 | 后续步骤可消除此危害 | |
| | 化学性危害：净乳系统中清洗剂清洗剂、消毒剂残留 | 否 | 清水冲洗不彻底 | 按SSOP严格进行CIP清洗 | 否 |
| | 物理性危害：机械磨损物 | 否 | 容器中混入、过滤过程带入杂质 | SSOP、GMP控制 | |
| 冷却 | 生物性危害：细菌增殖、产毒、产酶及排泄物的污染 | 是 | 贮存时间过长或温度偏高造成 | 后续步骤可消除此危害 | |
| | 化学性危害：系统清洗中带入的清洗剂、消毒剂残留 | 是 | 清水冲洗不彻底 | 按SSOP严格进行CIP清洗 | 否 |
| | 物理性危害：无 | 否 | | | |
| 配料 | 生物性危害：微生物残留 | 是 | 原料中存在 | 后续步骤可消除此危害 | 是(CCP2) |
| | 化学性危害：农药残留、重金属、抗生素残留 | 是 | 原料生产中处理不当造成 | 选择合格供应商，工厂进行抽查 | |
| | 物理性危害：头发等杂质 | 否 | | | |
| 均质 | 生物性危害：芽孢菌、致病菌、残留细菌 | 是 | 乳自身携带，灭菌条件控制不当 | 后续步骤可消除此危害 | |
| | 化学性危害：系统清洗中带入的清洗剂、消毒剂残留 | 否 | 清水冲洗不彻底 | 按SSOP严格进行清洗 | |
| | 物理性危害：设备磨损引入 | 否 | 操作不当，机械磨损造成 | 正确操作，定期维修保养设备 | 否 |

续表 6-4

| 加工步骤 | 该步骤引入、控制或增加危害 | 潜在危害是否显著 | 判断的依据 | 防止显著危害的措施 | 是否是关键控制点 |
|---|---|---|---|---|---|
| 杀菌 | 生物性危害：细菌、致病菌 | 是 | 灭菌条件控制不当 | 按要求严格进行高温灭菌，控制适宜的时间和温度 | 是(CCP3) |
|  | 化学性危害：设备管道中的清洗剂、消毒剂残留 | 是 | 清水冲洗不彻底 | 按SSOP严格进行CIP清洗 |  |
|  | 物理性危害：无 |  |  |  |  |
| 冷却 | 生物性危害：致病菌污染 | 是 | 空气中可能引入微生物 | SSOP控制 | 否 |
|  | 化学性危害：无 |  |  |  |  |
|  | 物理性危害：无 |  |  |  |  |
| 接种 | 生物性危害：菌种本身的杂菌、致病菌污染 | 是 | 引入杂菌 | 供货商承诺；工厂抽查，不合格拒收 | 是(CCP4) |
|  | 化学性危害：无 |  |  |  |  |
|  | 物理性危害：无 |  |  |  |  |
| 灌装 | 生物性危害：致病菌、杂菌污染 | 是 | 灌装设备消毒不彻底、包装容器灭菌不彻底 | SSOP控制，无菌条件下灌装，包装材料二次消毒 | 是(CCP5) |
|  | 化学性危害：无 | 否 |  |  |  |
| 发酵 | 生物性危害：微生物 | 是 | 发酵条件影响发酵 | 控制发酵条件 | 否 |
|  | 化学性危害：无 |  |  |  |  |
|  | 物理性危害：发酵罐密封不合适带来的环境污染物 | 否 |  | SSOP控制 |  |
| 与产品接触的设备表面的清洗 | 生物性危害：微生物残留 | 是 | 清洗不彻底、微生物残留 | SSOP控制，严格按CIP程序操作 | 是(CCP6) |
|  | 化学性危害：设备管道中的清洗剂、消毒剂残留 | 是 | 清水冲洗不彻底 | SSOP控制，严格按CIP程序操作 |  |
|  | 物理性危害：橡胶等异物 | 否 | 密封圈老化破损混入 | 定期检查，更换密封圈 |  |

（5）确定关键控制点

在危害分析的基础上,借助 CCP 判断树或其他有效的方法确定关键控制点。根据上面的分析,凝固型酸乳加工中的关键控制点有原料乳验收（CCP1）、配料验收（CCP2）、杀菌（CCP3）、接种（CCP4）、灌装（CCP5）、设备清洗（CCP6）等 6 个（表 6-5）。CCP 确定时应注意,潜在危害如果是与环境与人员有关,通常由 SSOP 控制,不设为 CCP;而如果潜在危害与产品本身或某个单独的加工步骤有关,其他步骤难以解决,则由 HACCP 来控制,否则,CCP 过多会增加 HACCP 计划的负担。

①原料乳和配料验收　原料乳验收和配料验收的生物性危害可在后续工序中消除,而药残污染在后续工序中无法消除或降低到可接受水平,因此,原料乳和配料验收设定为 CCP。

②杀菌　杀菌工序中,通过适当的杀菌工艺可杀灭乳中的微生物,若该工序不作为 CCP,后续工序将难以杀灭致病菌,因此,该工序设定为 CCP。

③接种　该步骤主要危害是生物性危害,接种过程带来的微生物污染或是发酵剂自身的杂菌,会直接影响酸乳的品质,因此,该工序应设定为 CCP。

④灌装　灌装过程中可能会因为包装材料微生物污染或灌装设备消毒不彻底引起污染,对人体存在危害。因此,灌装应在无菌的条件下进行。若该工序不作为 CCP,后续工序将难以杀灭致病菌,因此,该工序设定为 CCP。

⑤设备清洗　加工设备和管道的清洗、消毒也应设为 CCP,管道和设备清洗不彻底将会引入杂菌,影响酸奶的正常发酵。

（6）建立关键限值,监控程序、监控记录及纠偏措施

确定了关键控制点后,还需进一步确定关键限值,建立酸乳加工 HACCP 计划表,并完成表 6-5 各栏的填写。每个 CCP 必须规定关键限值,并确定其有效性。

（7）建立记录保存程序

应用 HACCP 体系必须有文件和记录的保存,以确保体系有效的运行。相关检验报告应至少保存 2 年。

至此,HACCP 计划表填写完成。HACCP 工作小组要对全厂员工进行 HACCP 相关知识培训,以利于 HACCP 有效的实施。

# 6.8　ISO 9000 质量管理体系

## 6.8.1　ISO 9000 概述

ISO 是国际标准化组织（International Organization for Standardization）的简称,成立于1947 年 2 月,是世界上最为权威的国际标准化机构。1980 年,ISO 成立了 ISO/TC 176,全称为"品质保证技术委员会",1987 年更名为"质量管理和质量保证技术委员会",是 ISO 的第176 个技术委员会。ISO 9000 就是由 ISO/TC 176 制定的。1986 年,ISO/TC 176 发布了ISO 8402《质量——术语》标准,1987 年 3 月又发布了 ISO 9000 的 5 个系列标准,包括 ISO9000《质量管理和质量保证标准——选择和使用指南》,ISO 9001《质量体系——设计/开发、生产、安装和服务的质量保证模式》,ISO 9002《质量体系——生产和安装的质量保证模式》,

表 6-5 凝固型酸乳 HACCP 计划表

| 关键控制点 | 显著危害 | 关键限值 | 监控 | | | | 纠偏措施 | 验证程序 | 记录 |
|---|---|---|---|---|---|---|---|---|---|
| | | | 对象 | 方法 | 频率 | 人员 | | | |
| 原料乳 | 致病菌污染,抗生素残留 | 符合 GB 19301 要求;致病菌不得检出,酸度 12~18°T,菌落总数≤2×10⁶ CFU/mL | 致病菌、杂菌数;生奶的温度、酒精试验结果;抗生素检测阴性;合格证 | 致病菌检验、温度计测量,72%酒精检验、菌落总数检验、抗生素检测 | 每批 | 验收员 | 无合格证不检,不符合要求拒收 | 评估供货商信誉;第三方检测 | 原料乳验收记录 |
| 配料验收 | 致病菌污染,农药残留,抗生素残留 | 配料的安全证明 | 配料的验收报告 | 致病菌检验、抗生素检测 | 每批 | 验收员 | 不符合要求拒收 | 审核配料的安全证明 | 配料验收记录、检测报告 |
| 杀菌 | 微生物残留 | 90~95°C,5 min | 杀菌温度,时间 | 微生物检验,温度计、计时器 | 每 10 min | 杀菌操作人员 | 校正杀菌温度,并重新杀菌 | 每日审核生产情况记录和纠偏程序,每日校准温度计,每批抽检产品进行微生物检查 | 杀菌记录 |
| 接种 | 菌种活力低,菌种有杂菌污染 | 乳酸菌活菌数 10⁸~10⁹个/mL | 发酵剂活菌数 | 微生物检验;发酵剂检验报告 | 每周 | 操作人员 | 更新菌种 | 每日审核生产情况记录和纠偏程序,每周检测乳酸菌活菌数 | 发酵记录 |
| 灌装 | 微生物污染和繁殖 | 致病菌不得检出,生产卫生要求 | 灌装设备、包装材料微生物 | 微生物检验 | 每批 | 操作人员 | 包装、空气紫外线杀菌;设备蒸汽清洗 | 每日检查操作记录,随机验收 | 操作记录、检验记录 |
| 设备清洗 | 微生物残留,奶垢残留 | 细菌总数≤20个/cm² | 设备表面微生物 | 微生物检验 | 每班 | 操作人员 | 重新清洗 | SSOP 验证 | 清洗记录 |

ISO 9003《质量体系——最终检验和试验的质量保证模式》,ISO 9004《质量管理和质量体系要素——指南》,这是 ISO 成立以来在世界范围内首次发布的第一项质量管理标准。ISO 9000 的发布为全球提供了一个统一的标准,推动了各国质量管理的国际化发展。

### 6.8.2　ISO 9000 的修订与发展

ISO 9000 标准族的发展经历 4 个修订阶段。

(1)1994 版 ISO 9000 族标准

此阶段对 ISO 9000 的修订为"有限修改",以 ISO/TC 176 发布的《2000 年展望》为指导思想,对标准的内容进行了技术性的局部修改。1994 年,ISO/TC 176 发布了 16 项国际标准,到 1999 年,ISO 9000 族标准数量发展为 27 项。

(2)2000 版 ISO 9000 族标准

此阶段对 ISO 9000 的修订为"彻底修订",此次修订总结了前两个版本的长处和不足,对 ISO 9000 标准族的总体结构和技术内容都进行了修订。2000 版 ISO 9000 由 4 个核心标准、1 个支持标准、6 个技术报告、3 个小册子组成,与 1994 版相比,具有更好的适用性及更强的通用性。

(3)2008 版 ISO 9000 族标准

2004 年起,ISO/TC 176 开始对 ISO 9001:2000 标准进行有限修正,2008 年 11 月 15 日正式发布 ISO 9001《质量管理体系 要求》,提高了 ISO 9001 与 ISO 14001《环境管理体系要求及使用指南》的兼容性。2008 版 ISO 9000 族标准包括:4 个核心标准、1 个支持标准、若干个技术报告和宣传性小册子。

(4)2015 版 ISO 9000 族标准

2012 年 6 月,ISO 组织开始启动下一代质量管理标准新框架的研究工作,继续强化质量管理体系标准对于经济可持续增长的基础作用,为未来十年或更长时间,并提供一个稳定的系列核心要求;保留其通用性,适用于任何类型、规模及行业的组织中运行;将关注有效地过程管理,以便实现预期的输出。这次改版在结构、质量手册、风险等方面都发生了变化。2015 版 ISO 9001 标准于 2015 年 9 月正式发布。ISO 9000:2015 族标准继承了 2008 版的结构,其组成包括 4 个核心标准、1 个支持性标准、若干个技术报告和宣传性小册子(表 6-6)。与 2008 版相比,2015 版更强调过程管理,更重视组织的环境,更适用于服务业,也更加注重取得预期成果,以提高客户满意度。

2015 版 ISO 9000、ISO 9001 标准发布后,我国等同采用的 GB/T19000、GB/T19001 国家标准也已于 2016 年底发布,并于 2017 年 7 月 1 日正式实施(表 6-6)。

表 6-6　2015 版 ISO 9000 族标准的组成

| | |
|---|---|
| | ISO 9000:2015 质量管理体系 基础和术语 |
| 核心标准 | ISO 9001:2015《质量管理体系 要求》 |
| | SO 9004:2009《质量管理体系 业绩改进指南》 |
| | ISO 19011:2011《质量和(或)环境管理体系审核指南》 |

续表 6-6

| | |
|---|---|
| | ISO 10012 测量控制系统 |
| | ISO/TR 10006 质量管理 项目管理质量指南 |
| | ISO/TR 10007 质量管理 技术状态管理指南 |
| 支持性标准、技术报告和宣传性小册子 | ISO/TR 10013 质量管理体系文件指南 |
| | ISO/TR 10014 质量经济性管理指南 |
| | ISO/TR 10015 质量管理 培训指南 |
| | ISO/TR 10017 统计技术指南 |
| | 质量管理原则 |
| | 小型企业应用 |

### 6.8.3　ISO 9000:2015 核心标准

修订后的 2015 版 ISO 9000 中的四个核心标准分别为 ISO 9000:2015《质量管理体系 基础和术语》、ISO 9001:2015《质量管理体系 要求》、ISO 9004:2009《质量管理体系 业绩改进指南》、ISO 19011:2011《质量和(或)环境管理体系审核指南》。

(1)ISO 9000:2015《质量管理体系 基础和术语》

本标准为质量管理体系提供了基本概念、原则和术语,为质量管理体系的其他标准奠定了基础。本标准包含七项质量管理原则。本标准适用于所有组织,无论其规模、复杂程度或经营模式,旨在增强组织在满足顾客和相关方的需求和期望方面,以及在实现其产品和服务满意方面的义务和承诺意识。

(2)ISO 9001:2015《质量管理体系 要求》

本标准规定领导质量管理体系的要求,旨在供组织需要证实其具有稳定地提供顾客需求和适用的法律法规要求的产品的能力时应用。本标准采用以"过程方法"为基础的模式结构。

(3)ISO 9004:2009《质量管理体系 业绩改进指南》

本标准为组织提供了通过运用质量管理方法实现持续成功的指南,以帮助组织应对复杂的、严峻的和不断变化的环境。本标准倡导将自我评价作为评价组织成熟度等级的重要工具,从而识别组织的优势、劣势以及改进和创新的机会。

(4)ISO 19011:2011《质量和(或)环境管理体系审核指南》

本标准提供了管理体系审核的指南,包括审核原则、审核方案的管理和管理体系审核的实施,也对参与管理体系审核过程的人员的能力提供了评价指南。本标准适用于需要实施管理体系内部审核、外部审核或需要管理审核方案的所有组织。

### 6.8.4　ISO 9000 的七项质量管理原则

2015 版 ISO 9000 标准中,将 2008 版 ISO 9000 标准中的八项质量管理原则中"管理的系统方法"删除,改为七项质量管理原则,并将"持续改进"改为"改进"。

(1)以顾客为关注焦点

质量管理的主要关注点是满足顾客要求并且努力超越顾客的期望,这是质量管理中最为重要的原则。组织只有赢得顾客和其他相关方的信任才能获得持续成功。与顾客相互作用的每个方面,都提供了为顾客创造更多价值的机会。组织应尽可能地了解顾客当前和未来的需求和期望;将组织的目标与顾客的需求和期望联系起来;将顾客的需求和期望,在整个组织内予以沟通;为满足顾客的需求和期望,对产品和服务进行策划、设计、开发、生产、支付和支持;测量和监视顾客满意度,并采取适当措施;确定有可能影响到顾客满意度的相关方的需求和期望,确定并采取措施;积极管理与顾客的关系,以实现持续成功。

(2)领导作用

各层领导建立统一的宗旨及方向,他们应当创造并保持使员工能够充分与实现目标的内部环境。领导应重视过程方法及关注质量管理的有效性。

领导是组织的最高管理层,是组织建立质量管理体系的组织者和核心力量。只有领导的重视,质量管理的观念才能得到真正的贯彻。领导的职责包括:制定组织的质量方针和质量目标,并与组织的战略方向相适应,使所有活动具有方向性;在组织的所有层次上建立价值共享和职业道德观念,建立各层次间的相互信任,消除忧虑;鼓励和激励员工并承认员工的贡献,鼓励持续改进,同时为员工提供所需的资源和培训。

(3)全员参与

各级人员是组织之本,只有他们的充分参与,才能使他们的才干为组织带来收益。

质量不是管理者的事,也不是检验部门的事,而是全体员工的事。为使"质量管理"的概念深入人心,每一位员工应做到了解自身贡献的重要性及在组织中的作用,接受所赋予的权利和职责并解决各种问题,能根据分解到本岗位的质量目标评价其业绩,主动寻找机会增强岗位知识、经验并能同相关人员分享。为了有效和高效的管理组织,各级人员得到尊重并参与其中是极其重要的,组织可通过表彰、授权和提高员工能力,促进在实现组织的质量目标过程中的全员参与。

(4)过程方法

过程是指一组将输入转化为输出的相互关联或相互作用的活动。任何过程都包括输入、输出、活动三要素。将活动或过程作为过程加以管理,可以更高效地得到期望的结果。通常,一个过程的输出组织系统地识别并管理所采用的过程以及过程的相互作用,称之为"过程方法"。组织为了能有效运作,必须识别并管理诸多相互关系的过程。首先,识别并确定关键的活动,明确管理关键活动的职责和权限。之后,了解并测定关键活动的能力,识别与关键活动相关联的接口。重点管理能改进组织关键活动的因素,并且评估风险。

PDCA循环可以用于质量管理体系的所有过程,每一个过程都需经过计划(P,plan)、执行计划(D,do)、检查计划(C,check)、对计划进行调整并不断改善(A,action)这四个阶段,才能实现过程的持续改进。

(5)改进

组织的持续改进是成功的关键。改进应包括:了解现状,建立目标,寻找、评价、和实施解决办法,测量、验证和分析结果,把更改纳入文件等活动。改进对于组织保持当前的绩效水平,对其内、外部条件的变化做出反应并创造新机会都是极为重要的。组织中的所有部门都应建立改进目标,对各层次员工进行培训,使其领会如何应用基本工具和方法实现改进目标,确保员工有能力成功地制定和完成改进项目;对于员工采取的改进,应予以表彰。

(6)循证决策

循证决策是指基于数据和信息的分析和评价的决策,这更可能产生期望的结果。决策的过程非常复杂,并且包含着一些不确定因素,它经常涉及多种类型和来源的输入及其理解。决策也是组织中各级领导的职责之一,对事实、证据和数据的分析可使决策更为客观、可信。

(7)关系管理

组织与社会、员工是相互依存的。为了获得持续成功,组织需要管理与供方等相关方的关系。组织与供方之间保持互利关系,可以增进双方创造价值的能力。

### 6.8.5  企业推行 ISO 9000 质量管理体系的意义

ISO 9000 族标准是发达国家在长期的市场竞争中,为谋求质量及效益,开展质量管理和质量保证基本经验的科学总结,具有通用性和指导性。

(1)提高企业整体管理水平

推行 ISO 9000 可使员工的管理素质得到提高,企业规范管理的意识得到增强,促使企业的管理工作由"人治"转向"法制",明确了各项管理职责和工作程序,各项工作有章可循,同时,建立起自我发现问题、自我改进、自我完善的机制,为企业实施全面的科学管理奠定基础。

(2)提高产品质量,增强企业市场竞争力

建立 ISO 9000 质量管理体系是企业实现质量好、成本低等目标的必由之路。通过推行 ISO 9000,企业一方面向市场证实自身有能力满足顾客的要求,提供合格的产品;另一方面企业对影响产品的各种因素与各个环节进行持续有效的控制,产品的质量能够得到稳定与提高,从而增强了企业的市场竞争能力,促进企业产品进入国家市场。

### 🅀 思考题

1.简述我国食品安全的监督管理体系。

2.简述我国食品安全应急管理的特点。

3.简述我国食品安全法对监管部门和行业发展的影响。

4.简述食品安全标准的概念及意义。

5.什么是 GMP? 推行 GMP 的意义是什么?

6.食品 GMP 管理的主要内容是什么?

7.HACCP 的基本原理是什么?

8.简述 HACCP 计划实施的程序。

9.ISO 9000 质量管理体系的七项质量管理原则是什么?

10.ISO 9000 族标准的核心标准是什么?

### ◀ 参考文献

[1]王东海. 史上最严,打响"舌尖安全"保卫战——新修订《食品安全法》深度解读[J]. 中国食品药品监管,2015(05):12-17.

[2]吴磊,刘筠筠. 修订后《食品安全法》的亮点与不足[J]. 食品安全质量检测学报,2015(09):3758-3763.

[3]钟志文. 广州市食品安全监管体制改革的研究[D]. 广州:华南理工大学,2016.

[4]冯朝睿. 我国食品安全监管体制的多维度解析研究——基于整体性治理视角[J]. 管理世界,2016(04):174-175.

[5]任万杰,曲志勇. 食品安全应急管理体系的现状及建议[J]. 食品安全导刊,2016(27):49-50.

[6]姜旭光,刘凯. 美国食品安全监督管理体系创新及对我国的启示[J]. 经营与管理,2017(03):6-8.

[7]任建超,韩青. 欧盟食品安全应急管理体系及其借鉴[J]. 管理现代化,2016(01):29-31.

[8]任建超,韩青. 中美食品安全应急管理体系对比分析[J]. 中国食物与营养,2016(01):5-9.

[9]张秋,陈慧,王雪黎. 欧盟食品安全应急管理体系研究及对我国的借鉴[J]. 肉类研究,2017(01):60-64.

[10]颜廷才,刁恩杰. 食品安全与质量管理学. 北京:化学工业出版社,2016.

[11]师俊玲. 食品加工过程质量与安全控制. 北京:科学出版社,2013.

[12]秦文,王立峰. 食品质量与安全管理学. 北京:科学出版社,2016.

[13]纵伟,等. 食品安全学. 北京:化学工业出版社,2016.

[14]迟玉杰. 食品添加剂. 北京:中国轻工业出版社,2013.

[15]国家认证认可监督管理委员会组. 乳制品生产企业建立和实施 GMP、HACCP 体系技术指南. 北京:中国标准出版社,2011.

[16]周才琼. 食品标准与法规. 2 版. 北京:中国农业大学出版社,2017.

[17]王世平. 食品标准与法规. 2 版. 北京:科学出版社,2017.

本章编写人:李诚,肖岚,郑俏然